Halbleiter-Elektronik

Herausgegeben von W. Heywang und R. Müller

Band 3

Walter Heywang · Hans W. Pötzl

Bänderstruktur und Stromtransport

Zweite, überarbeitete und erweiterte Auflage
mit 128 Abbildungen

Springer-Verlag

Berlin Heidelberg NewYork
London Paris Tokyo
Hong Kong Barcelona Budapest

Prof. Dr. rer. nat. Dr. Ing. h. c. WALTER HEYWANG
Schwabener Weg 9a
8011 Neukeferloh

Dipl.-Ing., Dr. phil. HANS WOLFGANG PÖTZL
o. Professor, Vorstand der Abteilung für Physikalische Elektronik
Technische Universität Wien

Dr. techn. RUDOLF MÜLLER
o. Professor, Inhaber des Lehrstuhls für Technische Elektronik
der Technischen Universität München

ISBN-13: 978-3-540-53388-7   e-ISBN-13: 978-3-642-84337-2
DOI: 10.1007/978-3-642-84337-2

CIP-Titelaufnahme der Deutschen Bibliothek
Heywang, Walter:
Bänderstruktur und Stromtransport / Walter Heywang ; Hans W. Pötzl. –
2., überarb. und erw. Aufl. –
Berlin ; Heidelberg ; New York ; London ; Paris ; Tokyo ; Hong Kong ;
Barcelona ; Budapest : Springer, 1991
  (Halbleiter-Elektronik ; Bd. 3)

NE: Pötzl, Hans W.:; GT

62/3020-543210 – Gedruckt auf säurefreiem Papier.

Vorwort zur zweiten Auflage

Der rasante Fortschritt der Halbleiterelektronik hat naturgemäß das
Wissen bezüglich der physikalischen Grundphänomene entscheidend
erweitert, zumal insbesondere Silizium heute zu den bestuntersuch-
ten Werkstoffen überhaupt gehört. Obwohl nur ein Teil dieser Erkenntnisse unmittelbar für die elektronische Nutzung relevant ist,
galt es in der Neuauflage diesem erweiterten Wissen Rechnung zu
tragen. So wurden vor allem die Eigenschaften von Schichtstrukturen
und zweidimensionalen Elektronengasen neu aufgenommen sowie konsequenterweise die Betrachtung von Oberflächenphänomenen an die
neuen Erkenntnisse angepaßt. Dies schien auch deswegen bedeutsam,
weil dem Halbleiteroxid mit zunehmender Miniaturisierung eine immer höhere Bedeutung zukommt. Während Hochintegration und ihre
Konsequenzen für den Aufbau miniaturisierter Bauelemente den speziellen Bänden dieser Reihe vorbehalten bleiben, ist die Wechselwirkung zwischen der Statistik heißer Elektronen und statischen sowie
dynamischen Kurzkanaleffekten den vertieften Grundlagen und damit
diesem Band zuzuordnen. Schließlich wurde das Kapitel über amorphe
Halbleiter neu gestaltet, weil das bei der Erstauflage vorliegende
Wissen durch Entdeckung und Entwicklung des amorphen Siliziums
mit Wasserstoff-Valenzabsättigung entscheidend ausgeweitet und ver-
vollständigt wurde.

Wir hoffen, daß die überarbeitete und im obigen Sinn erweiterte
Neuauflage weiterhin zum vertieften Verständnis der elektronisch
relevanten Halbleiterphänomene beitragen kann.

Für interessante und kritische Diskussionen sowie Literaturhinwei-
se danken wir vor allem folgenden Herren: Dr. M. Druminski,

Dr. W. Haensch, Dr. K. Kempter, Dipl. Phys. K. Mettler,
Dr. R. Plättner, Dr. M. Plihal, Dr. M. Reisch, Dr. L. Risch,
Dr. L. Treitinger, Dr. A. Wieder und Dr. M. Zerbst.

Dem Springer Verlag gebührt Anerkennung und Dank für Verständnis und Unterstützung bei allen notwendigen Neugestaltungen.

München und Wien, im Herbst 1990

W. Heywang · H.W. Pötzl

Vorwort

Der vorliegende dritte Band der Buchreihe "Halbleiterelektronik" soll
den in den beiden Einführungsbänden gegebenen Überblick hinsichtlich
der fundamentalen physikalischen Eigenschaften vertiefen. So werden
ebenso wie im folgenden Technologieband Fragen behandelt, die für
alle Halbleiterbauelemente wesentlich sind.

So basiert der an Bedeutung rasant zunehmende Komplex der opto-
elektronischen Bauelemente auf den Begriffen der direkten und indirekten Band-Band-Übergänge und auf der spezifischen Wirkungsweise
flacher und tiefer Störstellen. Die auf dem Gunneffekt beruhenden Mi-
krowellengeneratoren und -Verstärker können nur auf Grund eines
fundierten Einblickes in die Struktur der Energiebänder verstanden
werden. Für die Feldeffekttransistoren ist die Bandstruktur im Kanal
nahe der Halbleiteroberfläche von großer Bedeutung. Darüber hinaus
aber sind es die heißen Elektronen, die die Wirkungsweise der bereits
erwähnten Halbleiterbauelemente ebenso wie die von modernen Bipo-
lartransistoren und Lawinenlaufzeitdioden entscheidend beeinflussen.

Ziel des vorliegenden Bandes ist die Erarbeitung eines vertieften,
über das rein Formale hinausgehenden Verständnisses der eben an-
gesprochenen Fragen. Da der Ingenieur und der anwendungsorientier-
te Physiker bevorzugt angesprochen werden sollen, war auf die Anschaulichkeit bei der Erfassung der Begriffe und bei den physikalischen Begründungen der allergrößte Wert zu legen.

München und Wien, im Frühjahr 1976

W. Heywang · H. W. Pötzl

Inhaltsverzeichnis

Bezeichnungen und Symbole

a	Gitterkonstante
B, $\vec{B}$	magnetische Induktion
$b(=\mu_n/\mu_p)$	Verhältnis Elektronen- zu Löcherbeweglichkeit
c	Elastizitätskonstante
c	Vakuum-Lichtgeschwindigkeit
D	Diffusionskonstante
D_A	ambipolare Diffusionskonstante
D_{int}, D_{op}	Koppelkonstante für Zwischental- und optische Deformationspotentialstreuung
d	Abstand, Dicke
$\vec{E}$	elektrische Feldstärke
E_o	Koppelfeldstärke der polar optischen Streuung
E_H, $\vec{E}_H$	Hall-Feldstärke
E	Energie
E_c, E_v	Energie der Leitungs- und Valenzbandkante
E_i	Ionisationsenergie
E_g	Bandabstand
$E_{A,D,S}$	Aktivierungsenergie von Akzeptoren, Donatoren bzw. Störstellen
E_F	Fermi-Niveau
$E_{Fn,p}$	Quasi-Fermi-Niveau von Elektronen und Löchern
E_o	optische Absorptionskante
e	Elementarladung
f	Verteilungsfunktion
f_{oo}	Verteilungsfunktion im thermodynamischen Gleichgewicht
f	Frequenz
G, g	reziproker Gittervektor

G, g	Generationsrate, Generationskoeffizient
g	Landéscher g-Faktor
$h = 2\pi\hbar$	Plancksches Wirkungsquantum
$I, i, \vec{i}$	Strom bzw. Stromdichte
$k, \vec{k}$	Wellenzahlvektor
k_B	Boltzmann-Konstante
$L_D = 1/\varkappa$	Debye-Länge
M	Tensor der Leitfähigkeit im Magnetfeld
m	Masse
$m^*, (m_n^*, m_p^*)$	effektive Masse (von Elektronen bzw. Löchern)
N	Zustandsdichte
N_c, N_v	effektive Bandgewichte von Leitungs- und Valenzband
N_A, N_D, N_i, N_n	Dichte von Akzeptoren, Donatoren, geladenen und ungeladenen Störstellen
n	Elektronen-, Teilchendichte
n_q	mittlere Phononenzahl pro Schwingungsmodus
p	Löcherdichte
$p, \vec{p}$	Impuls
p	Druck
q	Wirkungsquerschnitt
$q, \vec{q}$	Wellenzahl bzw. Wellen-Vektor für Phononen
R	Widerstand
R, R_n, R_p	Hall-Konstante (von Elektronen bzw. Löchern)
$\vec{r}$	Ortsvektor
r	Rekombinationskoeffizient
r_H	Statistikfaktor in der Hall-Beweglichkeit
$S(\vec{k}, \vec{k}')$	Streurate
S	Dehnung
s	Oberflächen-Rekombinationsgeschwindigkeit
T	Temperatur
T_e	Elektronentemperatur
T	mechanische Spannung
t	Zeit
U	Spannung
$u, \vec{u}$	Verschiebung
$u, u(\vec{r})$	gitterperiodische Wellenfunktion
V	Potential
$v, \vec{v}$	Verschiebung
$v, \vec{v}$	Geschwindigkeit

12

v_s Schallgeschwindigkeit

W, w Wahrscheinlichkeit

$\vec{w}$ Energiestromdichte

y Stoßparameter

Z Zustandsdichte

Z Kernladungszahl

α_{po} dimensionslose Koppelkonstante der polaren Wechselwirkung

α_n, α_p Ionisationsrate für Elektronen bzw. Löcher

β Koeffizient in der Beweglichkeit warmer Elektronen

γ Federkonstante

$\gamma = m_n^*/m_p^*$ Verhältnis der effektiven Massen

δ Kronecker-Symbol

$\varepsilon(\varepsilon_o)$ Dielektrizitätskonstante (für das Vakuum)

Θ Debye-Temperatur

ϑ Winkel zwischen $\vec{E}$ und $\vec{k}$

$\varkappa$ Abschirmkonstante

λ Weglänge, Diffusionslänge

λ totale Streurate

μ Beweglichkeit

μ_H Hall-Beweglichkeit

μ_A ambipolare Beweglichkeit

μ_B Bohrsches Magneton

Ξ_a akustisches Deformationspotential

Ξ' Druckkoeffizient des Bandabstandes

$\rho, \rho(B)$ spezifischer Widerstand (im Magnetfeld)

ρ Raumladungsdichte

ρ_m Massendichte

σ Leitfähigkeit

τ Relaxationszeit, Lebensdauer

τ_m, τ_ε Impuls- bzw. Energierelaxationszeit

χ Streuwinkel

φ Wellenfunktion

φ Coulomb-Potential

ψ Wellenfunktion

ω Kreisfrequenz

ω_a, ω_o Kreisfrequenz akustischer und optischer Phononen

ω_c Zyklotron-Resonanzkreisfrequenz

<u>Zur Kennzeichnung der Streuprozesse verwendete Indizes</u>

im	Streuung durch geladene Störstellen (Coulomb-Streuung)
ne	Streuung durch neutrale Störstellen
ac	akustische Deformationspotentialstreuung
pe	piezoelektrische Streuung (polare akustische Streuung)
op	optische Deformationspotentialstreuung
po	polar optische Streuung

Einleitung

Als Halbleiter bezeichnet man bekanntlich Stoffe, die schlechter leiten als Metalle und besser als Isolatoren. Auch wenn man sich hierbei - wie heute üblich - auf elektronisch leitende Stoffe beschränkt, ist
damit ein sehr weiter Bereich von Substanzen zusammengefaßt. Diese
Zusammenfassung ist sinnvoll, da trotz großer quantitativer Unterschiede die wesentlichen elektrischen sowie optischen und mechanischen Eigenschaften nur unter gemeinschaftlichem Gesichtswinkel zu
verstehen sind.

Zu diesem Zweck hat sich das Bänderschema als ausgezeichnetes
Hilfsmittel bewährt, dessen vertiefter Betrachtung das erste Kapitel
dieses Buches gewidmet ist. Es liefert die Verteilung der Zustände
eines Elektrons in Abhängigkeit von Impuls und Energie, wobei er-
laubte und verbotene Energiebereiche - die sog. Bänder - auftreten.

Zusätzliche Energieterme ergeben sich durch Gitterstörungen, die als
Donatoren, Akzeptoren oder Traps (Haftstellen, Rekombinationszentren) die Anzahl der verfügbaren Ladungsträger mitbestimmen. Mit
ihrer energetischen Lage, so wie sie sich aus der Wechselwirkung
mit dem Gitter und untereinander ergibt, beschäftigt sich das zweite
Kapitel.

Der Besetzungszustand der Bänder und Störterme ist im Gleichgewicht durch die Fermiverteilung bestimmt. Mit der Einstellung dieses Gleichgewichts nach einem äußeren Eingriff befaßt sich das dritte Kapitel.

Ist schließlich der Besetzungszustand in den einzelnen Niveaus bekannt und darüber hinaus die Beweglichkeit, die man einem Elektron

im jeweiligen Zustand zuordnen kann, so erhält man die Leitfähigkeit
durch Summation. Die Vorstellung einer einem Zustand zuzuordnenden Beweglichkeit ist aber stark vereinfacht; denn eine Leitung kann
nur dann zustandekommen, wenn die Elektronen unter dem Einfluß
eines äußeren Feldes ihren Energiezustand ändern. Mit der detaillierten Betrachtung der hiermit verbundenen Probleme befassen wir
uns im vierten Kapitel, das den Transportvorgängen gewidmet ist.

1 Das Bändermodell

1.1 Bändermodell und Atomeigenfunktionen

Ähnlich wie in einem Atom die Elektronen nur spezielle Energieeigenwerte stationär annehmen können, sind die erlaubten Zustände im
Festkörper auf diskrete Energiebereiche, die sog. Bänder, beschränkt.
Betrachten wir hierzu als Modellsubstanz zunächst das einfachste mögliche "Gitter" mit nur zwei Wasserstoffkernen als Gitterpunkte und
einem bindenden Elektron, das Molekülion H_2^+. Wir verzichten hierbei zwar auf die elektrische Neutralität des Modells, haben aber den
Vorteil, keine Elektronenwechselwirkung berücksichtigen zu müssen.
Bei großem Kernabstand kann sich das Elektron entweder beim einen
oder beim anderen H-Kern aufhalten und die zugehörigen, vom Bohrschen Atommodell her bekannten Energiestufen einnehmen.

Das Problem ist damit - unabhängig vom Spin - entartet; denn einem
Energieterm sind infolge der Verdoppelung der Kernzahl zwei Zustände zugeordnet. In genau der gleichen Weise ergibt sich bei ν
gleichartigen Gitterpunkten eine ν-fache Entartung mit ν Zuständen.

Da nach dem Ehrenfestschen Adiabatensatz [1.1] bei kontinuierlicher
Veränderung des Systems, z.B. einem langsamen Zusammenfügen
der Gitterbausteine, Zustände weder entstehen noch vergehen können,
bleibt ihre Anzahl auch im Gitter bestehen. Das Verhalten der Elektronenterme bei Verringerung des Kernabstandes ist für unser Beispiel des H_2^+ in Abb.1.1/1a dargestellt. Man erkennt, wie der entartete 1s-Term aufspaltet, um schließlich bei völliger Vereinigung
der Kerne in die entsprechenden Heliumterme überzugehen.

Durch Addition der Coulombschen Abstoßungsenergie der Kerne, also
der Energie des "Grundgitters", erhält man das Verhalten der Gesamtenergie bei Variation des Kernabstandes (Abb.1.1/1b), aus dem
sich Stabilität und Gleichgewichtsabstand ablesen lassen. Dies ist bei
Berücksichtigung der Elektronenterme allein nicht möglich.

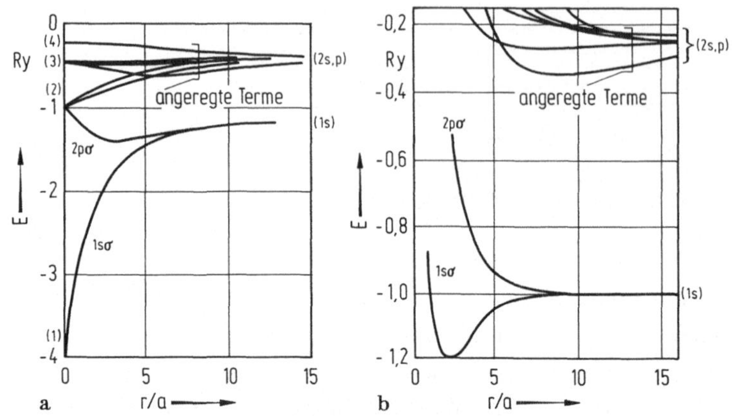

Abb.1.1/1. Potentialkurven des H_2^+ (nach [1.2]). a) Elektronenenergie; b) Gesamtenergie. Die jeweils am rechten Rand in Klammern stehenden Terme bedeuten die Wasserstoffzustände bei gebundenen Atomen. Auf der linken Seite der Abb.a sind die entsprechenden Schalen des Heliumions ebenfalls in Klammern angegeben. Bei
den Molekültermen in den Diagrammen selbst bedeuten s und p den
Symmetriezustand längs der Verbindungsachse (s: keine Knotenebene,
p: eine Knotenebene), σ die Rotationssymmetrie um die Verbindungsachse (vgl. z.B. [1.3]); ein Rydberg (Ry) = 13,59 eV.

Der Grund für die Termaufspaltung liegt im unterschiedlichen Verhalten des Elektrons in den betreffenden Zuständen. Abb.1.1/2 zeigt

Abb.1.1/2. Elektronendichte im H_2^+. a) Hohe Elektronen-Wechselfrequenz (1sσ-Term); b) geringe Elektronen-Wechselfrequenz (2pσ-
Term).

schematisch die Elektronendichte $\psi\psi^*$ im Wasserstoffmolekülion[1]
für die beiden sich aus dem Grundterm des Wasserstoffatoms ent-
wickelnden Zustände $1s\sigma$ und $2p\sigma$.

Im energetisch tieferen bindenden Zustand ($1s\sigma$) hält sich das Elektron häufig zwischen beiden Kernen auf, im höheren nichtbindenden
vermeidet es die Mitte und wechselt nur äußerst selten von einem
Kern zum anderen. Dieser Unterschied in der Aufenthaltswahrscheinlichkeit an Orten unterschiedlicher potentieller Energie und damit
gleichzeitig in der Wechselfrequenz kann als eigentliche Ursache der
Termaufspaltung angesehen werden.

Die zugehörigen Eigenfunktionen lauten wegen der Gleichberechtigung
beider Kerne in erster Näherung

$$\psi = \psi_{H1} \pm \psi_{H2} = \psi_{H1} + \psi_{H2}\, \exp(jka), \qquad (1.1/1)$$

$\psi_{H1,2}$ Wasserstoffatomeigenfunktion zum Kern $1,2$; a Kernabstand.

Hierbei ist formal eine Wellenzahl k eingeführt, die die Werte

$$k = 0 \quad \text{für den } 1s\sigma\text{-Zustand,}$$
$$k = \pi/a \quad \text{für den } 2p\sigma\text{-Zustand}$$

annimmt. Diese Wellenzahl, die die Phasenverschiebung der Eigenfunktion beim Übergang von einem Kern zum anderen kennzeichnet,
kann also als Quantenzahl zur Charakterisierung der beiden Zustände
verwendet werden.

Wie schon oben erwähnt, tritt bei einem Gitter mit ν gleichen Gitterbausteinen an die Stelle der doppelten Entartung bzw. Aufspaltung
im H_2^+ eine ν-fache Aufspaltung der Atomterme. Da aber ν im Festkörper die Größenordnung von $10^{22}/cm^3$ hat, ergibt dies eine extrem dichte Besetzung der Energieskala im Bereich der Termaufspaltung, so daß man nicht mehr die einzelnen Terme betrachten
kann, sondern die gesamte Aufspaltung eines Atomterms zu einem

---

[1] Dabei bedeutet ψ die auf 1 normierte Eigenfunktion, ψ^* die dazu
konjugiert komplexe Funktion.

Energieband, das ν Elektronenpaare mit antiparallelem Spin aufnehmen kann[1].

Nach der eben dargelegten Betrachtungsweise wurde die qualitative Darstellung der Abb.1.1/3a für die Bandaufspaltung in Silizium bei variablem Atomabstand gewonnen. Dabei wird nur die Energie der Elektronen in der äußeren Schale betrachtet. Von den hier vorhandenen vier Elektronen befinden sich zwei im 3s- und zwei im 3p-Niveau, während die übrigen vier 3p-Plätze unbesetzt sind. Beide Niveaus spalten bei Annäherung zunächst in bindende symmetrische und nichtbindende antisymmetrische Zustände auf. Sowie sich symmetrischer 3p- und antisymmetrischer 3s-Zustand überkreuzen, findet eine Umlagerung der Elektronen statt, so daß schließlich alle bindenden Zustände besetzt und alle nichtbindenden Zustände unbesetzt sind. Beim Gleichgewichtsabstand r_0 besteht zwischen beiden Gruppen ein Abstand von 1,1 eV.

Man erkennt bereits aus dieser einfachen Überlegung, daß Leitungs- und Valenzband aus mehreren Teilbändern zusammengesetzt sind.

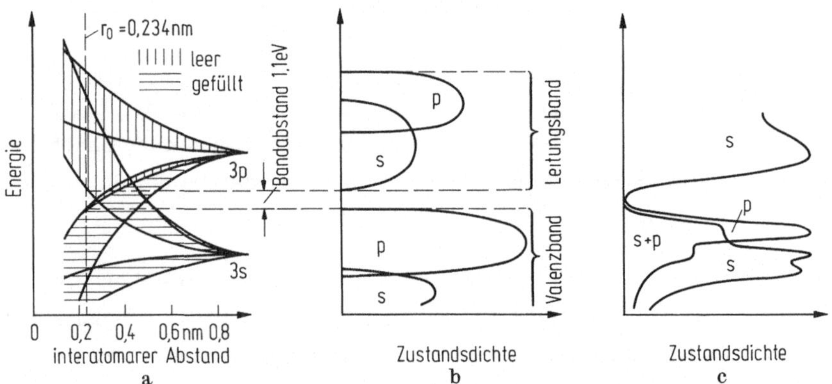

Abb.1.1/3. Energiebänder in Silizium. a) Als Funktion des interatomaren Abstands (Prinzipbild nach [1.4]); b) Zustandsdichte (Prinzipbild); c) Zustandsdichte im Valenzband, ermittelt aus Röntgenemission, und im Leitungsband, ermittelt aus Röntgenabsorption (nach [1.5]). Die relativen Zustandsdichten der einzelnen Bänder sind noch willkürlich.

---

[1] Bei dieser vereinfachten Betrachtung wurden weitere Aufspaltungen infolge der Richtungsquantelung und möglicher Spin-Bahnkopplungen nicht berücksichtigt.

Diese Teilbänder konnten auch durch Röntgenabsorption und -emission
nachgewiesen werden, wobei sich die dem jeweiligen s- oder p-Charakter entsprechenden Auswahlregeln bestätigt haben. Die aus diesen
Spektren sich ergebende Dichteverteilung $N(E)$ ist in Abb. 1.1/3c
wiedergegeben.

Aus dieser Darstellung wird auch verständlich, daß der Bandabstand
von Silizium bei thermischer Ausdehnung abnimmt. Ebenso steht qualitativ in Einklang die Abnahme des Bandabstandes mit zunehmender
Gitterkonstante beim Übergang vom Diamant über Silizium und Germanium zum grauen Zinn.

Allerdings sind die Verhältnisse doch etwas komplizierter; denn dort,
wo bindende bzw. nichtbindende s- und p-Zustände gleichen Energiewerten entsprechen, können sich Mischfunktionen zwischen s- und p-
Atom-Eigenfunktionen ausbilden. Für diese ist die Zentralsymmetrie
der Aufenthaltswahrscheinlichkeit aufgehoben. Da s-Funktionen bezogen auf eine Spiegelung am Ursprung symmetrisch, p-Funktionen an-
tisymmetrisch sind, folgt zwar für die einzelne Aufenthaltswahrscheinlichkeit $\psi\psi^*$ eines s- oder p-Elektrons Zentralsymmetrie. Dies gilt
aber nicht mehr für die additiv aufgebauten Mischfunktionen. Das be-
kannteste Beispiel dafür ist das aus einer s- und 3 p-Funktionen aufgebaute sp^3-Hybrid, in dessen Dichteverteilung die tetraedrische Struktur der Valenzrichtungen des Diamantgitters vorgebildet ist (Abb. 1.1/4).

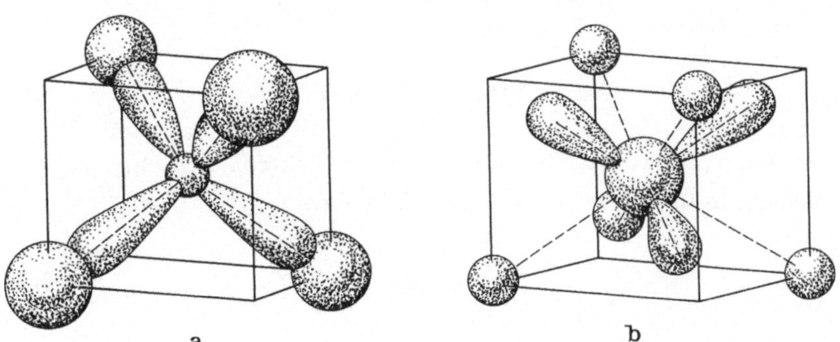

Abb. 1.1/4. Durch sp^3-Hybride vorgebildete Valenzrichtungen des
Diamantgitters (nach Kap. 2 in [1.6]). a) Im bindenden Zustand auf
die angedeuteten Nachbaratome hin ausgerichtet; b) im nichtbindenden Zustand auf Zwischengitterplätze ausgerichtet (vgl. hierzu Abschn.
1.7).

Die bei Bandüberkreuzungen sich ergebenden Besetzungsänderungen und Termumlagerungen machen naturgemäß eine Extrapolation von atomgebundenen Elektronenzuständen auf die Bandstruktur schwierig. Sie hat sich daher bevorzugt bei Halbleitern mit wenig aufgespaltenen Bändern, wie z.B. den Oxidhalbleitern, bewährt. Bei Halbleitern mit weit aufgespaltenen Bändern (Si, Ge, III-V-Halbleiter) erhält man bessere Aufschlüsse bei einer Näherung von freien Elektronen her, die in den folgenden Abschnitten näher betrachtet werden soll.

1.2 Schrödinger-Gleichung der Einelektronen-Näherung und Blochsches Theorem

Im Festkörper hat man es generell mit einem Vielelektronenproblem zu tun, so daß für exakte Aussagen die Lösung der Schrödinger-Gleichung des Vielelektronenproblems notwendig wäre. Bei Halbleitern interessieren aber zunächst nur die beweglichen Ladungsträger, deren Konzentration relativ niedrig ist. Es liegt daher nahe, jeweils ein Elektron herauszugreifen und dessen Verhaltensweise zu studieren, während man die Rückwirkungen des Gitters zusammen mit der der übrigen Elektronen nur pauschal erfaßt. Man spricht hier von der sog. Einelektronen-Näherung.

In diesem Fall faßt man die Rückwirkung des Gitters und aller übrigen Elektronen in einem Potential V zusammen, das die gleiche Periodizität aufweist wie das betrachtete Atomgitter: Wenn $\vec{g}$ einen Gittervektor darstellt, gilt somit

$$V(\vec{r}) = V(\vec{r} + \vec{g}). \qquad (1.2/1)$$

Damit kann man für das herausgegriffene Elektron die Schrödinger-Gleichung in ihrer einfachen Form verwenden:

$$\Delta\psi + \frac{2m}{\hbar^2}(E - V)\psi = 0. \qquad (1.2/2)$$

Diese Gleichung ist, auch wenn $V(\vec{r})$ explizit bekannt wäre, nicht in geschlossener Form integrierbar. Trotzdem können allgemeine Aussagen gemacht werden. Greifen wir hierzu jene physikalisch sinnvollen Eigenfunktionen ψ heraus, deren Elektronendichte $\psi\psi^*$ reine

Gitterperiodizität aufweist. Dies erfordert

$$\psi(\vec{r} + \vec{g}) = e^{j\alpha}\psi(\vec{r}) \qquad (1.2/3)$$

mit noch willkürlichem, reellem Phasenfaktor α. Wegen der Translationsinvarianz der Schrödinger-Gleichung bei Verrückung um jeden Gittervektor $\vec{g}$ muß α von $\vec{r}$ unabhängig sein; nur dann ist $\psi(\vec{r} + \vec{g})$ wieder eine Lösung der Schrödinger-Gleichung. Es gilt dann generell für diesen Ansatz

$$\psi(\vec{r} + \vec{g}_1 + \vec{g}_2) = e^{j\alpha_2}\psi(\vec{r} + \vec{g}_1) = e^{j\alpha_2}e^{j\alpha_1}\psi(\vec{r}) = e^{j(\alpha_1+\alpha_2)}\psi(\vec{r}).$$

Die additive Verknüpfung der Phasenfaktoren bei mehrfachen Gittertranslationen ist allgemein erfüllt, wenn wir unserer Eigenfunktion gemäß dem Blochschen Theorem die Form

$$\psi = \exp(j\vec{k}\vec{r})\,u(\vec{r}) \qquad (1.2/4)$$

geben. Dabei hat $u(\vec{r})$ nur noch reine Gitterperiodizität. Der Phasenfaktor hat die Form einer ebenen Welle angenommen, wobei $\vec{k}$ eine neue Quantenzahl darstellt.

In Analogie zum freien Elektron, für das sich als Eigenfunktion eine unmodulierte ebene Welle $\psi = \exp(j\vec{k}_0\vec{r})$ ergibt, wobei $\hbar\vec{k}_0$ dem klassischen Impuls entspricht, wird für ein Elektron im Gitter $\hbar\vec{k}$ als Kristallimpuls des Elektrons bezeichnet.

Wir können nun auch analog den Überlegungen in Abschn. 1.1 eine Wellenfunktion für ein Elektron im Gitter aufbauen. Wir betrachten hierzu der Einfachheit halber ein Gitter mit nur einem Atom je Gitterzelle, bei dem also dem Atom mit dem Gittervektor $\vec{g}_i$ die Atomeigenfunktion $\varphi(\vec{r} - \vec{g}_i)$ zuzuordnen ist. Die analog Gl. (1.1/1) aufgebaute Summe

$$\psi = \sum \exp(j\vec{k}\vec{g}_i) \cdot \varphi(\vec{r} - \vec{g}_i) \qquad (1.2/5)$$

genügt offensichtlich dem Blochschen Theorem, wie man am leichtesten durch Vergleich mit Gl. (1.2/3) erkennt, wenn der Phasenfaktor $\alpha = \vec{k}\vec{g}$ gesetzt wird. Gl. (1.2/5) läßt sich eindeutig in die Form der Gl. (1.2/4) überführen und daher als Näherungslösung für eine

Gittereigenfunktion verwenden. Umgekehrt ist allerdings die einem
Atom im Gitter zuzuordnende Eigenfunktion $\varphi(\vec{r} - \vec{g}_i)$ durch die
exakte Lösung $u(\vec{r})$ nicht eindeutig bestimmt.

1.3 Das eindimensionale Gitter

Im Falle des H_2^+-Moleküls waren nur zwei Werte für k zugelassen,
0 und π/a. Auch in einem periodischen Gitter ist der physikalisch
sinnvolle Wertebereich für k begrenzt. Hierzu betrachten wir der
Anschaulichkeit halber zunächst ein eindimensionales periodisches
Gitter mit einem Atomabstand a. Gl.(1.2/5) geht dann über in die
Form

$$\psi = \sum \exp(jkna) \cdot \varphi(x - na). \qquad (1.3/1)$$

Dabei ist die Phasendrehung von einem Gitterpunkt zum nächsten ka.
Da ein Phasenwinkel $> 360°$ aber physikalisch nichts Neues bringt,
können wir k durch Vermehrung oder Verminderung um ein ganzzahliges Vielfaches von $2\pi/a$ auf ein Intervall der Breite $2\pi/a$ beschränken, das man rationellerweise symmetrisch legt:

$$-\frac{\pi}{a} < k < +\frac{\pi}{a} , \qquad (1.3/2)$$

denn aufgrund von Symmetriebetrachtungen folgt unmittelbar, daß nur
im Vorzeichen sich unterscheidende k-Werte zum gleichen Energiewert E führen:

$$E(-k) = E(+k). \qquad (1.3/3)$$

Mit diesem Intervall, der sog. ersten Brillouin-Zone, können alle
physikalischen Möglichkeiten erfaßt werden.

Ehe wir uns um die Frage der Ausweitung dieser Betrachtungen auf
dreidimensionale reale Gitter befassen, soll zunächst der Begriff
der Wellenzahl k weiter vertieft werden. Hierzu greifen wir zurück
auf die in Band 1 dieser Buchreihe in Abschn.3.4 abgeleiteten Beziehungen des Kronig-Penney-Modells.

Abb.1.3/1a zeigt nochmals das eindimensionale Modell mit Potentialwällen der Höhe V_0 und der Breite b. Aus rechnerischen Grün-

den wählen wir b beliebig klein und lassen V_0 so nach ∞ gehen,
daß das Produkt $V_0 b$, gemessen durch den Parameter

$$P = \frac{m\, V_0\, ba}{\hbar^2}\,,\qquad(1.3/4)$$

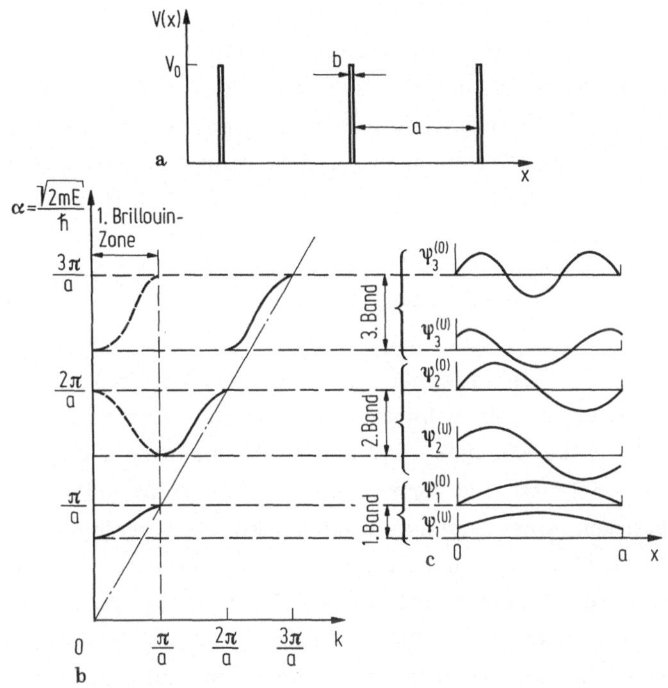

Abb. 1.3/1. Kronig-Penney-Modell. a) Potentialverlauf; b) Energie
als Funktion der Wellenzahl; c) Eigenfunktionen an den oberen und
unteren Bandrändern.

konstant bleibt. Innerhalb eines Tales ergibt sich wegen $V = 0$ aus
der Schrödinger-Gleichung

$$\psi = A\,\exp(j\,\alpha x) + B\,\exp(-\,j\,\alpha x);\quad 0 < x < a\qquad(1.3/5)$$

mit

$$\alpha = \frac{1}{\hbar}\,\sqrt{2\,m\,E}\,.\qquad(1.3/6)$$

Um alle Täler zu erfassen, passen wir diese Lösung an die allgemeine
Form des Blochschen Theorems an:

$$\psi = \exp(jkx)u(x), \qquad\qquad (1.3/7)$$

wobei die gitterperiodische Funktion in den Tälern wie folgt definiert ist:

$$u(na + x) = u(x) \qquad 0 < x < a$$
$$u(x) = A \exp[j(\alpha - k)x] + B \exp[-j(\alpha + k)x]. \qquad (1.3/7a)$$

Auch im Bereich des Potentialwalls gilt ein analoger Ansatz mit zwei weiteren Amplituden C und D. Aus den Stetigkeitsbedingungen für ψ und $d\psi/dx$ an den Übergangsstellen ergibt sich ein System von vier homogenen linearen Gleichungen, die nur dann eine nichttriviale Lösung haben, wenn die Determinante verschwindet. Der daraus folgende Zusammenhang

$$P \frac{\sin(\alpha a)}{\alpha a} + \cos(\alpha a) = \cos(k a) \qquad\qquad (1.3/8)$$

ist in Abb. 1.3/1b wiedergegeben[1]. Da immer $|\cos(ka)| \leqslant 1$ ist, wechseln für das in der Ordinate aufgetragene α und damit gemäß Gl. (1.3/6) für die Energie – wie bei der Näherung von gebundenen Elektronen – erlaubte und verbotene Bereiche miteinander ab. Die in der Abbildung eingezeichnete strichpunktierte Gerade zeigt zum Vergleich den Zusammenhang für ein freies Elektron. Sie trifft jeweils am oberen Bandrand mit der des Elektrons im periodischen Potential zusammen. Schließlich geben die gestrichelten Kurven den Verlauf von $\alpha(k)$ nach Reduktion auf die erste Brillouin-Zone wieder. Man erkennt, daß α und damit auch E in der Umgebung des Punktes $k = 0$ sowohl am unteren Bandrand $E^{(u)}$ als auch am oberen $E^{(o)}$ quadratisch von k abhängen, so daß dort die Beschreibung durch eine Näherung

$$E = E^{(u)} + \frac{\hbar^2 k^2}{m_1^*} \qquad E = E^{(o)} - \frac{\hbar^2 k^2}{m_2^*} \qquad (1.3/9)$$

möglich ist. m^* wird in Analogie zu dem für ein freies Elektron gültigen Zusammenhang als effektive Masse am entsprechenden Bandrand bezeichnet.

---

[1] Für eine ausführliche Ableitung sei auf Bd. 1 dieser Reihe, Abschn. 3.4, verwiesen.

Einen tieferen Einblick in die Zusammenhänge können wir gewinnen,
wenn wir die zugehörigen Eigenfunktionen ψ betrachten. Für diese
erhält man durch Auflösung des oben erwähnten linearen Gleichungs-
systems nach A und B im Intervall $0 < x < a$ nach einigen Umformungen

$$\psi \sim \sin \frac{\alpha a}{2} \cos \frac{k a}{2} \cos \left[\alpha \left(x - \frac{a}{2} \right) \right] + j \cos \frac{\alpha a}{2} \sin \frac{k a}{2} \sin \left[\alpha \left(x - \frac{a}{2} \right) \right].$$

$$(1.3/10)$$

Gemäß der angegebenen Termaufteilung entspricht dies zwei stehenden
Wellen, die gegeneinander um $90°$ phasenverschoben schwingen.

Betrachten wir zunächst das Verhalten von ψ an den Bandrändern.
Am unteren Rand der erlaubten Bänder wird $k = n\pi/a$, d.h. man erhält

$$\text{für das 1., 3., ... Band:} \quad \psi_{1,3...}^{(u)} \sim \cos \left[\alpha_{1,3...}^{(u)} \left(x - \frac{a}{2} \right) \right],$$

$$\text{für das 2., 4., ... Band:} \quad \psi_{2,4...}^{(u)} \sim \sin \left[\alpha_{2,4...}^{(u)} \left(x - \frac{a}{2} \right) \right].$$

Auch am oberen Bandrand gilt $k = n\pi/a$; doch ist zu beachten, daß αa
schneller als $k a$ gegen $n\pi$ geht. Damit erhält man am oberen Rand
der erlaubten Bänder ebenso wie am unteren Rand

$$\text{für das 1., 3., ... Band:} \quad \psi_{1,3...}^{(o)} \sim \cos \left[\alpha_{1,3...}^{(o)} \left(x - \frac{a}{2} \right) \right],$$

$$\text{für das 2., 4., ... Band:} \quad \psi_{2,4...}^{(o)} \sim \sin \left[\alpha_{2,4...}^{(o)} \left(x - \frac{a}{2} \right) \right].$$

Am oberen Bandrand zeigen wegen $\alpha a = \pi n$ alle Eigenfunktionen einen
Knoten im Bereich der Potentialwälle. ψ hat sich also optimal der Gitterperiodizität angepaßt, und die durch α bestimmte Energie entspricht
der eines ungestörten Elektrons[1]. An den unteren Bandrändern ist eine
derartige Einpassung nicht möglich, und die Energie des Elektrons
ist am weitesten über die des ungestörten Elektrons angehoben. Diese
Anhebung ist allgemein für schwach gebundene Elektronen durch den

---

[1] Da dies nur exakt am Bandrand der Fall ist – die Kurve $\alpha(k)$ hat
dort eine horizontale Tangente – stimmt die effektive Masse trotzdem nicht mit der eines freien Elektrons überein.

entsprechenden Fourier-Koeffizienten V_n des periodischen Gitterpotentials

$$V = \sum V_n \cos \frac{2\pi n x}{a} \qquad (1.3/11)$$

bestimmt. Und zwar gilt damit für den n-ten Bandabstand

$$\Delta E_n = V_n . \qquad (1.3/11a)$$

Die sich für oberen und unteren Bandrand ergebenden Eigenfunktionen sind in Abb. 1.3/1c anschaulich wiedergegeben. Man erkennt, daß mit zunehmender Bandnummer jeweils ein zusätzlicher Knoten innerhalb eines Potentialtopfes auftritt.

Verlassen wir die Bandränder und begeben uns in die Mitte eines erlaubten Bandes. Dort werden in Gl. (1.3/10) die Amplitudenfunktionen $\sin(\alpha a/2)\cos(ka/2)$ und $\cos(\alpha a/2)\sin(ka/2)$ annähernd gleich. Damit ergibt sich eine fortschreitende Welle

$$\psi \sim \exp(j\,\alpha x) . \qquad (1.3/10a)$$

Solange uns bevorzugt leicht bewegliche Leitungselektronen interes-sieren, ist es sinnvoll, derartige quasifreie Elektronenwellen als Ausgangspunkt zu nehmen. Diese werden zwar an den Potentialwällen teilweise rückgestreut, doch löschen sich die rückgestreuten Wellen in Bandmitte durch Interferenz wieder aus. Anders an den Bandrändern: Hier wird der entsprechende Ausbreitungsvektor ein ganzzahliges Vielfaches von π/a, und die an den Potentialwällen rückgestreuten Wellen addieren sich phasenrichtig. Hin- und rücklaufende Wellen werden damit gleich groß und addieren sich, so daß die bereits betrachteten stehenden Wellen resultieren. Es handelt sich um ein völliges Analogon zur Bragg-Reflexion und wir können unsere bisherigen Überlegungen ohne weiteres auch auf dreidimensionale Gitter ausweiten. Insbesondere bleibt Gl. (1.3/11a) für jede einzelne Bragg-Reflexion erhalten, wobei aber wegen deren dreidimensionaler Mannigfaltigkeit nicht mehr auf einen bestimmten Bandabstand geschlossen werden kann.

In der für die Bandmitten gültigen Gl. (1.3/10a) kann man leicht ψ entsprechend dem Blochschen Theorem in zwei Faktoren aufteilen:

$$\psi \sim \exp(jkx)\exp[j(\alpha - k)x] \, , \qquad (1.3/10b)$$

wobei man k, wie in Abb.1.3/1 eingezeichnet, durch Verschiebung um ganzzahlige Vielfache von $2\pi/a$ auf die erste Brillouin-Zone beschränkt:

$$-\frac{\pi}{a} < k \leqslant \frac{\pi}{a} \, .$$

Die verbleibende gitterperiodische Wellenfunktion

$$u(x) = \exp j(\alpha - k)x$$

zeigt wegen der Beschränkung von k mit zunehmender Bandnummer eine abnehmende Wellenlänge, wie wir sie auch schon aus der zunehmenden Knotenzahl an den Bandrändern ablesen konnten (Abb.1.3/1). In einem weiteren Schritt können wir gedanklich die gitterperiodische Funktion $u(x)$ innerhalb der Potentialtöpfe als "Atomeigenfunktionen" analog φ in Gl.(1.2/5) interpretieren. Die "Ordnung" dieser Atomeigenfunktionen steigt dann von Band zu Band ebenso wie im Atom von Schale zu Schale mit steigender Hauptquantenzahl.

Der untere Rand des erlaubten Bandes tritt im einfachen Fall des Kronigschen Modells abwechselnd bei einem reduzierten Wert von $k = 0$ und π/a auf. Aus dem klassischen Analogon $k \,\hat{=}\, p$ hätte man zunächst generell den unteren Bandrand bei $k = 0$ erwartet. Wie bereits gesagt, hat diese Lage des Kristallimpulses p zunächst keine besondere physikalische Bedeutung, da die durch ihn beschriebenen Phasendrehungen der Eigenfunktionen nicht direkt beobachtbar sind. So werden ja Teilchendichte, Teilchenstrom usw. jeweils durch Multiplikation mit der konjugiert komplexen Größe ψ^* ermittelt.

Speziell sei darauf verwiesen, daß die Fortpflanzungsgeschwindigkeit eines Teilchens, das ja durch ein Wellenpaket dargestellt werden muß, durch die Gruppengeschwindigkeit

$$v = \frac{1}{\hbar} \frac{\partial E}{\partial k} \qquad (1.3/12)$$

bestimmt ist. Und diese wird ebensowenig durch die absolute Lage des Minimums wie durch die Verschiebung von k in die erste Brillouin-Zone beeinflußt.

1.4 Das dreidimensionale Gitter

Der eindimensionale Fall des Kronig-Penney-Modells wurde deshalb
nochmals ausführlicher behandelt, weil viele Punkte anschaulich zu
verstehen sind, die auch im dredimensionalen realen Fall ihre Gültigkeit behalten. Betrachtet man z.B. eine speziell herausgegriffene
Richtung für die $\vec{k}$-Vektoren, so treten verbotene Energiebereiche
immer dann auf, wenn die Bragg-Bedingung für die Reflexion der Elektronenwelle an den Gitterbausteinen erfüllt ist. Reflektierte und erzeugende Wellen ergeben dabei in $\vec{k}$-Richtung senkrecht zur reflektieren-
den Ebene eine stehende Welle. Der Bandabstand in dieser Richtung
ist ebenso wie im eindimensionalen Fall durch den entsprechenden
Fourier-Koeffizienten V_n analog Gl.(1.3/11a) bestimmt.

Da nun aber viele solche Bragg-Reflexionen im Gitter möglich sind,
werden sich die dadurch entstehenden verbotenen Energieintervalle
durch Elektronenwellen mit anderer Ausbreitungsrichtung zum mindesten teilweise besetzen lassen. Wichtig ist es daher, einen Überblick über das gesamte Energiewertespektrum in Abhängigkeit von k
zu gewinnen. Hier helfen die bereits erwähnte Beschränkung der $\vec{k}$-
Vektoren auf die erste Brillouin-Zone und die Symmetrieeigenschaf-
ten des Gitters weiter, die es uns ermöglichen, ausgezeichnete Richtungen des $\vec{k}$-Vektors herauszugreifen und dort die wesentlichen Eigenschaften der Flächen $E(\vec{k})$ zu kennzeichnen.

1.5 Gitter-Symmetrieeigenschaften

Für die weiteren Diskussionen wollen wir uns auf das in Abb.1.5/1
dargestellte Zinkblende- bzw. Diamantgitter konzentrieren - mit einem kurzen Ausblick auf das Wurtzitgitter-, da die technisch bedeut-
samsten Halbleiter Germanium, Silizium, III-V- und II-VI-Verbindungen alle in diesen Gittern kristallisieren. Wie die Einheitszelle
der Abb.1.5/1 zeigt, besitzt das Zinkblendegitter kubische Symmetrie, wobei aber jedes Einzelatom tetraedrisch von seinen Nachbaratomen umgeben ist, entsprechend den im sp^3-Hybrid (vgl. Abb.1.1/4)
vorgebildeten homöopolaren Valenzrichtungen. Im Zinkblendegitter
gehören diese Nachbaratome jeweils der anderen Atomart an, während im Diamantgitter alle Atome gleich sind.

Einen Überblick über die Diamant-, III-V- und einige II-VI-Halbleiter
gibt das von H. Welker [1.7] (im Zusammenhang mit dem Nachweis

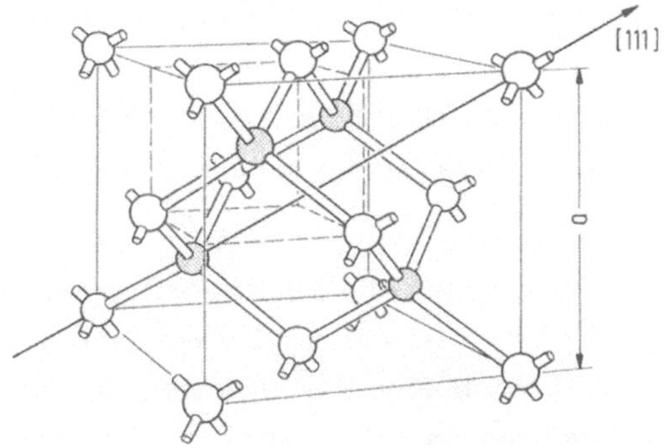

Abb. 1.5/1. Zinkblendegitter (z.B. weiße Atome: As, graue Atome:
Ga). Für den Fall gleicher Atome bekommt man das Diamantgitter.
Die gestrichelt umrahmte Zelle enthält anteilig 2 Atome und wird als
Basiszelle bezeichnet.

der Halbleitereigenschaften der III-V-Verbindungen) gegebene Schema
der Tab. 1.5/1, wobei die einzelnen Reihen isoelektronische Verbindungen, d.h. Verbindungen mit gleicher Elektronenanzahl enthalten.
In allen angegebenen Verbindungen stehen für je zwei Atome 8 Valenzelektronen zur Verfügung, d.h. je Bindung zwei Elektronen. Hieraus
erklärt sich der bevorzugt homöopolare Bindungscharakter, der na-

Tabelle 1.5/1. Isoelektronisches Schema von Element- und Verbindungshalbleitern.

Elementhalbleiter IV-IV-Verbindungen	III-V-Verbindungen			II-VI-Verbindungen			Mittlere Gesamtelektronenzahl pro Gitterbaustein
C							6
Si C							10
Si		Al P					14
Ge Si	Al As	Ga P		Zn S			23
Ge	Al Sb	Ga As	In P	Zn Se	Cd S		32
		Ga Sb	In As	Zn Te	Cd Se	Hg S	41
Sn		In Sb		Cd Te	Hg Se		50
					Hg Te		66

turgemäß beim Übergang zu den II-VI-Verbindungen immer mehr durch ionogene Bindungsanteile ersetzt bzw. ergänzt wird. Beim Fortschreiten in vertikaler Richtung zu höheren Elektronenzahlen nimmt ebenfalls die Stärke der homöopolaren Bindung wegen der zunehmenden Abschirmung des Kernpotentials durch die größer werdenden äusseren Elektronenschalen ab. Dies führt beim Zinn und erst recht beim Blei bekanntlich zum Umschlag in die bei Zimmertemperatur stabile metallische Modifikation.

Da für den Einbau ins Gitter nur die Valenzelektronenzahl und die Ionengröße maßgeblich ist, besteht im allgemeinen eine gute gegenseitige Lösbarkeit für benachbarte Verbindungen, so daß auch leicht Mischkristalle erhalten werden. Unter diesen haben wegen ihrer Verwendung in Lumineszenz- und Laserdioden vor allem ternäre III-V-Verbindungen der Zusammensetzung $Ga(As_{1-x}P_x)$ und $(Ga_{1-x}Al_x)As$ und quaternäre III-V-Verbindungen wie $(GaIn)\,(AsP)$ technische Bedeutung gewonnen. Hinsichtlich der Mischkristallbildung machen die Elemente der vierten Gruppe eine Ausnahme: Nur Ge und Si bilden eine lückenlose Mischkristallreihe. Im System Si-C existiert nur die Verbindung SiC, die mit ihren verschiedenen Modifikationen einen interessanten Übergang von reiner Zinkblendestruktur zur Wurtzitstruktur aufweist.

Abb.1.5/2. Bindungsschema benachbarter Atome für Zinkblendegitter (a) und Wurtzitgitter (b). A, B beschreibt die Folge von mit A- bzw. B-Atomen besetzten Ebenen beim Fortschreiten in der [111]-Richtung des Zinkblendegitters, die zur c-Achse des hexagonalen Wurtzitgitters wird. Die gestrichelt eingezeichneten Dreiecke repräsentieren die in den entsprechenden Ebenen maßgeblichen Atomanordnungen, die beim Wurtzitgitter in der obersten A-Ebene mit der untersten B-Ebene übereinstimmen, beim Zinkblendegitter aber um 180° gegeneinander gedreht sind.

In Abb.1.5/2a ist die Bindung innerhalb eines aus A- und B-Atomen aufgebauten Zinkblendegitters mit ihrer Umgebung herausgezeichnet. Man erkennt die für benachbarte Atome spiegelbildliche tetraedrische

Konfiguration (vgl. oberste A- und unterste B-Ebene). Projiziert
man die Verbindungen zwischen benachbarten Atomen auf die (111)-
Richtung, so ergeben sich alternierend Abstände im Verhältnis 1:3.
Beim Zusammenfügen dieser Bindungen im Zinkblendegitter folgt
schließlich die in Abb. 1.5/3 wiedergegebene Netzebenenstruktur.

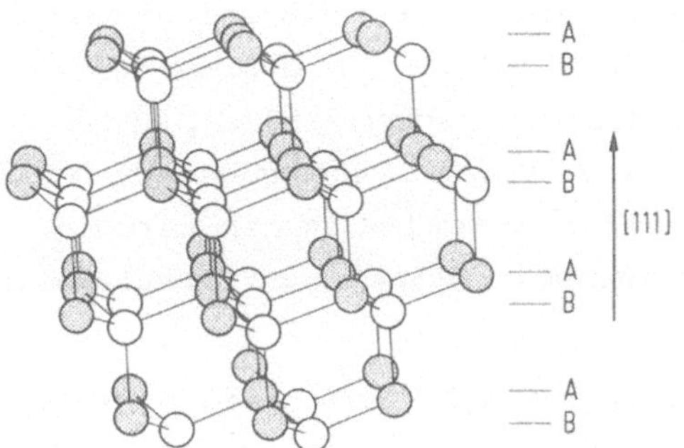

Abb. 1.5/3. Ebenenanordnung der Atome im Zinkblendegitter.

In jeder (111)-Netzebene tritt sowohl für A- als auch für B-Atome
die bekannte Bienenwabenstruktur der ebenen dichtesten Kugelpackung
auf. Die eng benachbarten Ebenen sind stärker aneinander gebunden
und werden daher als Doppelebenen bezeichnet. Je zwei im großen Abstand aufeinanderfolgende Doppelebenen können ohne Änderung der
Bindungsverhältnisse zwischen nächsten Nachbarn bezüglich der [111]-
Achse um 180° gegeneinander verdreht werden. Dabei ändert sich die
Konfiguration in der Umgebung einer Bindung gemäß dem Übergang
von Abb. 1.5/2a zu Abb. 1.5/2b.

Tritt eine solche Verdrehung auf, so spricht man von einer Zwillings-
bildung. Diese ist erfahrungsgemäß bei den Zinkblendegittern wesentlich häufiger als bei den Diamantgittern. Bei SiC folgen solche Zwil-
lingsebenen oft in einer definierten kristallspezifischen Periode. Dies
ist die Ursache für die bereits erwähnte Vielfalt der SiC-Strukturen,
die sich bei Herstellung im Bereich zwischen ca. 1300°C und 2000°C
bilden. Ist jede Doppelebene gegen die nächste um 180° gedreht, so
kommt man zur hexagonalen Wurtzitstruktur, die bei II-VI-Verbindungen bevorzugt auftritt[1]. Dies ist bedingt durch die mit zunehmender

---

[1] Während im Zinkblendegitter die Atome jeder Art in kubisch dich-
tester Kugelpackung angeordnet sind, bilden sie hier eine hexagonal
dichteste Kugelpackung.

Ionizität wachsende Coulombsche Wechselwirkung z.B. zwischen den
Atomen der in Abb.1.5/2 gezeichneten untersten und obersten Gitter-
ebene. Hingegen ist bei homöopolarer Bindung das Zinkblende- bzw.
Diamantgitter bevorzugt.

Die A- und B-Ebenen tragen sowohl im Zinkblende- als auch im
Wurtzitgitter Gesamtladungen verschiedenen Vorzeichens und bilden
damit eine Dipolschicht. Dies ist die Ursache des bei diesen Substanzen auftretenden piezoelektrischen Effektes, da bei einer äußeren
Deformation die aus A- und B-Atomen gebildeten beiden Untergitter
gegeneinander verschoben werden. Dementsprechend kann aus der
Größe des Piezoeffektes genähert auf die Ionenladung geschlossen
werden.

Es gibt zwei verschiedene als A- und B-Seiten bezeichnete (111)-
Oberflächen, die - bei einem entsprechend geschnittenen Kristall -
einander gegenüberliegen. Bei III-V-Verbindungen sind an die mit
Metalloidatomen (z.B. As) belegten Oberflächen Elektronenpaare
angelagert, bei der anderen (z.B. der Ga-)Oberfläche fehlen diese. Man erkennt dies z.B. an der höheren chemischen Aktivität der
As-Seite (vgl. Abb.1.5/4).

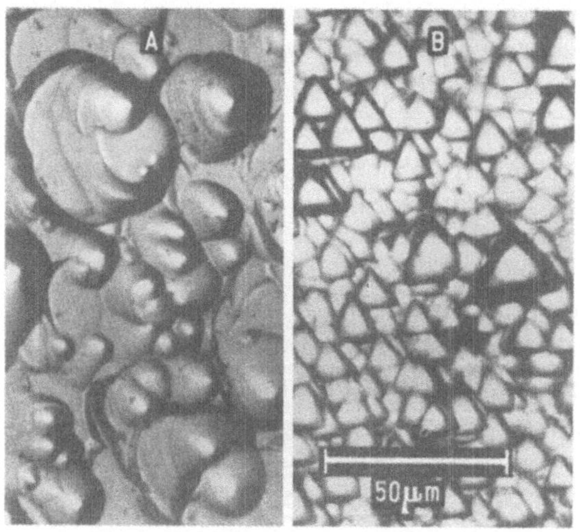

Abb.1.5/4. Ga-(A-)Seite und As-(B-)Seite einer in $HF:H_2O_2:H_2O =
1:1:1$ geätzten GaAs-Probe. Die Oberflächenatome gehen nur mit drei
Nachbarn kovalente Bindungen ein (vgl. Abb.1.5/3). An der B-Seite
sind zwei Elektronen pro Atom nicht tetraedrich gebunden, daher ist
diese Seite in oxidierenden Ätzmitteln chemisch aktiver, was die Ent-
stehung kristallographischer Ätzfiguren (z.B. an Versetzungen) för-
dert (nach [1.8]).

Für die Darstellung der Gittereigenfunktionen gemäß Gl.(1.2/4) will
man selbstverständlich den $\vec{k}$-Vektor auch im dreidimensionalen Gitter auf die erste Brillouin-Zone beschränken. Hierbei wäre man viel-
leicht analog Gl.(1.3/2) zunächst versucht, sich auf die in Abb.1.5/1
wiedergegebene kubische Elementarzelle zu stützen; da hier in allen
drei kubischen Richtungen reine Translationsperiodizität vorliegt.
Diese Gitterzelle ist aber zu groß; denn sie enthält mehrere äquivalente Gitterpunkte.

Unter äquivalenten Gitterpunkten verstehen wir hierbei gleiche Atome
mit gleicher und gleich orientierter Umgebung, die durch Translation
ineinander überführt werden können. Beim Fortschreiten in einer
[110]-Richtung gelangt man bereits beim halben Durchqueren der kubischen Elementarzelle zu einem äquivalenten Gitterpunkt. Diese Git-
tervektoren stellen die eigentlichen für die Periodizität des Gitters maßgeblichen Translationsvektoren dar. Betont sei, daß auch im Diamantgitter die zwar chemisch gleichen nächsten Nachbarn im hier behandelten Sinn nicht äquivalent sind, da ihre Umgebung spiegelbildlich
orientiert ist. Eine Basiszelle muß daher auch dort zwei Atome enthalten, wie dies bei der in Abb.1.5/1 eingezeichneten Teilzelle der
Fall ist.

Wollen wir nun, ähnlich wie im eindimensionalen Fall, die erste
Brillouin-Zone ermitteln, so können wir in folgender Weise vorgehen: Wir wählen zwei beliebige solche Basisvektoren zwischen zwei
nächsten äquivalenten Gitterpunkten aus, z.B. in $[1\bar{1}0]$- und in $[10\bar{1}]$-
Richtung. Diese bestimmen eine Gitterebene. Nun legen wir eine Pa-
rallelebenenschar durch alle äquivalenten Gitterpunkte. Der Abstand
d dieser Parallelebenen definiert nunmehr wieder eine eindimensionale
Periodizität. Für die Normalkomponente des Wellenvektors senkrecht
zu der ausgewählten Ebenenschar, also in unserem Fall in [111]-
Richtung, erhalten wir nun analog dem eindimensionalen Fall eine Beschränkung auf

$$-\frac{\pi}{d} < k_\perp < \frac{\pi}{d} \, .$$

Haben wir nun alle möglichen Kombinationen von Translationsvektoren
in dieser Weise untersucht, so bestimmt die Gesamtheit der so erhal-
tenen Begrenzungen das Volumen der ersten Brillouin-Zone. Im Falle

des Diamant- und Zinkblendegitters ergibt sich in den vorhin betrachteten [111]-Richtungen ein Periodizitätsabstand $d = a/\sqrt{3}$, in den [100]-Richtungen ein Abstand $d = a/2$.

Für die erste Brillouin-Zone erhält man damit den in Abb. 1.5/5 wiedergegebenen Bereich im $\vec{k}$-Raum, der durch sechs Quadrate und acht gleichseitige Sechsecke begrenzt ist[1].

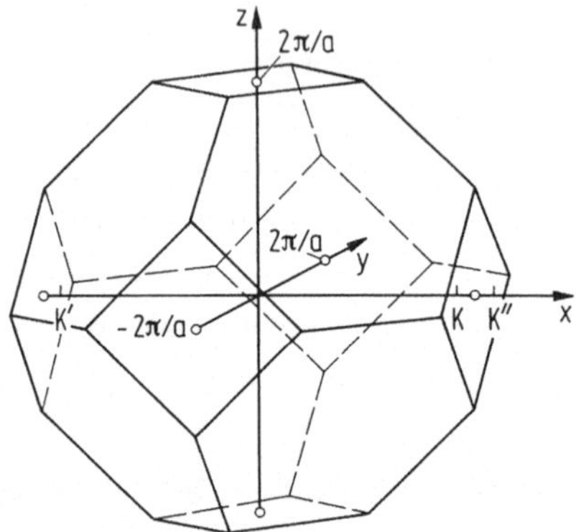

Abb. 1.5/5. Erste Brillouin-Zone im Zinkblende- und Diamantgitter.

Im eindimensionalen Fall konnten wir durch die Symmetriebetrachtung den interessierenden Bereich für $E(k)$ aus der Bedingung (1.3/3) auf positive k-Werte beschränken. Diese Bedingung ist für stetige und differenzierbare Funktionen $E(k)$ auf zwei Weisen erfüllbar (vgl. Abb. 1.5/6). Im Fall b schneiden sich zwei Energie-

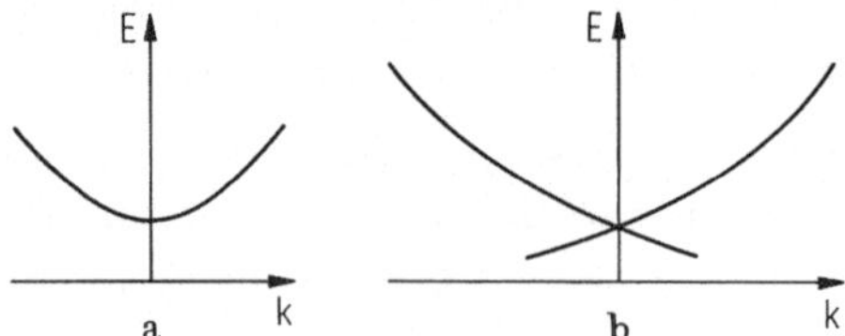

Abb. 1.5/6. $E(k)$-Verlauf in der Umgebung eines Symmetriezentrums.
a) Bei Nicht-Entartung; b) im Entartungsfall.

---

[1] Bei der vorliegenden Ableitung wurde aus didaktischen Gründen auf die enge Beziehung zum eindimensionalen Fall geachtet. Hinsichtlich des eleganteren Weges über das Aufsuchen der Wigner-Seitz-Zelle im reziproken Gitter vgl. z.B. Kap.2, Abschn.8 in [1.9].

kurven im Punkte k = 0. Es tritt dort also eine Entartung der Eigen-
wertkurven auf. Ist dies nicht der Fall, so muß $E(k)$ bei k = 0 ein
Extremum aufweisen.

Gl. (1.3/3) ist nun aber nicht die einzige Symmetriebedingung, der
$E(\vec{k})$ genügen muß, wie bereits die Gestalt der Brillouin-Zone unmittelbar zeigt. Zusätzlich sind die Oberflächen der Brillouin-Zonen
Symmetrieebenen, wie sich aus folgender Überlegung ergibt.

Betrachten wir als Beispiel den in der Abb. 1.5/5 eingezeichneten
Punkt K'' auf der x-Achse beim Wert $k = 2\pi/a + k_1$ direkt außerhalb
der Brillouin-Zone. Durch Reduktion in die erste Brillouin-Zone gelangt man zum äquivalenten Punkt K' bei $k = -2\pi/a + k_1$ mit glei-
chem Energiewert. Ebenso finden wir beim symmetrisch zu K' innerhalb der Brillouin-Zone gelegenen Punkt K den gleichen Energiewert, d.h. also in unserem Beispiel

$$E\left(\frac{2\pi}{a} + k_1\right) = E\left(\frac{2\pi}{a} - k_1\right) .$$

Die unter Berücksichtigung derartiger Überlegungen sich ergebenden
Punkte und Achsen hoher Symmetrie sind in Abb. 1.5/7 mit der in der
Literatur üblichen Bezeichnungsweise eingetragen. Überquert man
eine der eingezeichneten Symmetrielinien, so ergibt sich für die Um-

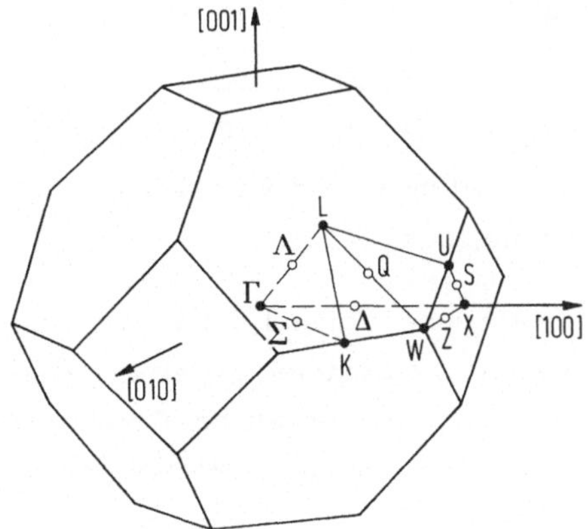

Abb. 1.5/7. Symmetrieachsen (–o–) und -punkte (•) in der ersten Brillouin-Zone des Zinkblendegitters.

gebung in Erweiterung von (1.3/3)

$$E(\vec{k}_{\parallel} + \vec{k}_{\perp}) = E(\vec{k}_{\parallel} - \vec{k}_{\perp}) \;,$$

wenn $\vec{k}_{\parallel}$ bzw. $\vec{k}_{\perp}$ die Komponenten von $\vec{k}$ parallel bzw. senkrecht zu einer dieser Linien bezeichnet. Es ist daher besonders interessant, den Zusammenhang $E(\vec{k})$ auf diesen Linien zu kennen, die ja im Nicht-entartungsfall Extremallinien im Sinne eines Kamms oder einer Tal-sohle darstellen. Dementsprechend findet man auch in den üblichen Darstellungen der Bandstruktur den Verlauf $E(\vec{k})$ längs dieser Li-nien angegeben (vgl. Abb.1.6/1).

1.6 Bandstruktur spezieller Halbleiter

In diesem Abschnitt sollen die Bandstrukturen verschiedener Halblei-ter zunächst phänomenologisch besprochen werden, während eine Dis-kussion über ihre Ursachen in Anlehnung an die früheren Überlegun-gen den beiden anschließenden Abschnitten vorbehalten bleibt.

Halbleiter mit engen erlaubten Bändern - hierzu zählen z.B. die Oxidhalbleiter - zeigen an den Bandkanten einen dem Kronig-Penney-Modell entsprechenden Aufbau. So gilt im kubischen Gitter für das Leitungsband

$$E = E_c + \frac{\hbar^2 k^2}{2m_n^*} \tag{1.6/1}$$

und für das Valenzband

$$E = E_v - \frac{\hbar^2 k^2}{2m_p^*} \tag{1.6/2}$$

($E_{c,v}$ Bandkanten von Leitungs- und Valenzband, $m_{n,p}^*$ effektive Massen für Elektron und Loch).

Beide Gleichungen entsprechen formal der eines freien Elektrons. Hat das Gitter keine kubische Symmetrie, so ergibt sich ein tenso-rieller Zusammenhang, und man erhält bei Orientierung nach den mit 1,2,3 numerierten Hauptachsen beispielsweise statt Gl.(1.6/1)

$$E = E_c + \frac{\hbar^2 k_1^2}{2m_{n1}^*} + \frac{\hbar^2 k_2^2}{2m_{n2}^*} + \frac{\hbar^2 k_3^2}{2m_{n3}^*} \;. \tag{1.6/3}$$

Die Werte der effektiven Masse liegen bei den genannten Halbleitern bei oder über der freien Elektronenmasse.

In den Halbleitern vom Diamant- und Zinkblendetyp herrschen demgegenüber wesentlich komplizertere Verhältnisse, wie uns dies für den Fall des Germaniums die Abb.1.6/1 zeigt. Dabei ist aufgetragen die Energie über dem $\vec{k}$-Vektor ausgehend vom Punkt L auf der Oberfläche der in Abb.1.5/7 dargestellten ersten Brillouin-Zone über die Λ-Achse ([111]-Richtung) zum Punkt Γ (mit k = 0), von dort auf der Δ-Achse ([100]-Richtung) zum Punkt X, von dort längs der Achse S zum Punkt U, der, wie eine weitere Betrachtung zeigt (vgl. z.B. Kap.3, Abschn.15 in [1.9]), äquivalent mit dem Punkt K ist, und schließlich auf der Achse Σ ([110]-Richtung) zurück nach Γ.

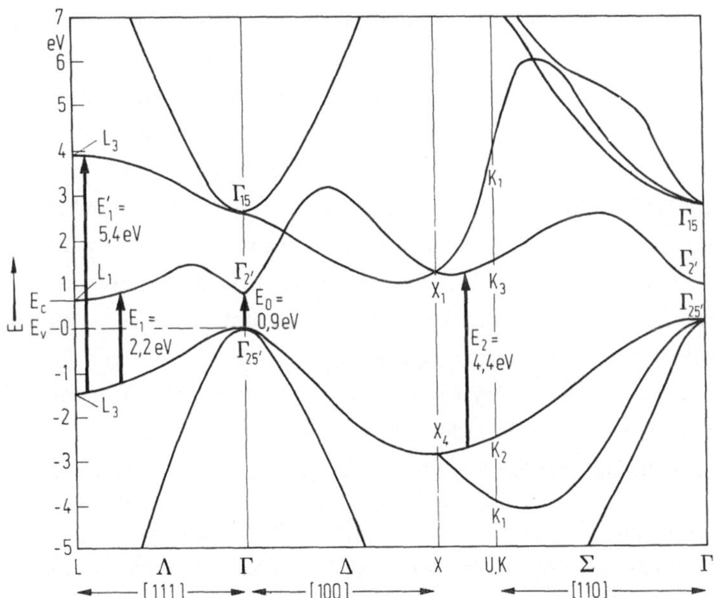

Abb.1.6/1. Bandstruktur des Germaniums, berechnet nach der Pseudopotentialmethode ohne Berücksichtigung der Spin-Bahn-Aufspaltung (nach Kap.5 in [1.6] und Kap.15 in [1.9]). Auf der linken Seite ist der Bandabstand zwischen Leitungs- und Valenzband herausprojiziert. Man erkennt, daß das Leitungsbandminimum nicht am Γ-, sondern am L-Punkt der Brillouin-Zone liegt. Die wesentlichen optisch aktiven Übergänge sind zusammen mit ihren experimentell ermittelten Werten durch Pfeile eingetragen (vgl. hierzu Abschn.1.9).

Bei einer Durchsicht dieses zunächst verwirrend anmutenden Verlaufs der verschiedenen Teilbänder erkennt man zunächst zwei voneinander getrennte Systeme, die an keinem Symmetriepunkt miteinander verknüpft sind. Das obere stellt das Leitungsband-, das untere das Valenzbandsystem dar. Beide sind durch eine Energielücke voneinander getrennt, die im Falle des Germaniums zwischen $\Gamma_{25'}$ als dem obersten Punkt des Valenzbandes und L_1 als dem untersten Punkt des Leitungsbandes auftritt.

Das Valenzband zeigt bei allen Halbleitern mit Diamant- und Zinkblendestruktur praktisch den gleichen Aufbau. Infolge der Aufhebung der Entartung durch Spin-Bahn-Kopplung spaltet ein weiteres Teilband mit geringer effektiver Masse ab. Dieses ist wegen der tieferen energetischen Lage voll besetzt (Abb. 1.6/2). Die Aufspaltung steigt mit dem Atomgewicht.

Für die beiden sich bei k = 0 berührenden Teilbänder erwartet man ebenso wie für das tiefe Band zunächst nach allgemeinen Gesetzmässigkeiten Isotropie, denn eine Taylor-Entwicklung von E um k = 0 führt aus Symmetriegründen zu einem einzigen nichtverschwindenden Koeffizienten $\hbar^2/2m^*$ für die rein quadratischen Glieder zweiter Ordnung. Es ließen sich hiermit aber verschiedene experimentelle Details, insbesondere der hohe Piezowiderstandseffekt von p-leitendem Material (vgl. Tab. 1.10/1), nicht verstehen. Nun handelt es sich bei den beiden oberen Teilbändern aber in Wahrheit um ein gemeinsames Band mit einem Verzweigungspunkt bei k = 0. Um einen solchen ist aber bekanntlich keine Taylor-Entwicklung möglich. So ergab sich ja auch im Falle eines Schneidens zweier Bänder, wie in Abb. 1.5/6b gezeigt, kein Extremum im Punkt k = 0.

Die allgemeine Form für diese Bänder erhält man mit der am Ende von Abschn. 4.3 erläuterten k-p-Theorie. Das Ergebnis lautet für kleine Werte von k:

$$E(\vec{k}) = E_v - \frac{\hbar^2}{2m_0}\left(A \pm \sqrt{B^2 + C^2 S}\right)|\vec{k}|^2 \qquad (1.6/4)$$

mit A, B, C als materialspezifischen Konstanten und

$$S = \frac{1}{|\vec{k}|^4}\left(k_x^2 k_y^2 + k_y^2 k_z^2 + k_z^2 k_x^2\right).$$

40

Diese Bänder sind zwar in jeder einzeln vorgegebenen Richtung in
erster Näherung parabolisch, da

$$S = \cos^2(x,k)\cos^2(y,k) + \cos^2(y,k)\cos^2(z,k) + \cos^2(z,k)\cos^2(x,k)$$

einen festen Wert annimmt. Die Bandkrümmung ändert aber ihren
Wert mit der Richtung, wobei die kleinste Aufspaltung zwischen den
beiden Bändern in den [100]-Richtungen mit S = 0, die maximale Aufspaltung in den [111]-Richtungen mit S = 3 gefunden wird. Man
spricht in diesem Fall von Bändern mit Verwerfungen (warped sur-
faces), wie diese Abb.1.6/2 in der (001)-Ebene zeigt.

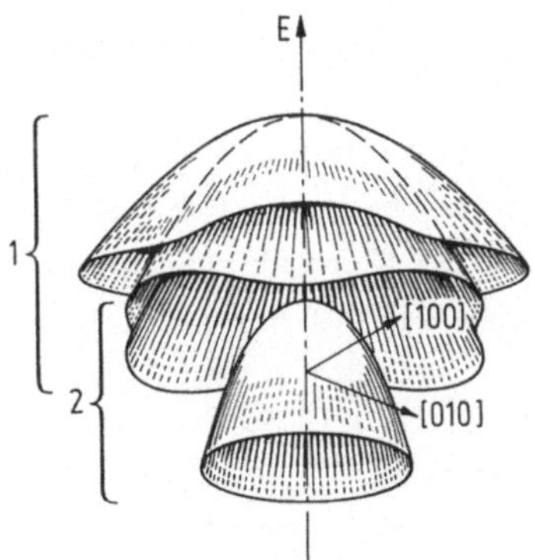

Abb.1.6/2. Valenzbandenergieflächen beim Zinkblendegitter in der
(001)-Ebene. 1 Verworfene Teilbänder am Bandrand 2 infolge Spin-
Bahn-Kopplung abgespaltenes Teilband.

Während im Valenzband alle Energiemaxima um den Wert k = 0 ver-
einigt sind, treten im Leitungsband Minima auch bei Werten k ≠ 0 auf.
Die verschiedenen IV-IV- und III-V-Halbleiter unterscheiden sich vor.
allem durch die energetische Lage dieser Minima. Einen Überblick
geben Tab.1.6/1 und Abb.1.6/3. Dabei ist jeweils der energetische
Abstand des entsprechenden Minimums vom oberen Rand des Valenzbandes angegeben.

Man erkennt in Tab.1.6/1 die starke Zunahme der Bandabstände mit
abnehmendem Atomgewicht. Diese ist aber beim Δ-Minimum weniger
ausgeprägt, so daß dieses für Diamant und Silizium am tiefsten liegt.
Beim Germanium findet sich - wie bereits erwähnt - das L-Minimum

etwas unter den anderen und bestimmt so den Bandabstand. Beim grau-
en Zinn (α-Sn) ist das Γ-Minimum das tiefste, dem ein Bandabstand
nahe dem Wert null zugeschrieben wird.

Tabelle 1.6/1. Bandlücken in IV-IV-Halblei-
tern. Alle Werte sind in eV
(nach Kap. 7 in [1.6], sowie
[1.11, 1.12].

	Γ	X(Δ)	L
C	7,3	5,48	9,8
Si	3,35	1,13	1,80
Ge	0,89	0,96	0,76
α-Sn	$\sim$0	0,7	0,3

Für die III-V-Verbindungen sind die energetischen Abstände der einzelnen Minima jeweils im oberen Teil der Abb. 1.6/3 entsprechend
dem Schema der Tab. 1.5/1 tabellarisch zusammengefaßt. Zusätzlich
ist ihr Verhalten im unteren Teil der Abbildung perspektivisch über

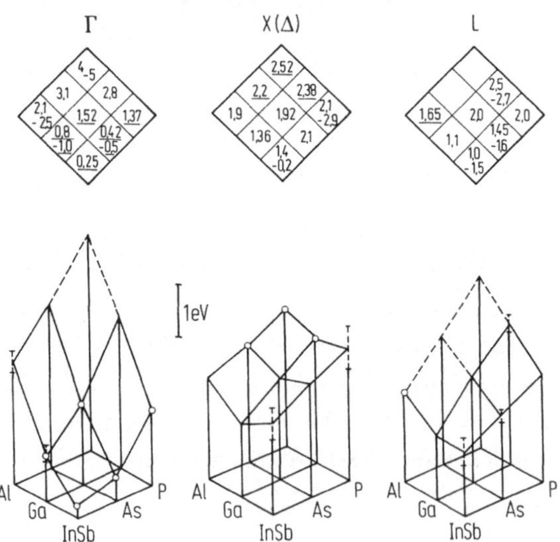

Abb. 1.6/3. Bandlücken von III-V-Halbleitern (in eV). Der kleinste
Wert des jeweiligen Halbleiters ist in der Tabelle unterstrichen und
in der Abbildung durch einen Punkt hervorgehoben. Nach [1.6, 1.10,
1.13, 1.28, 1.29, 1.30, 1.31, 1.32].

diesem Schema veranschaulicht. Während das Γ- und L-Minimum eindeutig mit sinkender Elektronenzahl von einer isoelektronischen Reihe zur nächsten ansteigt, wird das X-Minimum bevorzugt bei fallender Elektronenzahl des Kations angehoben.

Vor einer weiteren Diskussion dieser Systematik und dem Versuch einer modellmäßigen Deutung sollen die wesentlichen elektrischen Eigenschaften von Ladungsträgern in den einzelnen Minima - dem Experiment entsprechend - besprochen werden. Beginnen wir hierzu mit dem bei $k = 0$ gelegenen zentralen Γ-Minimum. Es zeichnet sich allgemein durch besonders hohe Bandkrümmung aus, die gemäß der üblichen Definition der effektiven Masse

$$m^* = \hbar^2 \left/ \frac{\partial^2 E}{\partial k^2} \right. \qquad (1.6/5)$$

zu sehr kleinen effektiven Massen und damit höchster Elektronenbeweglichkeit führt. Schon bei relativ kleinem k nimmt die Energie rasch zu, und die parabolische Näherung muß durch höhere Entwicklungsglieder ergänzt werden. Allgemein nimmt bei zunehmender Energie die Bandkrümmung ab, was einer Zunahme der effektiven Masse entspricht. Dieser Effekt ist als Nichtparabolizität der Bänder bekannt [s. Gl.(4.3/31)].

Für die Nebenminima bei $k \neq 0$ ist die Zentralsymmetrie aufgehoben. Die Energieflächen haben analog Gl.(1.6/3) die Form

$$E = E_\nu + \frac{\hbar^2 (k_l - k_\nu)^2}{2m_l} + \frac{\hbar^2 k_t^2}{2m_t} \, , \qquad (1.6/6)$$

wobei E_ν den tiefsten Wert des bei $\vec{k}_\nu$ liegenden Nebenminimums, k_l die Komponente des $\vec{k}$-Vektors in Richtung $\vec{k}_\nu$ und k_t die Komponente senkrecht dazu bedeuten. m_l und m_t werden als longitudinale und transversale Elektronenmasse bezeichnet. Die longitudinale Masse ist höher als die transversale und als die effektive Masse im Zentralminimum.

Trotz der so gegebenen Anisotropie des Einzelminimums bleibt die Leitfähigkeit des Gesamtkristalls entsprechend dessen kubischer Sym-

metrie isotrop; denn es gibt im Kristall so viele zueinander symmetrisch gelegene Nebenminima, als es äquivalente symmetrische Punkte in der Brillouin-Zone gibt. Bezüglich des statistischen Gewichtes
dieser Minima sei darauf verwiesen, daß Minima am Rande der Brillouin-Zone nur halb zu zählen sind.

Da alle Minima an äquivalenten Punkten der Brillouin-Zone energetisch gleich liegen und gleiche Zustandsdichte aufweisen, sind im
thermodynamischen Gleichgewicht gleichviel Elektronen in jedem
Minimum. Die Minima sind also, bezogen auf einen bestimmten Be-
setzungsgrad (z.B. 1 ‰), bis zum gleichen Energiewert gefüllt.
Die so "gefüllten" Bandteile lassen sich anschaulich in der dreidimensionalen Brillouin-Zone aus Flächen konstanter Energie ablesen,
wie sie z.B. für Germanium und Silizium in Abb.1.6/4 wiedergegeben sind.

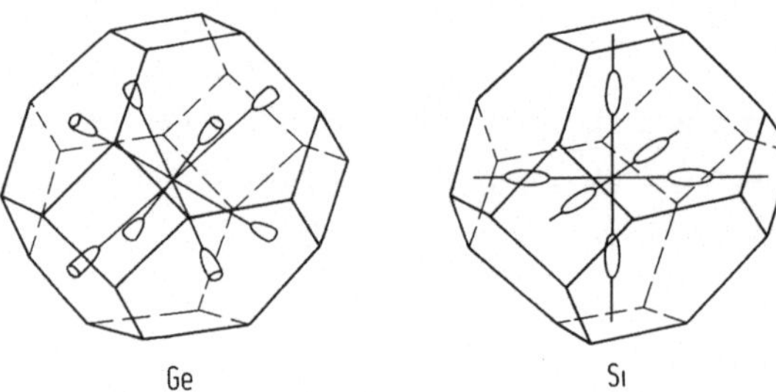

Abb.1.6/4. Anordnung der Nebenminima in Germanium und Silizium.

1.7 Anschauliche Interpretation der Leitungsbandstruktur

Die in Abb.1.6/1 wiedergegebene Bandstruktur im $\vec{k}$-Raum wurde
nach der sog. Pseudopotentialmethode ermittelt. Ehe wir aber auf
diese Methode näher eingehen, wollen wir im folgenden noch - ge-
stützt auf die Überlegungen der Abschnitte 1.1 bis 1.3 - versuchen,
anschaulich die speziellen Eigenschaften des Leitungsbandes zu deuten, zumal erfahrungsgemäß Energieminima außerhalb k = 0 für das
Verständnis erhebliche Schwierigkeiten mit sich bringen.

Für ein Elektron gilt bekanntlich auch quantenmechanisch der Zusammenhang

$$E = E_{pot} + E_{kin} = E_{pot} + \frac{p^2}{2m} = E_{pot} + \frac{\hbar^2 k^2}{2m} \ . \qquad (1.7/1)$$

Trotzdem kann mit höherem k-Wert, d.h. höherer kinetischer Energie, die Gesamtenergie kleiner werden, wenn bei diesen k-Werten E_{pot} entsprechend absinkt. Dieses Absinken ist möglich, da ja die Elektronenwelle ausgedehnt ist und E_{pot} in Gl.(1.7/1) sich aus dem quantenmechanischen Mittelwert über die Aufenthaltswahrscheinlichkeit des Elektrons

$$E_{pot} = \langle \psi \vee \psi \rangle \qquad (1.7/2)$$

ergibt.

Zur Erläuterung betrachten wir den in Abb.1.7/1 gezeichneten Potentialverlauf längs der Diagonale der Einheitszelle einer III-V-Ver-

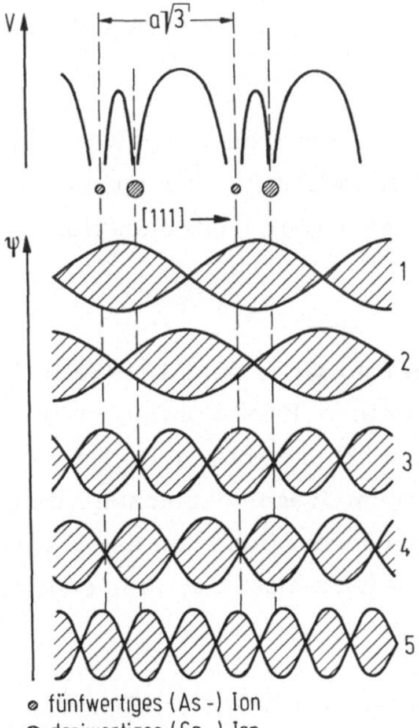

Abb.1.7/1. Potentialverteilung und Eigenfunktionen in III-V-Halbleitern. 1 Homöopolare bindende Eigenfunktionen (Valenzband); 2 Zwischengitter-Eigenfunktion (zentrales Minimum Leitungsband); 3 bindende ionogene Eigenfunktion (Valenzband); 4 antiionogene Eigenfunktion (Leitungsband [100] Minimum); 5 antihomöopolare Eigenfunktion (Leitungsband [111] Minimum).

bindung. Wie aus Abb. 1.5/1 ersichtlich, gelangen wir, wenn wir an
der eingezeichneten Raumdiagonale hinten unten beginnen, von einem
Atom der 5. Gruppe mit tieferem Potentialtopf nach einem Viertel der
Diagonallänge zu einem Atom der 3. Gruppe mit flacherem Potentialtopf; dann folgt ein langer Zwischenraum mit zwei sog. Zwischengitterplätzen, bis wir an der anderen Ecke der Einheitszelle wieder zu
einem Atom der 5. Gruppe gelangen.

Wir wollen uns nun die Frage stellen, welche stehenden Wellen sich,
in ein derartiges eindimensionales Modellgitter - mit zweiatomiger
Basis und einer Gitterkonstante $a\sqrt{3}$ - im Sinne der Bragg-Bedingung einpassen. Dabei ist k ein Vielfaches von $\pi/a\sqrt{3}$. Beginnen
wir mit diesem kleinsten Wert, so gewinnen wir offensichtlich potentielle Energie gegenüber einer völlig homogenen Elektronenverteilung,
wenn wir den Bauch der Welle in die Doppelpotentialmulde legen (Welle 1). Dann finden wir die maximale Aufenthaltswahrscheinlichkeit in
der Verbindungslinie zwischen zwei benachbarten Atomen. Dies entspricht einem bindenden Zustand, der dem Valenzband zuzuordnen
ist.

Einen weiteren Zustand beim gleichen k-Wert kann es nur geben,
wenn das Pauli-Prinzip erfüllt ist. Der quantenmechanische Ausdruck
dafür ist die Orthogonalität der Wellenfunktion

$$\langle \psi_1 \psi_2 \rangle = 0. \tag{1.7/3}$$

Das führt in unserem Fall zu der um 1/4 Wellenlänge verschobenen
stehenden Welle[1] mit einem Knoten zwischen benachbarten Atomen.
Sie hat eine wesentlich höhere potentielle Energie und ist daher dem
Leitungsband zuzuordnen. Wegen der hohen Aufenthaltswahrscheinlichkeit im Zwischengitterbereich kann das Elektron leicht von Gitterzelle zu Gitterzelle überwechseln; dies entspricht einer kleinen
effektiven Masse.

Weitere stehende Wellen erhalten wir beim doppelten k-Wert. Die
niedrigste Energie ergibt sich für einen Wellenbauch in der tieferen

---

[1] Analog erhielten wir für die stehenden Wellen im Kronig-Penney-
Modell an den Bandrändern abwechselnd Sinus- und Cosinus-Funk-
tionen.

Potentialmulde (Welle 3). Das Elektron hält sich daher bevorzugt
beim fünfwertigen Atom auf, wie man dies entsprechend der Ionenladung erwartet. Es handelt sich daher um eine dem Valenzband zuzuordnende ionogene Eigenfunktion. Sie liegt energetisch tiefer als
der dazu orthogonale Zustand, der durch die Welle 4 dargestellt wird.
Dieser beschreibt eine höchste Aufenthaltswahrscheinlichkeit beim
dreiwertigen Atom und ist als "antiionogene Eigenfunktion" dem Leitungsband zuzuordnen. Schließlich ergibt sich bei einer nochmaligen
Erhöhung des k-Wertes auf $3\pi/a\sqrt{3}$ die in Welle 5 gezeigte optimale
Einpassungsmöglichkeit. Diese nützt als einzige beide Potentialtöpfe
getrennt zur Absenkung der Energie aus. Wegen des dazwischenlie-
genden Knotens mit minimaler Aufenthaltswahrscheinlichkeit handelt
es sich um eine nichtbindende homöopolare Eigenfunktion. Zudem
weist sie wie Welle 2 hohe Aufenthaltswahrscheinlichkeit im Zwischengitterbereich auf.

Wir wollen nun unsere eindimensionale Betrachtungsweise verlassen
und versuchen, wenn auch hier noch mit Vorbehalt[1], eine Brücke zu
den realen Bandstrukturen im Zinkblendegitter zu schlagen. Dies
wird am einfachsten, wenn auch die entsprechenden Eigenfunktionen
im Gitter einer Wellenausbreitung in [111]-Richtung entsprechen.
Hinzu kommt, daß generell auch im dreidimensionalen Gitter bei der
Verschiebung in einer [111]-Richtung um $a\sqrt{3}/2$ Gitterplätze und
Zwischengitterplätze miteinander vertauscht werden und dementsprechend bindende und nichtbindende Zustände ihre Rolle vertauschen.

Beginnen wir mit der dem Leitungsband zuzuordnenden Eigenfunktion
2 der Abb.1.7/1. Sie weist zwischen den beiden eng benachbarten
Atomen einen Knoten auf, beschreibt also bezüglich der Tetraeder-
valenz eine nicht-bindende Eigenfunktion. Wegen der geringen effektiven Masse ordnen wir sie dem Γ-Minimum des Leitungsbandes zu.

Die Wellen 3 und 4 unseres Modells passen sich der Ionogenität des
Gitters an. Im dreidimensionalen Fall ist eine solche Anpassung optimal möglich für Wellen, die sich in [100]-Richtungen ausbreiten,

---

[1] Der Leser sollte nicht versuchen, das Modell von sich aus weiter-
zuentwickeln, bevor er Abschnitt 1.8 studiert hat, weil er erst dadurch den nötigen kritischen Überblick gewinnt.

denn hier folgen (vgl. Abb.1.5/1) im Abstand von a/4 Ebenen aufeinander, die abwechselnd nur mit 5- oder nur mit 3-wertigen Atomen besetzt sind. Es liegt daher nahe, diese in Abb.1.7/1 gezeichneten Wellen als Schrägschnitte durch z.B. in [100]-Richtung ver-
laufende Wellen mit einer Wellenzahl $k = 2\pi/a$ anzusehen. Speziell
ist dann die Welle 4 in [100]-Richtung am Rande der Brillouin-Zone
zu suchen, d.h. also im X-Minimum. Die störenden Wellenbäuche im
Zwischengitterbereich der [111]-Diagonale erklären sich dann aus dem
Schnitt mit den nur dort nicht besetzten Ebenen fünf- bzw. dreiwertiger
Atome.

Gehen wir schließlich zur Welle 5 der Abb.1.7/1 mit $k = 3\pi/a\sqrt{3}$.
Ihre halbe Wellenlänge entspricht exakt dem Abstand äquivalenter
(111)-Ebenen. Wir werden ihr daher auch im Dreidimensionalen
eine Ausbreitung in [111]-Richtung zuordnen. Der entsprechende $\vec{k}$-
Vektor liegt damit am Rande der Brillouin-Zone im L-Punkt. Die
Welle weist jeweils einen Knoten auf nahe der Mitte der in [111]-
Richtung verlaufenden Valenzstriche der Abb.1.5/1. Sie entspricht
daher einem nicht bindenden Zustand des Leitungsbandes. Außerdem
besitzt sie einen scharf lokalisierten Bauch im Bereich des Zwischen-
gitters. Es steht daher zu vermuten, daß die Existenz dieses L-Minimums mit der Sperrigkeit des Diamant- bzw. Zinkblendegitters in
engem Zusammenhang steht. Läßt man im Gedankenexperiment den
Zwischengitterbereich entfallen, so besteht kein prinzipieller Unterschied zwischen Welle 2 und Welle 5.

Auch die Abhängigkeit der Bandabstände von der chemischen Zusammensetzung (vgl. Abb.1.6/3b) läßt sich in verschiedenen Punkten
qualitativ aus unserem einfachen Modell verstehen. Bei großen Kernen ist außerhalb des Rumpfes das Coulomb-Potential auf kleinere
Werte abgesunken und daher der Potentialtopf flacher. Der Energie-
unterschied zwischen Welle 1 und 2 in Abb.1.7/1 wird deshalb kleiner.
D.h. der Bandabstand des Γ-Minimums sinkt in der vertikalen Richtung des Welker-Schemas.

Dieser Abfall des Bandabstandes betrifft das L-Minimum ebenfalls,
tritt jedoch dort vermindert auf, da die entsprechende Welle 5 der
Abb.1.7/1 Bäuche sowohl im Bereich der Gitter- als auch der Zwischengitterplätze aufweist.

48

Auch beim X-Minimum gilt ein ähnliches Argument, wenn man nur
berücksichtigt, daß die ihm zugeordnete Welle 4 maximale Aufenthaltswahrscheinlichkeit beim dreiwertigen Ion hat. Daraus folgt, daß die
Anhebung des Valenzbandes bei zunehmender Ordnungszahl dieses Ions
nahezu kompensiert wird. Dies gilt bevorzugt für das besonders große
Indium-Ion. Es verbleibt der Einfluß der fünfwertigen Ionen, wie es
auch aus Abb.1.6/3 ersichtlich ist.

Schließlich können wir auch noch einen Blick auf die Gruppe der Dia-
manthalbleiter werfen. Aus dem antiionogenen Charakter des X-Minimums in den III-V-Verbindungen folgt sofort, daß dieses bei den IV-
IV-Halbleitern relativ zu den entsprechenden III-V-Halbleitern der
gleichen Reihe absinkt[1], was sich durch Vergleich der entsprechenden
Werte in Tab.1.6/1 und Abb.1.6/3 bestätigen läßt.

Trotz dieser recht anschaulichen Ergebnisse sei nochmals betont, daß
es nicht das Ziel der vorstehenden Überlegungen war, quantitative Aussagen zu gewinnen. Es sollten vielmehr die komplizierten Zusammenhänge $E(\vec{k})$ physikalisch veranschaulicht werden. Insbesondere kann
auch bei $\vec{k}$-Werten am Rand der Brillouin-Zone durch entsprechende
Einpassung der Wellen so viel potentielle Energie gewonnen werden,
daß trotz höherer kinetischer Energie die Nebenminima im Leitungsband unterhalb des Γ-Minimums liegen können.

1.8 Pseudopotentialmethode

Die Pseudopotentialmethode unterscheidet sich von den Betrachtungen
des Abschn.1.7 im wesentlichen durch die Einführung eines anderen
Kristallpotentials in die Schrödinger-Gleichung. Das bei den bisherigen Betrachtungen verwendete Potential schließt zwar die anziehenden
und abstoßenden elektrostatischen Kräfte aller anderen Teilchen des
Gitters im Mittel ein, würde aber in der Ein-Elektronen-Näherung
doch zu einem unbefriedigenden Ergebnis führen. Die Ursache hierfür erkennen wir am einfachsten bei der Berechnung der Eigenfunktion des Valenzelektrons eines Kalium-Atoms, d.h. eines s-Elektrons

---

[1] Im vorliegenden einfachen Modell würde sogar der Bandabstand verschwinden, da Welle 3 und 4 energetisch äquivalent werden.

in der 3. Schale. Auch unter Berücksichtigung der Kernabschirmung
würde sich dieses s-Elektron gemäß einer Ein-Elektronenbetrachtung
auf einer engen Bahn um den Kern bewegen nahe der innersten Schale.
Nun ist aber auch die 2. Schale voll besetzt, und dem betrachteten
Elektron steht wegen des Pauliprinzips im wesentlichen nur der Raum
außerhalb zur Verfügung[1]. Man kann diesen Fehler zum mindesten
teilweise ausgleichen, wenn man das unerwünschte Eindringen des
Elektrons durch ein zusätzliches Abstoßungspotential mathematisch
formal verhindert. Anziehungspotential und Abschirmungspotential
faßt man zusammen zum sog. Pseudopotential, das in Abb.1.8/1a für
den Fall des betrachteten K^+-Ions schematisch dargestellt ist. Der
Steilanstieg des Potentials liegt dabei etwa beim Radius $r^{(+)}$ des
Atomrumpfes K^+.

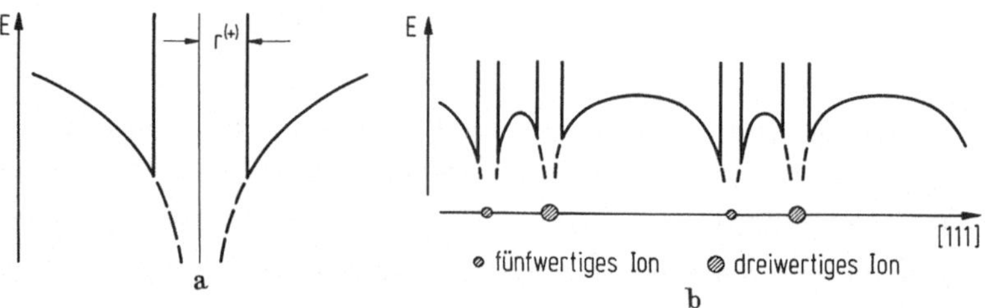

Abb.1.8/1. Pseudopotential und Coulomb-Potential (schematisch).
a) Bei einem K^+-Ion. $r^{(+)}$ = Ionenradius des K^+; b) in einem III–V–
Zinkblendegitter längs der Gitterdiagonale.

Wenn wir analog im Kristallgitter verfahren, so kommen wir für den
Fall des in Abb.1.7/1 verwendeten Potentials zu dem in Abb.1.8/1b
gezeichneten Verlauf des Pseudopotentials. Man erkennt, daß die Tiefen der Potentialtöpfe abgeschnitten und durch stark herausragende
Potentialberge ersetzt sind. Diesen gegenüber sind die übrigen Potentialunterschiede relativ flach, so daß die Verwendung ebener Wellen
als Eigenfunktionen vollauf gerechtfertigt erscheint, wie bei den Betrachtungen des letzten Abschnitts ersichtlich. Dort haben wir uns
aber auf stehende Wellen in einer Richtung beschränkt, die sich gemäß Abschn.1.3 jeweils aus einer hinlaufenden Welle und der an der
senkrecht zur Ausbreitungsrichtung liegenden Netzebenenschar rückgestreuten Welle zusammensetzen.

---

[1] Diese Tatsache haben wir nachträglich bei den Betrachtungen zur
chemischen Bindung am Ende des letzten Abschnitts mitverwendet.

50

Hingegen verwendet man bei der Berechnung der Bandstrukturen mit
Großrechnern die an vielen Gitterebenenscharen entsprechend der
Bragg-Bedingung rückgestreuten Wellen. Man kommt dann zu Eigen-
funktionen der Form

$$\psi = e^{j\vec{k}\vec{r}} \sum_{\nu} A_{\nu} e^{j\vec{G}_{\nu}\vec{r}}, \qquad (1.8/1)$$

wobei $\vec{G}_{\nu}$ Vektoren im reziproken Gitter sind. Die Summe selbst stellt
dabei nichts anderes dar als die dreidimensionale Entwicklung der Git-
terfunktion $u(\vec{r})$ im Blochschen Theorem (1.2/4).

Durch diese Entwicklung ist nun auch die Elektronenverteilung uu^{*}
besser festgelegt, als dies bei den in Abb.1.7/1 verwendeten einfachen stehenden Wellen der Fall war. Die durch Aufsummation übers
ganze Valenzband ermittelten Elektronendichten sind für Germanium
und Galliumarsenid nach den Berechnungen von Walter und Cohen in
Abb.1.8/2 wiedergegeben. Es wurden zusätzlich eingetragen die in

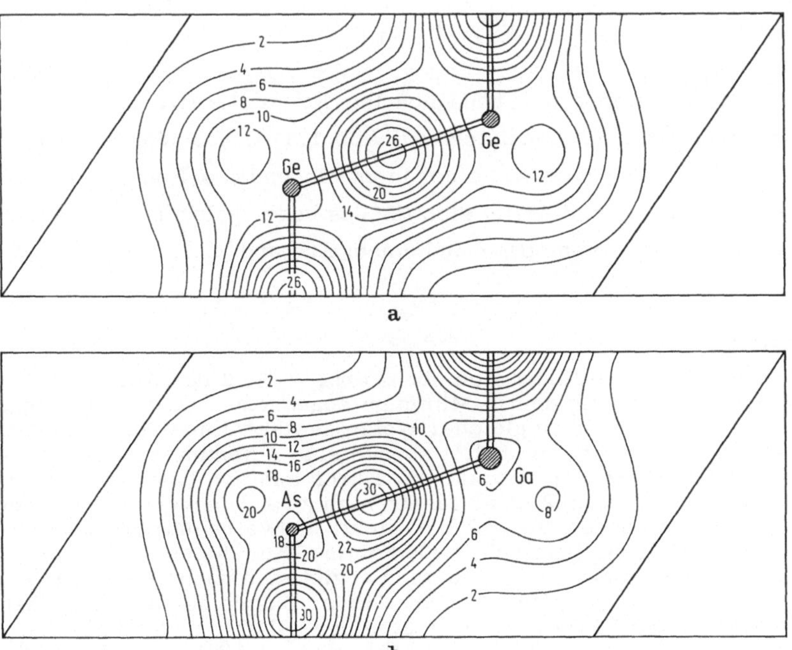

Abb.1.8/2. Dichteverteilung der Valenzelektronen in der (110)-Ebene
von Germanium (a) und GaAs (b) (nach [1.14]).

der wiedergegebenen (110)-Ebene liegenden Atome und Valenzstriche gemäß Abb. 1.5/1. Man erkennt im Falle des Germaniums deutlich die Konzentration der Valenzelektronen im Bereich zwischen beiden Atomen, so wie man sie aus den bindenden Valenzrichtungen der sp^3-Hybride erwartet (vgl. Abb. 1.1/4). Im Falle des GaAs besteht diese Konzentration ebenfalls noch. Die sp^3-Hybride sind aber näher an das As-Atom verschoben und ein Teil der Valenzelektronenwolke erscheint um das As-Atom konzentriert, wie man es für den zusätzlich bestehenden ionogenen Bindungsanteil erwartet.

Zum Vergleich mit unseren modellmäßigen Überlegungen zu den Leitungsbandzuständen interessieren noch die Elektronendichten in den Leitungsbandminima. Rechnungen hierzu wurden ebenfalls von Walter und Cohen durchgeführt (Kapitel 6 in [1.6]). Die errechnete Verteilung für das $\Gamma_{2'}$-Minimum in Germanium ist in Abb. 1.8/3 wiedergegeben. Hier ergibt sich im Gegensatz zum Valenzband eine Knotenebene[1] zwischen den Atomkernen, d.h. wir haben es hier analog wie beim Wasserstoffion mit einem nicht bindenden Zustand der Form

$$u(\Gamma_{2'}) = s_1 - s_2 \qquad\qquad (1.8/2)$$

($s_{1,2}$-Atomfunktionen der benachbarten Atome 1 bzw. 2) zu tun. Diese Form von u ist konsistent mit Abb. 1.1/3, nach der der untere Rand des Leitungsbandes aus einer nicht bindenden s-Funktion aufgebaut ist. Entsprechend ergibt sich für das höher gelegene Minimum Γ_{15} eine Symmetrie entsprechend einem Zustand

---

[1] Diese Knotenebene findet sich ebenso bei Welle 2 der Abb. 1.7/1, die wir modellmäßig dem Γ-Minimum zugeordnet haben. Allerdings ist diese Welle nicht in gleicher Weise auf die Atome der Umgebung beschränkt, sondern beinhaltet ebenso eine Aufenthaltswahrscheinlichkeit auf Zwischengitterplätzen. Durch additive bzw. subtraktive Mischung der Wellen 2 und 5 lassen sich zwei Mischeigenfunktionen erzeugen, von denen die eine der Elektronenverteilung gemäß Abb. 1.8/3 auf der Diagonale sehr nahe kommt. Für die den L-Minima entsprechende andere Eigenfunktion ergibt sich dann eine Konzentration im Zwischengitterbereich. Dieser Zusammenhang zwischen Sperrigkeit des Gitters und Auftreten des L-Minimums dürfte den Tatsachen näher kommen. Da wir hier nur die gitterperiodische Funktion u betrachten, wäre dieses Vorgehen im Prinzip durchaus möglich und sinnvoll. Die Einfachheit des Wellenmodells des Abschn. 1.7 würde damit aber verlassen.

$$u(\Gamma_{15}) = p_1 - p_2 \qquad\qquad (1.8/3)^{[1]}$$

(vgl. hierzu [1.4], Kap.5). Der p-Charakter dieses Minimums paßt auch zu der Tatsache, daß sich aus dem Zustand Γ_{15} die X-Minima entwickeln (vgl. Abb.1.6/1); denn die p-Funktionen haben ihre ausgezeichneten Richtungen wie diese in drei aufeinander senkrecht stehenden Achsen. Analog entwickelt sich das L-Minimum aus dem $\Gamma_{2'}$-Zustand im Einklang mit den einfachen Überlegungen im vorigen Abschnitt. Wenn die Zustände $\Gamma_{2'}$ und Γ_{15} sich miteinander mischen, kommen wir auch im Leitungsband zu sp^3-Hybriden, die aber wegen der Knotenebenen zwischen den benachbarten Atomen nun genau in die Gegenrichtung weisen, d.h. in Richtung der Zwischengitterplätze, wie

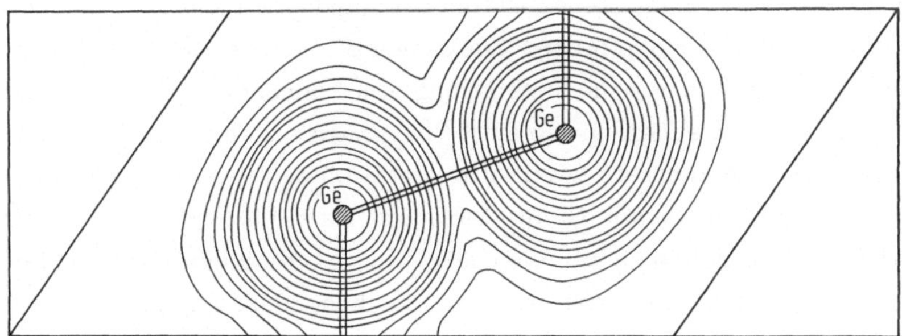

Abb.1.8/3. Dichteverteilung der Elektronen im Γ-Minimum des Leitungsbandes von Germanium, aufgetragen in der (110)-Ebene (nach Kap.6 in [1.6]).

dies in Abb.1.1/4b veranschaulicht ist. Eine solche Lokalisierung in Richtung auf Zwischengitterplätze hatten wir im vorigen Abschnitt bei Welle 2 und 5 vermutet, d.h. bei den dortigen einfachen Überlegungen, die nur eine Kristallrichtung betrachteten, konnten wir zwischen $\Gamma_{2'}$ und Γ_{15} nicht unterscheiden.

---

[1] Zu bemerken ist allerdings, daß bei Si im Gegensatz zu den anderen Halbleitern die energetische Reihenfolge $\Gamma_{2'} - \Gamma_{15}$ invertiert ist.

1.9 Optische Band-Band-Übergänge

Im Energiebereich oberhalb

$$hf = E_c - E_v \qquad\qquad (1.9/1)$$

wird die optische Absorption eines Halbleiters vorwiegend durch Übergänge von Elektronen aus besetzten Zuständen des Valenzbandsystems
in freie Zustände des Leitungsbandsystems bestimmt. Da das dabei
absorbierte Photon wegen der Kleinheit seiner Masse nur einen verschwindenden Impuls mit sich trägt, ergibt sich für derartige Übergänge aus dem Impulssatz die genäherte Auswahlregel

$$\vec{k}_2 \approx \vec{k}_1 \, ,$$

wenn $\vec{k}_1$ die Wellenzahl des Elektronenzustandes vor und $\vec{k}_2$ die Wellenzahl nach dem Absorptionsprozeß bedeutet. Solche Absorptionsvor-
gänge mit $\vec{k}$-Erhaltung ohne Beteiligung von Phononen sind die optisch
wirksamsten und werden als direkte Übergänge bezeichnet. Sie verlaufen im Bänderschema rein vertikal und stellen damit einen ausgezeichneten Prüfstein für dessen Richtigkeit dar. Da die Wellenlänge des ab-
sorbierten Photons durch den energetischen Abstand der miteinander
reagierenden Zustände bestimmt wird, ist besonders hohe Absorption
dort zu erwarten, wo die Bänder in einem Bereich des k-Raumes
parallel oder nahezu parallel verlaufen. Und zwar wird die Absorption umso höher, je größer ein solcher Bereich ist. Extrema im Verlauf $E(\vec{k})$ spiegeln sich als Knicke in der Absorptionskurve wieder,
da nur entweder für höhere oder niedrigere Photonenenergie der entsprechende Übergänge möglich ist. Im besprochenen Sinne ausgezeichnete Übergänge sind im Bänderschema der Abb.1.6/1 als vertikale
Pfeile eingetragen.

Das aus dem Bänderschema errechnete Absorptionsspektrum von Germanium zeigt Abb.1.9/1. Die den Pfeilen entsprechenden markanten
Übergänge sind ebenfalls eingetragen. Das errechnete Absorptionsspektrum spiegelt den prinzipiellen Verlauf des ebenfalls eingezeichneten gemessenen gut wieder. Dies ist umso bemerkenswerter, als
als einzige freie Variable nur das Abstoßungspotential des Germaniums zur Anpassung zur Verfügung steht.

54

Für die Elektrotechnik hat nun der umgekehrte Prozeß, nämlich die
Lichtaussendung infolge des Übergangs von Elektronen aus dem Leitungsband ins Valenzband, besondere Bedeutung erlangt; denn die für
eine Lichtemission notwendige Überbesetzung des Leitungsbandes und
Unterbesetzung des Valenzbandes kann bei einer Diode in einfachster
Weise durch Injektion von Elektronen und Löchern über einen p-n-Übergang realisiert werden. Dabei ist es naturgemäß nur möglich, den unteren Rand des Leitungs- und den oberen Rand des Valenzbandes umzu-
besetzen. Da in den verwendeten III-V-Verbindungen das Valenzbandmaximum bei $k = 0$ liegt, kann gute Lichtausbeute durch Band-Band-
Übergänge nur in Halbleitern gefunden werden, bei denen das Γ-Mini-
mum am tiefsten liegt. Solche Halbleiter werden auch als direkte Halbleiter bezeichnet.

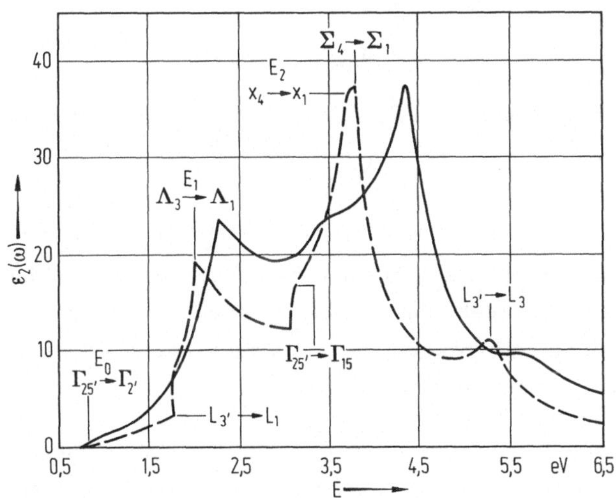

Abb.1.9/1. Absorptionsspektrum von Germanium (nach Kap.7 in
[1.6]). —— : experimentell bestimmt; - - - : theoretisch.

Best untersuchter Prototyp hierfür ist das GaAs, das entsprechend
seinem Bandabstand Licht einer Wellenlänge von 0,9 μm im nahen Infrarot abgibt. Technisch wird es sowohl für Lumineszenz-, als auch
für Laserdioden eingesetzt (vgl. hierzu Abschn.3.3). Im Zusammenhang mit der Bandstruktur interessiert hier nur, daß man auch
sichtbares Licht mit derartigen Halbleitern erzeugen kann. Man braucht
hierzu nur den Bandabstand durch Übergang zu ternären Verbindungen,

55

wie Ga(AsP), (GaAl)As, (GaIn)P, zu erhöhen. Daß dies möglich ist,
beruht auf der in Abschn. 1.5 erwähnten guten Mischkristallbildung[1].
Auf diese Weise ist es gelungen, bis maximal in den Bereich des Oran-
gen vorzudringen. Bei weiterer Erhöhung z.B. des Phosphoranteils in
Ga(AsP) vertauschen Γ- und X-Minimum ihre Rolle, wie Abb. 1.9/2
zeigt.

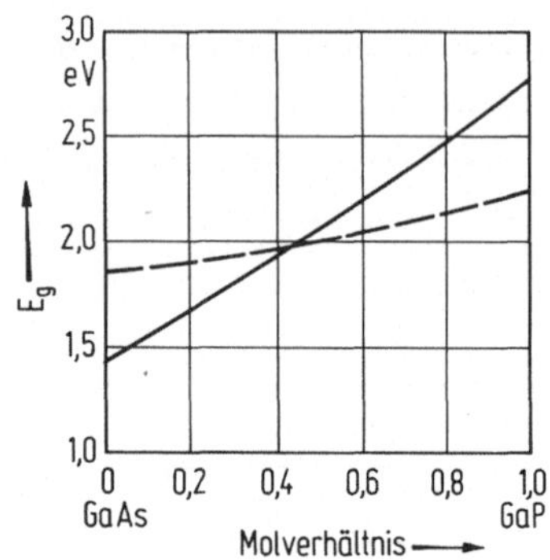

Abb. 1.9/2. Bandabstand im System Ga(AsP). —— Direkter Über-
gang $\Gamma_{15} \rightarrow \Gamma_1$ (nach [1.15]); ---- Indirekter Übergang $\Gamma_{15} \rightarrow X_1$
(nach [1.16]).

Bei den binären Halbleitern mit höherem Bandabstand ist das Γ-Mini-
mum generell nicht mehr das tiefste. Wie auch derartige Halbleiter,
z.B. GaP, zur Lichterzeugung herangezogen werden können, soll in
Abschn. 2.2.2 besprochen werden.

Auch Germanium und Silizium gehören zu den indirekten Halbleitern
mit verbotenem optischen Übergang zwischen den Bandkanten. Das
Ausfallen dieses raschen Rekombinationsmechanismus ist, wie bereits hier erwähnt sei, entscheidend für die erreichten langen Trägerlebensdauern (z.B. für Hochspannungsgleichrichter).

Schließlich muß noch auf einen Punkt näher eingegangen werden: Die
Erfüllbarkeit von Energie- und Impulssatz stellt nur eine notwendige

---

[1] Die Auswahl bzw. Anpassung der Bandstruktur an technisch gewünschte Eigenschaften, die für optische Bauelemente besonders wirksam ist,
wurde von C. Hilsum als "Band structure engineering", Bandstruktur-
technik, bezeichnet (vgl. auch Abschn. 4.6.3).

und keine hinreichende Bedingung dar; denn für die Übergangswahrscheinlichkeit ist die entsprechende Oszillatorstärke, d.h. das entsprechende Dipolmatrixelement maßgebend, in das aus der Bloch-
Funktion gemäß Gl.(1.2/4) außer der Exponentialfunktion auch $u(\vec{r})$
eingeht. Es sprechen heute viele Ergebnisse dafür, daß auch beim
sog. direkten Band-Band-Übergang bandnahe Zwischenzustände mit
im Spiele sind, wie freie oder gebundene Excitonen (vgl.
Abschn.2.2.1).

1.10 Leitfähigkeit und Piezowiderstandseffekt

Zur Vertiefung des bisher erarbeiteten Realaufbaus der Bandstruktur
sollen nun noch einige technisch wesentlichen Folgen der speziellen
Bandstruktur für die Leitfähigkeitsphänomene besprochen werden.

Wie bereits gesagt, wird wegen des kleinen m_n^* im Γ-Minimum höchste
Elektronenbeweglichkeit in verschiedenen III-V-Verbindungen gefunden.
Diese erreichen ihre Spitze im InSb mit nahezu 10^5 cm^2/Vs bei Zimmertemperatur und werden ausgenützt in galvanomagnetischen Bauelementen. In GaAs ist die Verbindung einer hohen Elektronenbeweglichkeit mit großem Bandabstand von besonderem technischen Interesse.
Dies findet Anwendung in Höchstfrequenzdioden und insbesondere
beim GaAs-Feldeffekttransistor, dessen verschiedenen technischen
Varianten der Band 16 dieser Reihe gewidmet ist.

Bei hohen Feldern können sich wegen der geringen effektiven Masse
von Γ-Elektronen im Bereich heißer Elektronen (s. Abschn.4.6.3)
Abweichungen von der Parabolizität bemerkbar machen. Interessan-
ter ist jedoch der bei GaAs und InP mögliche felderzwungene Übergang der Elektronen in ein Seitenminimum.

Bei diesen III-V-Verbindungen ist zwar das zentrale Minimum das
tiefste. Die Seitenminima liegen jedoch nur einige Zehntel eV höher,
so daß bei ausreichend hohen äußeren Feldern die Elektronen in diese
übertreten können. Da die Elektronen in den Seitenminima eine größere
effektive Masse aufweisen als im zentralen Minimum, sinkt damit ihre
Beweglichkeit und der Strom sinkt mit zunehmender Spannung (vgl.
Abschn.4.6.3). Der in diesem Spannungsbereich auftretende negative
Widerstand ist Ursache der Strominstabilitäten des sog. Gunn-Effektes,
die für Mikrowellenerzeugung und auch -Verstärkung beachtliche tech-

nische Bedeutung gewonnen haben. Für die Aufklärung des zunächst
bei GaAs entdeckten Effektes [1.17] war die Druckabhängigkeit der
kritischen Einsatzspannung U_c maßgebend. Wie Abb.1.10/1 zeigt,
sinkt U_c entsprechend der oben gegebenen theoretischen Erklärung
mit einem hydrostatischen Druck in gleicher Weise wie die Differenz
ΔE_g zwischen $E_{c\Delta}$ und $\Delta_{c\Gamma}$.

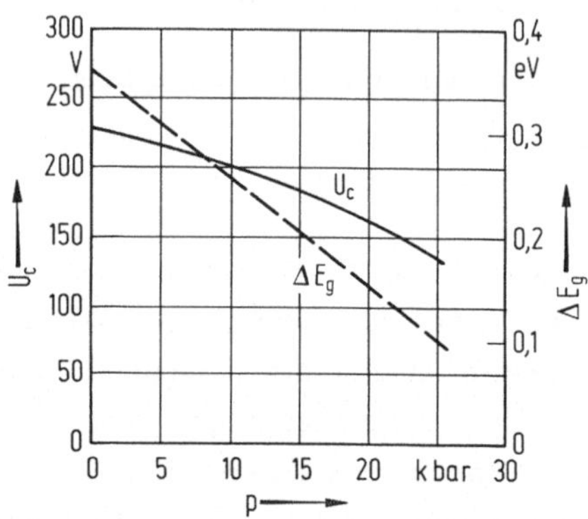

Abb.1.10/1. Abhängigkeit der Einsatzspannung U_c des Gunn-Effekts
und des Bandabstandunterschieds ΔE_g bei GaAs vom hydrostatischen
Druck p (nach [1.18, 1.19]).

Auch die Halbleiter, bei denen die Nebenminima die tiefsten sind, zeigen – wie bereits gesagt – bei kleinen Feldern eine isotrope Leitfähigkeit. Die Anisotropie kommt erst zum Vorschein, wenn die verschiedenen Teilbänder unterschiedlich besetzt werden. Dies tritt wiederum
im Bereich hoher Felder auf (vgl. Abschn.4.6.4), läßt sich aber auch
wegen der Druckabhängigkeit des Bandabstandes durch einen uniaxialen
Druck erreichen, da dieser die kubische Symmetrie aufhebt.

Da sowohl der angewandte Druck p als auch der spezifische Widerstand
ρ Tensoren sind, ergäbe sich als Verknüpfung ein Bitensor mit 36 Koeffizienten. Von diesen sind aber aus Symmetriegründen nur drei voneinander unabhängig, und man erhält, wenn die Koordinaten x, y, z mit

58

den kubischen Hauptachsen zusammenfallen,

$$
\begin{pmatrix} \left(\frac{\Delta\rho}{\rho}\right)_{xx} \\ \left(\frac{\Delta\rho}{\rho}\right)_{yy} \\ \left(\frac{\Delta\rho}{\rho}\right)_{zz} \\ \left(\frac{\Delta\rho}{\rho}\right)_{yz} \\ \left(\frac{\Delta\rho}{\rho}\right)_{zx} \\ \left(\frac{\Delta\rho}{\rho}\right)_{xy} \end{pmatrix} = - \begin{pmatrix} \pi_{11} & \pi_{12} & \pi_{12} & 0 & 0 & 0 \\ \pi_{12} & \pi_{11} & \pi_{12} & 0 & 0 & 0 \\ \pi_{12} & \pi_{12} & \pi_{11} & 0 & 0 & 0 \\ 0 & 0 & 0 & \pi_{44} & 0 & 0 \\ 0 & 0 & 0 & 0 & \pi_{44} & 0 \\ 0 & 0 & 0 & 0 & 0 & \pi_{44} \end{pmatrix} \begin{pmatrix} p_{xx} \\ p_{yy} \\ p_{zz} \\ p_{yz} \\ p_{zx} \\ p_{xy} \end{pmatrix}
$$

$$(1.10/1)$$

Die Bedeutung der Koeffizienten bezogen auf die Hauptachsen ergibt sich von selbst: π_{11} beschreibt die longitudinale Widerstandsänderung bei uniaxialem Druck in Achsenrichtung, π_{12} die transversale Widerstandsänderung im gleichen Falle und π_{44} die Änderung des Widerstandstensors im Falle eines Scherdrucks.

Folgende weiteren Formeln seien noch angeführt: Widerstandsänderung bei hydrostatischem Druck:

$$\frac{\Delta\rho}{\rho} = - \left(\pi_{11} + 2\pi_{12}\right)p \; , \qquad (1.10/2)$$

longitudinale Widerstandsänderung bei Druck in [111]-Richtung:

$$\frac{\Delta\rho_{l}}{\rho} = - \frac{1}{3}\left(\pi_{11} + 2\pi_{12} + 2\pi_{44}\right)p_{[111]} \; , \qquad (1.10/3)$$

transversale Widerstandsänderung:

$$\frac{\Delta\rho_{t}}{\rho} = \frac{1}{3}\left(-\pi_{11} - 2\pi_{12} + \pi_{44}\right)p_{[111]} \; . \qquad (1.10/4)$$

In Tab. 1.10/1 sind für die Halbleiter Silizium, Germanium und Galliumarsenid die für n- und p-Leitung gemessenen Werte angegeben.

Tabelle 1.10/1. Piezowiderstandskoeffizienten in verschiedenen Halbleitern in 10^{-12} dyn/cm^2 (nach [1.20, 1.21]).

	π_{11}	π_{12}	π_{44}
Si n	$-102,2$	$+53,4$	$-13,6$
Ge n	$-5,2$	$-5,5$	$-138,7$
GaAs n	$-3,2$	$-5,4$	$-2,5$
Si p	$+6,6$	$-1,1$	$+138,1$
Ge p	$-3,7$	$+3,2$	$+96,7$
GaAs p	-12	$-0,6$	$+46$

Im Valenzband d.h. für p-Typ-Halbleiter findet man generell für π_{44} den höchsten Wert. Die Ursache hierfür ergibt sich am besten beim Betrachten der Gl.(1.10/3) bzw. (1.10/4); man erkennt zusammen mit der Tabelle, daß π_{44} für die Widerstandsänderung in [111]-Richtung bevorzugt maßgeblich ist, und das ist die Valenzrichtung des sp^3-Hybrids.

Anders ist es im Leitungsband; dort bestehen wesentliche Unterschiede: Bei GaAs sind die Effekte klein, bei Germanium tritt der Haupteffekt bei einem Druck in [111]-Richtung und bei Silizium bei einem Druck in [100]-Richtung auf. Hier spiegelt sich unmittelbar der Aufbau des Leitungsbandes wieder. Befinden sich die Elektronen im zentralen Minimum - Beispiel GaAs - so wird der Effekt klein. Befinden sich die Elektronen in Nebenminima, so ist der Piezowiderstand am höchsten, wenn der Druck in Richtung des $\vec{k}$-Vektors eines besetzten Nebenminimums angewandt wird.

Im Gegensatz zum Valenzband, wo die Entartung des Bandes bei k = 0 (vgl. Abschn.1.6) Schwierigkeiten bereitet, läßt sich der Piezowiderstandseffekt im Leitungsband mathematisch leicht behandeln. Hierzu betrachten wir den Fall des Siliziums näher, wo die Leitungsband-Elektronen ohne Druck gleichmäßig auf die 6 Δ-Minima verteilt sind.

Die Leitfähigkeit (z.B. in x-Richtung) ergibt sich zu

$$\sigma = \frac{ne}{6}(2\mu_l + 4\mu_t) = \frac{ne}{3}(\mu_l + 2\mu_t) \qquad (1.10/5)$$

($\mu_{l,t}$ = longitudinale, transversale Beweglichkeit analog longitudinaler, transversaler Masse in Gl. (1.6/6)).

Wendet man nun einen äußeren Druck in x-Richtung an, so wird die Bandkante bei den auf der k_x-Achse gelegenen Minima um den Wert

$$\Delta E_x = \Xi_l' \, p_{xx} \, , \qquad\qquad (1.10/6a)$$

bei den auf der k_y- und k_z-Achse gelegenen Minima um

$$\Delta E_{y,z} = \Xi_t' \, p_{xx} \qquad\qquad (1.10/6b)$$

verschoben. Dabei bedeuten Ξ_l' und Ξ_t' die Druckkoeffizienten für die Lage des Δ-Minimums bezogen auf die Valenzbandkante bei longitudinalem bzw. transversalem Druck. Für das Verhältnis der Elektronenzahlen in diesen Minima ergibt sich daraus im thermodynamischen Gleichgewicht

$$\frac{n_x}{n_{y,z}} = \exp\left(\frac{-\Delta E_x + \Delta E_{y,z}}{k_B T}\right) \qquad\qquad (1.10/7)$$

$$\approx 1 - \left(\frac{\Delta E_x - \Delta E_{y,z}}{k_B T}\right) \, .$$

Da die Gesamtzahl $n = 2n_x + 4n_{y,z}$ der Elektronen im Leitungsband durch den Druck nicht verändert wird, erhält man hieraus

$$n_x = \frac{n}{6}\left[1 - \frac{2}{3}\left(\frac{\Delta E_x - \Delta E_{y,z}}{k_B T}\right)\right], \qquad\qquad (1.10/8)$$

$$n_{y,z} = \frac{n}{6}\left[1 + \frac{1}{3}\left(\frac{\Delta E_x - \Delta E_{y,z}}{k_B T}\right)\right].$$

Damit ergibt sich unter Verwendung von Gl. (1.10/5) und (1.10/6a, b) eine relative Leitfähigkeitsänderung in x-Richtung

$$\frac{\Delta \sigma_1}{\sigma} = \frac{2}{3} \frac{-\mu_l + \mu_t}{\mu_l + 2\mu_t} \left(\frac{\Delta E_x - \Delta E_{y,z}}{k_B T}\right) \qquad\qquad (1.10/9)$$

$$= \frac{2}{3 k_B T} \frac{-\mu_l + \mu_t}{\mu_l + 2\mu_t} (\Xi_l' - \Xi_t') p_{xx} \, .$$

Eine Messung dieser Leitfähigkeitsänderung gestattet es damit, wenn μ_l und μ_t bekannt sind, die relative Verschiebung der Bandkanten unter äußerem Druck zu bestimmen. Erwähnt sei, daß $(\Xi_l' - \Xi_t')$ bei Silizium negativ ist, d.h. die longitudinale Leitfähigkeit nimmt bei äußerem uniaxialem Druck ab. Analog nimmt die Leitfähigkeit quer zur Druckrichtung zu, wie man sich leicht überlegt.

Interessanterweise stimmt die Druckabhängigkeit des Bandabstandes bei den einzelnen Halbleitern der Diamant- und III-V-Klasse in ihren Grundzügen überein, wenn man sich jeweils auf das gleiche Minimum bezieht. Dies zeigt am Beispiel Si, Ge und GaAs Tab.1.10/2 für den Fall des vor allem untersuchten äußeren hydrostatischen Drucks. Da sich die Elastizitätsmoduln dieser Halbleiter auch nur wenig unterscheiden, gilt diese gute Übereinstimmung auch, wenn man sich auf die relative Volumenänderung bezieht. Für den Fall einer hydrostatischen Kompression gilt

$$\Delta E = (\Xi_l' + 2\Xi_t')p = \Xi_a \frac{\Delta V}{V} \quad . \qquad (1.10/10)$$

Der Wert Ξ_a wird als - akustisches - Deformationspotential bezeichnet (vgl. Abschn.4.3). Es hat die Dimension einer Energie und wird in eV gemessen. Seine Werte sind ebenfalls in Tab.1.10/2 eingetragen.

Tabelle 1.10/2. Hydrostatische Druckkoeffizienten der wichtigsten Bandabstände in Si, Ge und GaAs sowie die daraus berechneten Deformationspotentiale. Bei voneinander abweichenden Literaturstellen wurden beide Werte angegeben.

Substanz	Minimum	$\Xi_l'\, 2\Xi_t'$ $(10^{-6}$ eV/at$)$	Ξ_a (eV)	Literatur
Si	Γ	$+\,13,4$	$-\,13,1$	[1.23]
	L	$+\,5$	$-\,5$	[1.23]
	X, Δ	$-\,2 \ldots -\,1,5$	$+\,2 \ldots +\,1,5$	[1.22, 1.23]
Ge	Γ	$+\,13 \ldots +\,12$	$-\,11 \ldots -\,9$	[1.23, 1.24]
	L	$+\,8 \ldots +\,5$	$-\,6 \ldots -\,4$	[1.22, 1.24]
	X, Δ	$-\,1,2 \ldots -\,2$	$+\,0,9 \ldots +\,1.5$	[1.22, 1.24]
GaAs	Γ	$+\,11,5 \ldots +\,12,7$	$-\,8,7 \ldots -\,9,6$	[1.22, 1.25]
	L	$+\,5,3 \ldots +\,7,2$	$-\,4 \ldots -\,5,4$	[1.22, 1.26]
	X	$-\,8,7 \ldots -\,11$	$+\,6,6 \ldots +\,8,3$	[1.22, 1.27]

2 Das gestörte Gitter

Bisher haben wir nur das Bändermodell des ungestörten Halbleiters
betrachtet. Die technische Bedeutung der Halbleiter liegt aber gerade
darin, daß ihre Eigenschaften durch Zusätze in weiten Grenzen beeinflußt bzw. gesteuert werden können. Da dies naturgemäß durch jede
Art von Gitterstörung auch ungewollt geschieht, müssen bekanntlich
extrem hohe Forderungen an Reinheit und Gitterperfektion gestellt
werden. Wie diese Forderungen technologisch erfüllt werden können
und wie gewünschte Zusätze definiert ins Gitter eingebaut werden, ist
Thema des Bandes 4 dieser Buchreihe. Hier soll uns die Frage beschäftigen, welchen Einfluß solche Störungen auf die Struktur der Ener-
giezustände haben und wie dieser zu verstehen ist. Der Einfluß von
Gitterstörungen auf die Transporteigenschaften wird in Kap. 4 dieses
Bandes behandelt werden.

2.1 Überblick über die Art der Gitterstörungen

Nach Art ihrer geometrischen Ausdehnungen teilt man die Gitterfehler
in punkt-, linien- und flächenförmige Störungen ein. Schon die punktförmigen Störungen bieten eine große Vielfalt. Hier sind zunächst die
gittereigenen Fehlstellen zu nennen, wo z.B. ein einzelnes Gitter-
atom fehlt. Umgekehrt kann auch ein Zuviel an Atomen vom Gitter
aufgenommen werden, wozu die Zwischengitterplätze des "sperrig"
aufgebauten Diamant- bzw. Zinkblendegitters Raum bieten. Man
findet diese, wenn man in Abb.1.5/1 eine eingezeichnete Valenz jeweils über das gebundene Atom hinweg um einen Atomabstand verlängert. Besteht das Gitter wie bei GaAs aus mehreren Arten von
Atomen, dann steigt die Anzahl der möglichen gittereigenen Fehl-

stellen um ein Vielfaches. So unterscheiden sich die physikalischen
Wirkungsweisen von Fehlstellen und Zwischengitterplätzen selbstverständlich, je nach dem es sich um die eine oder andere Atomart
handelt. Darüber hinaus können aber auch z.B. im GaAs-Gitter
Ga-Atome auf As-Plätzen oder umgekehrt As-Atome auf Ga-Plätzen
eingebaut werden. Diese sog. Anti-Site-Störstellen haben sich als
äußerst wichtig erwiesen, zumal sie die Qualität von III-V-Kristal-
len und -Epitaxieschichten entscheidend begrenzen. Sie und alle genannten gittereigenen Fehlstellen entstehen beim Herstellprozeß
durch Einfrieren eines Hochtemperatur-Gleichgewichts oder auch
bei späteren Prozeßschritten z.B. durch Abdampfen einer leicht
flüchtigen Komponente.

Die bedeutendsten punktförmigen Störungen sind die Fremdatome.
Diese können entweder auf Gitter- oder Zwischengitterplätzen eingebaut sein, wobei sich naturgemäß mit der Art des Einbaus die
physikalische Wirkungsweise ändert. Diese läßt sich vor allem cha-
rakterisieren durch die energetische Lage der erzeugten Terme und
durch deren Besetzungszustand. Können an das Leitungs-Valenz-
band-System Elektronen abgegeben werden, so sprechen wir von
Störstellen mit Donatorcharakter, werden von dort Elektronen eingefangen, so haben die Störstellen Akzeptorcharakter. Bleibt die
Anzahl der freien Elektronen unverändert, so handelt es sich um
eine Neutralstörstelle.

Durch den vom Gitter abweichenden Ladungszustand der Störstellen
können Coulomb-Kräfte wirksam werden, die eine Zusammenlagerung
(Paarbildung) entgegengesetzt geladener Störstellen hervorrufen. Im
ähnlichen Sinne können sich auch die die Störstellen umgebenden mechanischen Spannungsfelder auswirken. Die Anzahl derartiger Paare
nimmt entsprechend dem Massenwirkungsgesetz bei gleichen Herstel-
lungsbedingungen überproportional mit der Dotierung zu. Ihre Wirkungsweise unterscheidet sich i.a. grundsätzlich von der der entsprechenden Einzelstörstellen. Größere lokale Ansammlungen von Störstellen werden als Mikroausscheidungen (Cluster) bezeichnet.

Neben den genannten örtlich mehr oder minder begrenzten Störstellen
haben eine besondere Bedeutung die Versetzungen, die im wesentlichen
beim Kristallwachstum infolge mechanischer Verspannungen entstehen.
Bei ihnen ist entweder eine Gitterebene von einer Seite eingeschoben

64

(Stufenversetzung) oder die Gitterebenen sind mit der jeweils darüber
liegenden parallelen nach Art einer Riemannschen Fläche verwachsen,
so daß ihre Folge eine Art "Wendeltreppe" bildet (Schraubenversetzung).
Beide Arten von Gitterversetzungen sind (vgl. Abb.2.1/1) mit starken
Verspannungen, die Stufenversetzungen zusätzlich mit einer hohen Dichte
ungesättigter Valenzbindungen verbunden, so daß sich an ihnen bevorzugt Fremdatome anlagern, die meist die Wirkungsweise der Versetzungen bestimmen.

Folgen Stufenversetzungen in äquidistantem Abstand aufeinander, so
ergibt sich eine unterschiedliche Orientierung der benachbarten Kristallbereiche (Kleinwinkelkorngrenzen), und dies leitet über zu den
echten Korngrenzen polykristallinen Materials, deren Eigenschaften
wieder verwandt sind mit denen von Oberflächen bzw. Grenzflächen
zu anderen Materialien.

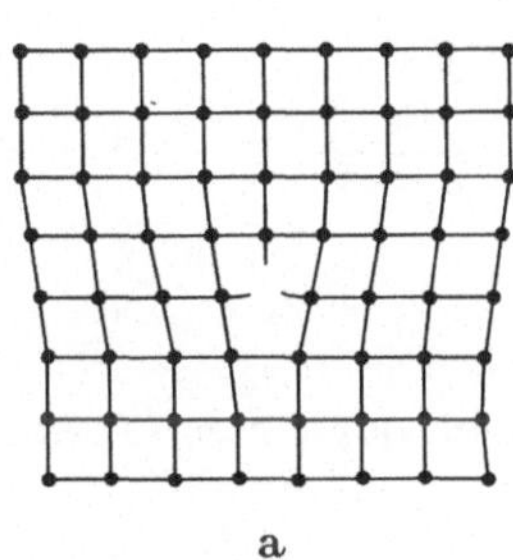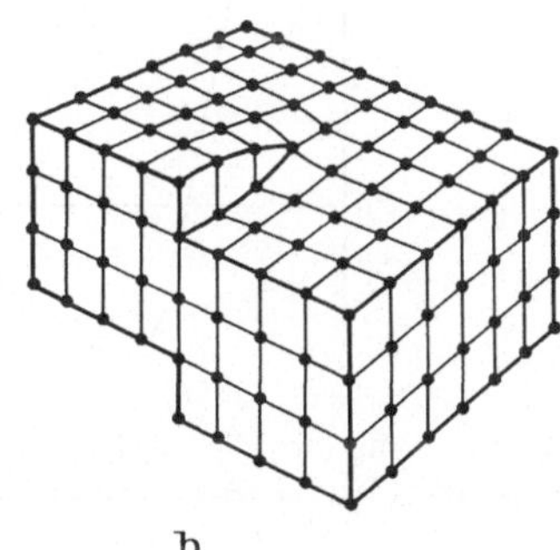

a   b

Abb.2.1/1. Schema einer Stufenversetzung (a) und einer Schraubenversetzung (b).

2.2 Lokalisierte Terme

Um einen Überblick über die energetische Lage von Störtermen zu
gewinnen, kann man zunächst analog zu Abschn.1.1 vorgehen und ein
Fremdatom mit einem sonst intakten Gitter im Gedankenexperiment
zusammenführen. Außerhalb des Gitters hat ein derartiges Fremdatom seine arteigenen Atomterme, die gemäß dem Pauli-Prinzip bis
zu definierten Quantenzahlen besetzt sind. Beim Einbringen des Atoms
in das Halbleitergitter werden die inneren Schalen nur wenig beeinflußt, und es ergeben sich zusätzliche atomeigene Terme im Energieschema des Halbleiters. Die äußeren Schalen hingegen treten in en-
gere Wechselwirkung mit dem Halbleitergitter, wobei Umbesetzungen
und Umlagerungen der Eigenfunktionen analog dem Übergang zum
sp^3-Hybrid eintreten können.

Maßgeblich für die Wechselwirkung mit dem Gitter ist dabei vor allem der energetische Abstand des an der Störstelle lokalisierten Terms von den erlaubten Bändern; denn je geringer dieser Abstand ist, umso weiter kann die lokalisierte Eigenfunktion ins Gitter eindringen. Die maßgebliche Eindringtiefe können wir abschätzen, wenn wir der von Franz und Tewordt angegebenen Methode [2.1] folgen. Um die Dämpfung einer Elektronenwelle im verbotenen Band zu ermitteln, extrapoliert man den Wert von k^2 über die Bandkante hinaus (vgl. Abb. 2.2/1) und erhält dann negative Werte von k^2 bzw. rein imaginäre Werte von k. Die Welle hat dann die Form

$$\psi \sim e^{-|k|x} , \qquad\qquad (2.2/1)$$

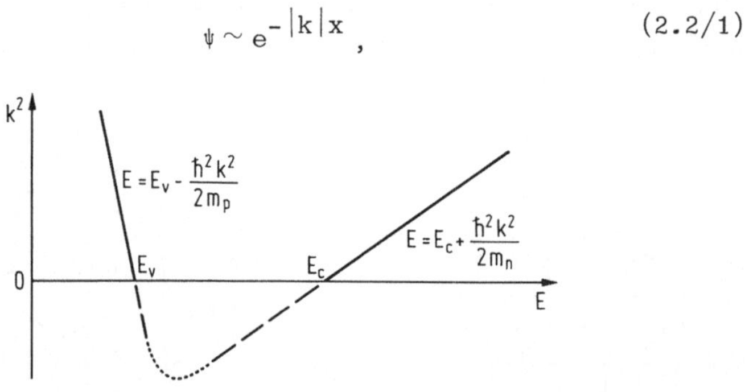

Abb.2.2/1. Gang von k^2 im verbotenen Band nach der Franz-Tewordt-Extrapolation (für GaAs) (nach [2.1]).

wobei sich z.B. für leitungsbandnahe Terme gemäß Gl.(1.6/1)

$$|k|^2 = \frac{2m_n^*|E_c - E|}{\hbar^2} \qquad\qquad (2.2/2)$$

ergibt. Einsetzen der Werte führt zu einer e-Wert-Eindringtiefe δ_e von

$$\delta_e = \frac{1}{|k|} = \frac{\hbar}{\sqrt{2m_n^*|E_c - E|}} \approx 2 \cdot 10^{-8}\ \text{cm} \sqrt{\frac{m_0[\text{eV}]}{m_n^*|E_c - E|}} \qquad (2.2/2a)$$

(m_0 Masse des freien Elektrons).

Setzt man beispielsweise Werte für GaAs ein, so erhält man für einen Donatorterm mit einer Aktivierungsenergie von 5 meV wegen $m_n^* = 0{,}07\ m_0$ eine Eindringtiefe von ca. 10 nm entsprechend 16 Git-

terkonstanten. Hingegen ergibt sich für einen Term in der Mitte des
verbotenen Bandes für δ_e nur ca. eine Gitterkonstante[1].

Im ersten Fall hält sich das Elektron also im wesentlichen in ungestörten Gitterbereichen auf, im zweiten Fall in der engeren Umgebung des
Störatoms. Damit unterscheiden sich beide Termarten in ihren Eigenschaften und in ihrer Wechselwirkung mit dem Gitter. Man unterscheidet daher allgemein zwischen flachen, d.h. bandnahen Termen und tiefen Termen in der Bandmitte.

2.2.1 Mott-Gurney-Modell für flache Störstellen

Als einfaches Beispiel einer flachen Störstelle betrachten wir einen
Donatorterm in GaAs, z.B. ein auf einem As-Platz eingebautes Selen-
atom. Selen hat eine zusätzliche Kernladung, die aber wegen der hohen
Dielektrizitätskonstante des umgebenden GaAs-Gitters nur geschwächt
auf das zusätzliche Elektron wirkt.

Das Elektron bewegt sich daher, auch wenn es an die Se-Störstelle angelagert ist, im Bereich des nahezu ungestörten GaAs-Gitters, für das
die Eigenfunktionen bekannt sind. Die Zustandsfunktion des Elektrons
wird aus Eigenfunktionen des Leitungsbandes aufgebaut, die denen
quasi freier Elektronen mit einer effektiven Masse von $0,07\ m_0$ entsprechen.

Unter diesen Voraussetzungen können wir halbklassisch rechnen:
Coulombsche Anziehungskraft und Zentrifugalkraft müssen sich die
Waage halten:

$$\frac{e^2}{4\pi\varepsilon r^2} = m_n^* \omega^2 r. \tag{2.2/3}$$

Hieraus und aus der Bohrschen Quantenbedingung

$$m_n^* \cdot 2\pi r^2 \omega = \nu h \qquad \nu = 1,2,3\ldots \tag{2.2/4}$$

---

[1] Wegen des großen Massenunterschiedes kann man auch in der Bandmitte noch mit m_n^* rechnen (s. Abb. 2.2/1).

erhält man als Radius der νten Mott-Gurney-Bahn

$$r_{m\nu} = \frac{4\pi\,\varepsilon\,\nu^2\,\hbar^2}{e^2\,m_n^*} \qquad\qquad (2.2/5)$$

Der Radius der Kreisbahn ist also um den Faktor $\varepsilon m_0 / \varepsilon_0 m_n^*$ größer als der entsprechende eines Wasserstoffatoms. Für GaAs ergibt sich hieraus ein Donatorradius von 9 nm in guter Übereinstimmung mit der Abschätzung aus Gl. (2.2/2a). Gegenüber dieser Abschätzung liefert das Mott-Gurney-Modell aber zusätzlich die Energie

$$E = -\frac{e^2}{4\pi\,\varepsilon r} + \frac{m_n^*\,\omega^2 r^2}{2} = -\frac{e^2}{8\pi\,\varepsilon r} = -E_H\,\frac{m_n^*\,\varepsilon_0^2}{m_0\,\varepsilon^2}\,, \qquad\qquad (2.2/6)$$

wobei E_H die Bindungsenergie des Wasserstoffatoms im entsprechenden Zustand darstellt. Für den Grundzustand erhält man hieraus mit $E_H = 13,5$ eV eine Aktivierungsenergie des Donators von 6,5 meV in guter Übereinstimmung mit dem experimentellen Wert von 5 meV. Es handelt sich um einen flachen Donator, der schon oberhalb von etwa 20 K quantitativ dissoziiert, so daß je Störstelle ein zusätzliches Elektron im Leitungsband auftritt. Derartige flache Donatoren sind, wie aus der Ableitung hervorgeht, keine ursprünglichen Terme des Störatoms (im betrachteten Fall also keine eigentlichen Selenterme), sondern durch die Gitterstörung verschobene Terme des Leitungsbandes. Die gleiche Überlegung kann naturgemäß für ein Defektelektron angestellt werden, das eine Akzeptorstörstelle umkreist, wobei wegen der höheren Löchermasse eine höhere Aktivierungsenergie gefunden wird (z.B. 31,4 meV bei Zn auf einem Ga-Platz in GaAs).

Da es bei der besprochenen Art von Donator- und Akzeptorstörstellen nur auf die Coulombsche Anziehung im Abstand einiger Gitterkonstanten ankommt, wirken alle Störatome einer Gruppe des periodischen Systems nahezu gleich. Eine Ausnahme bilden die Atome der 4. Gruppe in III-V-Verbindungen, da diese ein drei- oder ein fünfwertiges Atom ersetzen und dementsprechend als Donator oder Akzeptor wirken können.

Für die Art des Einbaus kann man zunächst den Atomradius heranziehen. So bevorzugt das große Zinnatom den größeren, das kleine Siliziumatom den kleineren Atomplatz. Daneben gibt es aber noch weitere Einflüsse, die wir für das Beispiel des GaAs an Hand der Tab. 2.2/1 näher besprechen wollen. Der Ionenradius von Ga und As ist nicht sehr unterschiedlich, so daß die durch den Einbau eines Fremdatoms hervorgerufenen Gitterverspannungen nicht alleine ausschlaggebend sein können. Erfolgt der Einbau aus einer gallium-reichen Schmelze, so wird nur das große Sn ausschließlich auf einem Ga-Platz eingebaut, alle kleineren Atome der 4. Gruppe werden durch das Galliumüberangebot mehr oder minder auf den Arsenplatz gedrängt. Nur bei höherer Einbautemperatur sind anscheinend ausreichend Galliumlücken vorhanden, so daß Ge und Si auf Galliumplätzen als Donator eingebaut werden können, während Kohlenstoff - so weit bekannt - immer auf den Arsenplatz gesteuert wird.

Tabelle 2.2/1. Art des Einbaus von Elementen der 4. Gruppe in GaAs bei Einbau aus galliumreicher Schmelze (tetraedrischer Radius von Gallium: 1,26 Å, von Arsen: 1,18 Å)

Element	Ionenradius (Å)	Akzeptor	Donator
C	0,77	immer [1]	
Si	1,17	bis 850 °C	> 850 °C
Ge	1,22	bis $\approx$ 1238 °C[2]	$\gtrsim$ 1238 °C[2]
Sn	1,40		immer

[1] nachgewiesen bis 750 °C
[2] Schmelzpunkt

Bemerkt sei schließlich in diesem Zusammenhang, daß das kleine einwertige Li-Atom leicht auf einem Zwischengitterplatz untergebracht werden kann und dort dann erwartungsgemäß als Donator mit einer dem Mott-Gurney-Modell entsprechenden Aktivierungsenergie wirkt.

Komplizierter werden die Überlegungen bei Donatoren in Vieltal-Halbleitern wegen der Anisotropie der effektiven Masse in den entsprechenden Minima. Man kann aber auch dort unter Verwendung des reziproken Mittelwerts, der sog. Leitfähigkeitsmasse [vgl. Gl.(4.4/7)] eine recht gute Näherung gewinnen (Tab.2.2/2).

Tabelle 2.2/2. Donator- und Akzeptoraktivierungsenergien in meV (theoretische Werte gemäß einer einfachen Mott-Gurney-Rechnung)

| | Ge | | Si | |
	exp	theor.	exp.	theor.
Donatoren		24		41
P	12,0		44	
As	12,7		49	
Sb	9,6		39	
Akzeptoren		17		52
B	10,4		46	
Al	10,2		56	
Ga	10,8		65	
In	11,2		160	

Auch die ersten angeregten Terme des gemäß Gl.(2.2/6) zu erwartenden Wasserstoffspektrums sind bei tiefen Temperaturen durch die spektrale Abhängigkeit der Photoleitung im fernen Infrarot nachgewiesen worden (Abb.2.2/2). Die in Abb.2.2/2 wiedergegebenen Leit-

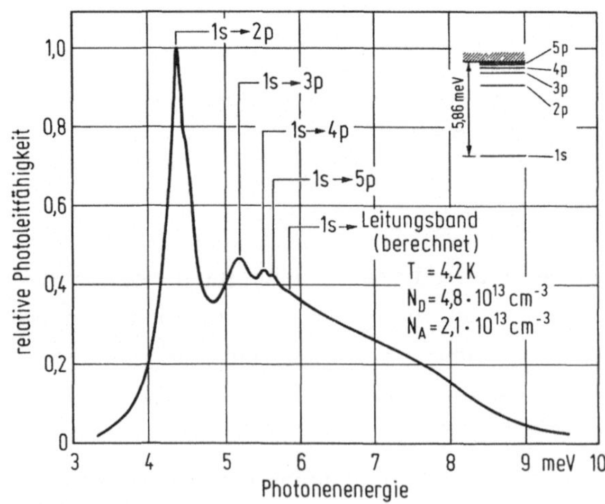

Abb.2.2/2. Photoleitfähigkeit von n-dotiertem GaAs im fernen Infrarot (nach [2.2]).

fähigkeitsmaxima entsprechen der jeweils angegebenen Energiedifferenz zwischen angeregtem und Grundzustand. Die höheren Terme gehen im benachbarten Leitungs- bzw. Valenzband unter. Hierauf soll
nochmals ausführlicher im Rahmen des Abschn. 2.4 über hochdotierte
Halbleiter eingegangen werden.

Zum Schluß sei hier noch auf folgendes hingewiesen: Nicht nur eine
örtlich festliegende Störstelle kann als Coulombsches Anziehungszen-
trum im besprochenen Sinne wirken. Es kann auch ein Loch im Valenzband ein Elektron im Leitungsband anziehen. Beide Ladungsträger
bewegen sich dann - klassisch gesprochen - auf Kreisbahnen um den
gemeinsamen Schwerpunkt. Die Berechnung der Aktivierungsenergie
eines solchen freien Excitons gestaltet sich im Prinzip gleich. Anstelle der effektiven Masse eines Ladungsträgers ist nur der reziproke
Mittelwert zwischen Elektronen- und Löchermasse

$$\overline{m}^* = \frac{m_n^* \cdot m_p^*}{m_n^* + m_p^*} \qquad (2.2/7)$$

in Gl. (2.2/6) einzusetzen.

Lagert sich ein solches Exciton lokal an eine Gitterstörstelle an, so
spricht man von einem gebundenen Exciton. Freies und gebundenes
Exciton haben große Bedeutung als Zwischenzustände bei der Ladungsträgerrekombination.

2.2.2 Tiefe Störstellen

Die Eigenfunktionen tiefer Störstellen sind, wie aus der Abschätzung
Gl. (2.2/2a) hervorgeht, sowohl vom Gitter als auch vom Fremdatom bzw. von dessen involvierten Orbitalen her bestimmt, und es
läßt sich bis heute noch keine quantitative Behandlung angeben (vgl.
auch Abschn. 2.6.2, Anfang). Trotzdem können wir einige allge-
meingültige Aussagen aus quantenmechanischen Betrachtungen gewinnen. Hierzu entwickelt wir die lokalisierte Eigenfunktion ψ_s
einer Störstelle nach Eigenfunktionen ψ_ν des ungestörten Gitters [1]

$$\psi_s = \sum a_\nu \psi_\nu \ . \qquad (2.2/8)$$

---

[1] Hier werden besser statt der Bloch-Funktionen, die ebenen Wellen
entsprechen, lokalisierte Wannier-Funktionen [2.3] verwendet. Die
grundsätzlichen Überlegungen werden hiervon jedoch nicht betroffen.

Eine solche Entwicklung ist in jedem Fall möglich, da die ψ_ν - ebenso wie Sinus und Cosinus in der Fourier-Entwicklung - ein vollständiges Funktionensystem darstellen. Die Entwicklungskoeffizienten geben dabei an, welche Gittereigenfunktionen mit welchem Gewicht in der Störeigenfunktion enthalten sind.

Dies ist in vielen Punkten entscheidend für die physikalische Wirkungsweise einer Störstelle: Sind z.B. nur solche Eigenfunktionen des Leitungsbandes enthalten, die nicht mit dem Valenzband in direkte Wechselwirkung treten - das sind in den besprochenen Halbleitern Eigenfunktionen aus Nebenminima - so können zwar leicht Elektronen an die Störstelle aus dem Leitungsband angelagert werden, sie werden aber nach einer gewissen Zeit mit großer Wahrscheinlichkeit ins Leitungsband reemittiert. Man spricht in einem solchen Fall von einer Elektronen- (bzw. Löcher-) Haftstelle.

Im Gegensatz zu den Haftstellen bezeichnet man als Rekombinationszentren solche Störstellen, bei denen annähernd gleiche Übergangswahrscheinlichkeiten zu Leitungs- und Valenzband bestehen. Dies ist einerseits dann der Fall, wenn Eigenfunktionen des Γ-Minimums in ψ_s enthalten sind. Andererseits können aber durch andere Wechselwirkungen mit dem Gitter, z.B. Multiphononenprozesse, derartige Übergänge begünstigt werden. Die Mechanismen solcher Multiphononenprozesse sind allerdings noch wenig geklärt. In Einzelfällen war es möglich, sie in Einzelschritte unter Einbeziehung von angeregten Zuständen der Störstelle aufzulösen, die z.T. mit lokalisierten sog. Pseudophononen gekoppelt sind, und damit die Wirkungsweise von Rekombinationszentren zu verstehen [2.3a].

Wir wollen uns im folgenden nun mit den Aussagen beschäftigen, die aus der Quantenmechanik hinsichtlich optisch aktiver Termrekombination gewonnen werden können[1]. Für die Eigenfunktion ψ_s der Störstelle gilt generell die Schrödinger-Gleichung des gestörten Gitters

$$\Delta\psi_s + \frac{2m}{\hbar^2}(E_s - V_0 - V_s)\psi_s = 0, \qquad (2.2/9)$$

---

[1] Hinsichtlich der statistischen Behandlung der Rekombinationsvorgänge vgl. Kap. 3.

wobei das Potential V bereits in den Anteil V_0 des ungestörten Gitters und den Störungsanteil V_s aufgeteilt wurde.

Einsetzen von Gl. (2.2/8) in Gl. (2.2/9) führt zu

$$\sum a_\nu (E_s - E_\nu - V_s)\psi_\nu = 0, \qquad (2.2/9a)$$

da die ψ_ν der ungestörten Schrödinger-Gleichung genügen. Multipliziert man nun Gl. (2.2/9a) mit der konjugiert komplexen μ-ten Eigenfunktion ψ_μ^* und integriert über den ganzen Raum, so ergibt sich wegen der Orthogonalitätsrelation

$$\int \psi_\nu \psi_\mu^* dv = \delta_{\nu\mu} \qquad (2.2/10)$$

und mit $\delta_{\nu\mu} = 0$ für $\nu \neq \mu$ und $\delta_{\nu\mu} = 1$ für $\nu = \mu$

$$a_\mu (E_s - E_\mu) = \int \psi_\mu^* \sum a_\nu V_s \psi_\nu dv \qquad (2.2/11)$$

oder mit Gl. (2.2/8)

$$a_\mu = \frac{\int \psi_\mu^* V_s \psi_s dv}{E_s - E_\mu} \qquad (2.2/12)$$

Wenn wir hier zunächst den Zähler außer acht lassen, so ergibt sich hieraus die allgemeine Regel, daß die a_μ umso größer sind, je näher E_s und E_μ benachbart sind. Dieser Regel entspricht auch die eingeführte Trennung in flache und tiefe Störstellen; denn bei flachen Termen wird der Nenner beim benachbarten Band so klein, daß praktisch nur Eigenfunktionen vom Rand dieses Bandes für die Entwicklung verwendet werden, wie dies de facto auch beim Mott-Gurneyschen Störstellenmodell gehandhabt wird. Die für den optischen Übergang maßgeblichen $\vec{k}$-Auswahlregeln für derartige flache Störstellen sind daher die gleichen wie für das entsprechende benachbarte Band.

Anders wird dies bei tiefen Termen, da hier die durch den Nenner hervorgerufene spezielle Auszeichnung der eng benachbarten Bandbereiche verlorengeht. Es werden daher auch bandkantenfernere Eigenfunktionen einbezogen, d.h. der für die Störstelle maßgebliche Bereich von $\vec{k}$-Vektoren weitet sich immer mehr aus. Wir können dies auch direkt aus der schärferen Lokalisierung dieser Terme gemäß der Unschärferelation $h = \Delta x \cdot \Delta p = \Delta x \cdot \hbar \Delta k$ erschließen:

$$\Delta k = \frac{2\pi}{\Delta x} \, , \qquad\qquad (2.2/13)$$

wenn man Δx gleich der Ausdehnung des elektronischen Zustands der
Störstelle setzt. Bestehende Übergangsverbote werden durch diese k-
Unschärfe mehr und mehr aufgehoben. Die hier eingeführte Ausdehnung
Δx einer Störstelle kann man durch die doppelte Eindringtiefe δ_e der
Eigenfunktion gemäß Gl. (2.2/2a) annähern. Die dort gegebene Abschätzung zeigt, daß in Bandmitte Δk vergleichbar mit der Ausdehnung der
Brillouin-Zone wird. Eine Beschränkung auf ein Leitungsbandminimum
ist damit ausgeschlossen. Wegen des unterschiedlichen Symmetriecharakters der verschiedenen Minima müssen dann auch die Matrixelemente
im Zähler von Gl. (2.2/12) näher betrachtet werden. Welche Aussagen
man hier gewinnen kann, soll an Hand der sog. isoelektronischen Störstellen in GaP näher betrachtet werden, die in letzter Zeit für die Lumineszenzdioden im Sichtbaren besonderes Interesse gewonnen haben.

Als isoelektronische Störstellen bezeichnet man solche mit der gleichen
Valenzelektronenzahl, wie das bzw. die ersetzten Gitteratome, z.B.
Stickstoff auf einem Phosphorplatz oder ein ZnO-Paar, das zwei benachbarte Ga- und P-Atome ersetzt. Da die Valenzelektronenzahl gleich
ist, bleibt das Valenzband voll besetzt.

Wegen der geringen Ionengröße des Stickstoffes bzw. des Sauerstoffes
verglichen mit dem P-Atom können Elektronen näher an den positiven
Kern herankommen, so daß wegen der stärkeren Coulombschen Anziehung ein weiteres Elektron angelagert werden kann. Hierdurch entstehen Störterme mit einem Leitungsbandabstand von 0,02 eV bei isolierten Stickstoffatomen und von 0,23 eV beim ZnO-Komplex.

Bei GaP ist die tiefste Stelle des Leitungsbandes beim X-Minimum,
und man würde erwarten, daß die Zustände dieses Minimums bevorzugt
die Störstelle aufbauen. Die geringe Ausdehnung dieser Störstelle wi-
derspricht aber gemäß Gl. (2.2/13) einer Konzentration auf einen engen k-Bereich, so daß auch das Γ-Minimum zu beträchtlichen Anteilen
am Aufbau von ψ_s beteiligt ist.

Diese Tatsache ist nun entscheidend für die Wirkungsweise dieser
Störstellen. GaP ist als indirekter Halbleiter für die Erzeugung von
Band-Band-Rekombinationsstrahlung nicht geeignet. Wären die Stör-
terme nur aus Eigenfunktionen des X-Minimums aufgebaut, so würde

74

sich an den optischen Übergangswahrscheinlichkeiten nichts wesentliches ändern. So wird aber ein Elektron, das aus dem X-Minimum in die Störstelle übergetreten ist, teilweise umfunktioniert auf die Eigenschaften des Γ-Minimums, so daß ausreichende optisch aktive Übergangswahrscheinlichkeiten ins Valenzband erreicht werden. Entsprechend der Termlage erhält man bei Stickstoffeinbau Emission im Grünen (0,55 µm) und bei Einbau des ZnO-Komplexes Emission im Roten (0,69 µm). Die Wirkungsweise einer solchen Störstelle kann man sich leicht mit Hilfe des Durchgangs eines Lichtstrahls durch mehrere Polarisationsfilter klarmachen. Sind Polarisator und Analysator gekreuzt, so entspricht sie zwei orthogonalen Eigenfunktionen (beispielsweise von Leitungs- und Valenzband), und ein Durchgang ist verboten. Setzt man nun ein weiteres Polarisationsfilter dazwischen, das gegen Analysator und Polarisator gedreht ist, dessen Polarisationsrichtung also aus den beiden orthogonalen Polarisationsrichtungen zusammengesetzt ist, so wird das Durchlässigkeitsverbot aufgehoben.

2.3 Wechselwirkung zwischen Störstellen

Bisher war ausschließlich die Rede von der Wechselwirkung zwischen Störstellen und Bändern. Dies ist selbstverständlich die bevorzugte Wechselwirkung, da Gitteratome und Störstellen ja direkt benachbart sind.

Wechselwirkungen zwischen zwei Störstellen setzen einen ausreichend kleinen Abstand voraus, so daß die Eigenfunktionen beider Störstellen überlappen und die Übergangswahrscheinlichkeit genügend groß wird. Derartige Wechselwirkungen werden also mit zunehmender Dotierung an Bedeutung gewinnen.

Handelt es sich um zwei gleichartige Störstellen, so tritt Resonanzwechselwirkung ein analog den in Abschn. 1.1 besprochenen Verhältnissen beim H_2^+-Molekül. Im Falle einer solchen Wechselwirkung zweier benachbarter Störstellen kann die Aktivierungsenergie des angelagerten Elektrons beträchtlich verschoben werden. So differiert die Termlage benachbarter Stickstoffatome um mehr als 0,1 eV von der eines isolierten Stickstoffatoms, wie dies Tab.2.3/1 zeigt.

Tabelle 2.3/1. Energetische Verschiebung des Stickstoffterms beim
Aneinanderrücken von Stickstoffstörstellen in GaP
(nach [2.4]). Bezüglich der Anordnung der Stickstoffatome in NN-Paaren bedeuten die Indices $1, 2, \ldots$,
daß sie sich als <u>nächste</u> Nachbarn, <u>zweitnächste</u> Nachbarn usw. auf Phosphorplätzen befinden. NN_∞ bedeutet
daher isolierte Stickstoffatome mit entsprechender Aktivierungsenergie.

Anordnung der Stickstoffatome	Energetische Lage (eV)
NN_∞	0,020
NN_{10}	0,026
NN_9	0,027
NN_8	0,029
NN_7	0,031
NN_6	0,034
NN_5	0,040
NN_4	0,048
NN_3	0,073
NN_2	0,147
NN_1	0,152

Bei den bandnäheren Donatoren bzw. Akzeptoren ist zusätzlich die
Wechselwirkung mit dem Band und den freien Ladungsträgern zu berücksichtigen. Dies gilt besonders für einen eventuellen Ortswechsel
eines Elektrons von Störstelle zu Störstelle, die sog. Störbandleitung,
auf die im Rahmen des nächsten Abschnitts näher eingegangen werden
soll.

Bei unterschiedlicher Termlage sinkt naturgemäß die Übergangswahrscheinlichkeit von Störstelle zu Störstelle, da zudem Energie abgegeben oder aufgenommen werden muß. Für den Fall, daß dies über Photonen geschieht, haben aber solche Übergänge beachtliches wissen-
schaftliches Interesse gefunden, weil die dabei auftretenden sog. Paarspektren einen guten Einblick in die prinzipiellen Vorgänge geben. Beobachtet werden solche Paarspektren in indirekten Halbleitern wie GaP,
wenn für die entsprechenden Termübergänge infolge der oben besprochenen $\vec{k}$-Unschärfe die optische Übergangswahrscheinlich groß genug
wird. Tritt ein Elektron von einem Donator zu einem weit entfernten

Akzeptor über, so errechnet sich die Energie des dabei abgegebenen
Photons in einfacher Weise aus Bandabstand ΔE und den Aktivierungs-
energien von Donator und Akzeptor E_D und E_A zu

$$h\nu_{\infty} = \Delta E - E_D - E_A \; . \qquad (2.3/1)$$

Sind die beiden reagierenden Störstellen aber weniger weit von einander
entfernt, so gewinnt man einen Teil der Coulombschen Ablösearbeit des
Elektrons vom geladenen Donator, und Gl. (2.3/1) ist zu modifizieren:

$$h\nu_n = \Delta E - E_D - E_A - \frac{e^2}{4\pi\varepsilon d_n} \; . \qquad (2.3/2)$$

Dabei bedeutet d_n den Abstand zwischen Donator und Akzeptor. Diese
Abstände können im Gitter nur diskrete Werte annehmen und werden
entsprechend den möglichen Schalen $n = 1$ nächste Nachbarn, $n = 2$
zweitnächste Nachbarn usw. geordnet.

Als Beispiel betrachten wir das in Abb. 2.3/1 wiedergegebene Paarspektrum von GaP, das mit Schwefel als Donator und Kohlenstoff als
Akzeptor dotiert ist. Wir finden dann bei 2,31 eV die Linie für die direkte Rekombination vom Schwefelatom zum Valenzband. Längerwel-

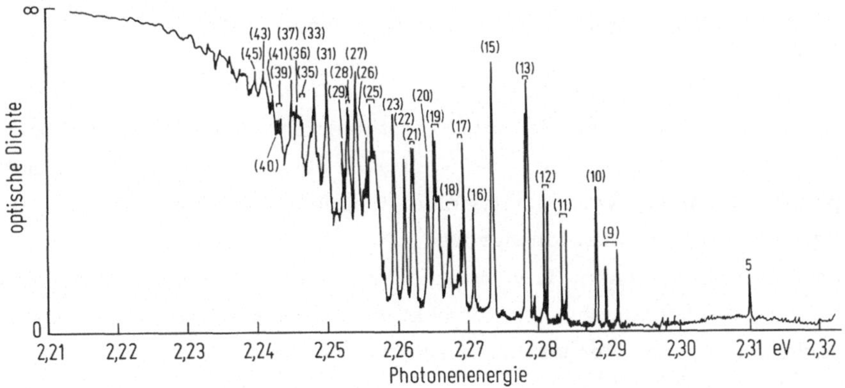

Abb. 2.3/1. Paarspektrum (bei 4,2 K) für GaP, das mit Schwefel und
Kohlenstoff dotiert ist. Die Indices geben die Abstandsschalen der C–
S-Paare an (nach [2.5]).

liges Licht wird ausgesandt, wenn das Elektron zu einem Kohlenstoff-
akzeptor übergeht, wobei als erstes ein Übergang zum Nachbarn in
der neunten Abstandsschale beobachtet wird[1]. Dann folgen in direkter
Schar die Übergänge zu den Kohlenstoffatomen in den weiter entfernten Schalen, bis die Übergänge schließlich im Kontinuum unterhalb
2,23 eV nicht mehr aufgelöst werden können. Diese einzelnen Teilli-
nien zeigen unterschiedliche Abklingzeiten, wie durch eine "zeitauf-
gelöste Spektroskopie" nach Anregung durch einen Laserpuls direkt
nachgewiesen werden kann. Das Ergebnis ist für das Beispiel von C-
S-Paaren in GaP in Abb.2.3/2 wiedergegeben. Man erkennt einen exponentiellen Zusammenhang zwischen Zeitkonstante und Paarabstand,
wie man ihn gemäß Gl.(2.2/1) aus dem Abklingen der aus den Störstellen auslaufenden Elektronenwellen erwartet. Einbauort von Fremd-
atomen sowie Ausdehnung von Eigenfunktionen sind auf diese Weise
dem Experiment direkt zugänglich.

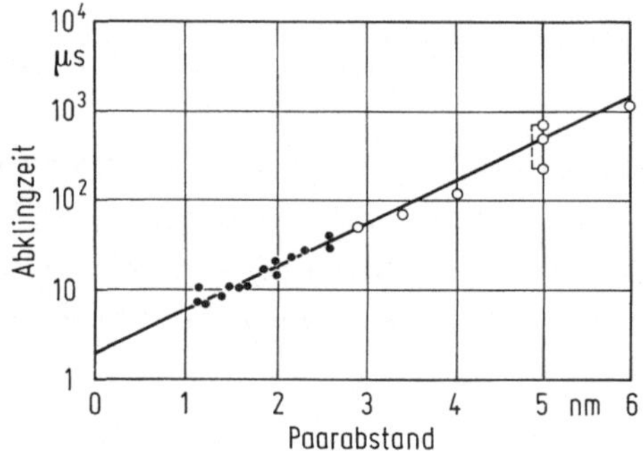

Abb.2.3/2. Zeitaufgelöstes Paarspektrum bei C-S-Paaren in GaP
(nach [2.6]).

Schließlich sei erwähnt, daß die Akzeptorterme - ähnlich wie das bei
k = 0 entartete Valenzband - bei Vorliegen einer Gitterverzerrung auf-
spalten. Derartige Verzerrungsfelder umgeben jede Störstelle z.T. infolge der abweichenden Ionengröße, z.T. infolge elektrischer Verrük-
kung der Nachbarionen. T.N. Morgan konnte in GaP-Paarspektren solche Aufspaltungen nachweisen und hat sie direkt zur Bestimmung der
Ausdehnung dieser Verzerrungsfelder verwendet [2.7].

---

[1] Bei geringeren Abständen wirkt wegen der Ausdehnung der entsprechenden Eigenfunktionen das Donator-Akzeptor-Paar als ein Zentrum.

78

2.4 Hochdotierte Halbleiter

Im allgemeinen sind für Halbleiterbauelemente hohe Reinheitsgrade
erforderlich; doch haben auch hochdotierte Halbleiter technische Bedeutung, nicht nur zur Erzielung geringer Bahn- und Kontaktwider-
stände (vgl. z.B. Band 4, Abschn.5.3), sondern auch in den aktiven
Zonen von Halbleiterbauelementen. Hier sind Tunnel- und Backward-
diode sowie die Laserdiode zu nennen. In allen diesen Bauelementen
muß zum mindesten in einem Teilbereich die Fermi-Kante ins Leitungs-
oder Valenzband eingedrungen sein. Da dann die Boltzmann-Näherung
für die Verteilung der Elektronen im entsprechenden Band nicht mehr
gilt, muß diese durch die Fermi-Statistik ersetzt werden. Man spricht
in einem solchen Fall von einer Dotierung bis zur Entartung.

Entartung ist erreicht, wenn die Trägerdichte gleich wird dem effektiven Bandgewicht, für das im Falle eines einfachen parabolischen
Bandes gilt (vgl. Gl.3.1/3)

$$N_{c,v} = 2 \left(\frac{2\pi m^* k_B T}{h^2} \right)^{3/2} = N_e. \qquad (2.4/1)$$

Die hier eingeführte Entartungsdichte N_e stellt eine charakteristische
Größe für hochdotierte Halbleiter dar. Sie ist selbst temperaturabhängig. Ihr Verlauf ist in Abb.2.4/1 für 65 K und 300 K über der
effektiven Masse m^* aufgetragen (dick ausgezogene Linien). Im Fall
$m^* = m_0$ (freie Elektronenmasse) ergibt sich bei 300 K der Wert
$2.10^{19}\,cm^{-3}$. Die hier angegebene Entartungskonzentration der Elektronen im Leitungsband wird i.a. erreicht bei einer ebenso hohen Dotierung mit Donatoren. Dies erscheint nach dem bisher Gesagten wi-
dersinnig, denn wenn das Fermi-Niveau eben auf der Leitungsbandkante liegt, könnten die tiefer liegenden Donatoren nur zum kleineren
Teil ionisiert sein. Die Lösung dieses Widerspruchs ergibt sich aus
der Tatsache, daß die Aktivierungsenergie der Donatoren selbst von
der Dotierung abhängt und im Bereich der Entartung verschwindet.

Den Grund für diese Abnahme könnte man zunächst in der im vorigen
Kapitel erwähnten Wechselwirkung gleichenergetischer Terme suchen.
Diese tritt aber erst auf, wenn der Donatorenabstand vergleichbar
mit dem Radius r_{m1} des Mott-Gurney-Grundterms ist, d.h. wenn

ihre Konzentration den kritischen Wert

$$N_{m1} = \frac{1}{r_{m1}^3} \qquad (2.4/2)$$

erreicht. Dies ist, wie die gestrichelte Kurve der Abb.2.4/1 zeigt, erst bei höheren Konzentrationen der Fall, als es der Entartung entspricht.

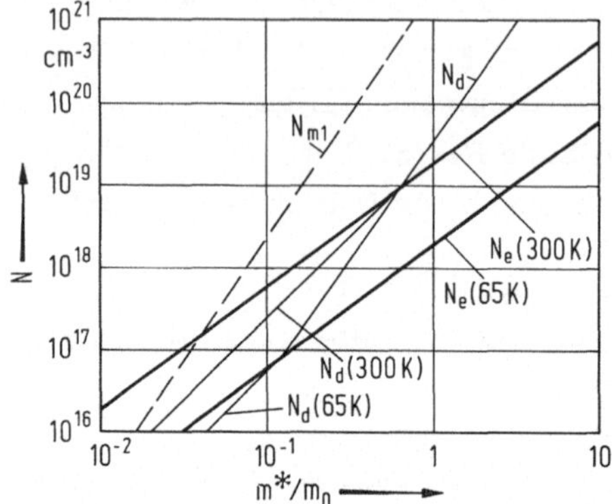

Abb.2.4/1. Entartungsgrenzen bei Halbleitern (berechnet für eine Dielektrizitätskonstante $\varepsilon = 12$). Die Entartungsdichte N_e, bestimmt durch das Eindringen der Fermi-Kante in das Band, ist naturgemäß temperaturabhängig (Kurven für 65 K und 300 K). Das Überlappen des Mott-Grundzustands (gegeben durch N_{m1}) ist temperaturunabhängig. Der Debye-Abschirmradius ist im Entartungsbereich temperaturunabhängig, im Nichtentartungsbereich temperaturabhängig. Dementsprechend spaltet die für die Debye-Entartung maßgebliche Kurve N_d bei Unterschreiten der Entartungsgrenze N_e in Abhängigkeit von der Temperatur auf.

Für die Abnahme der Donator-Aktivierungsenergie ist vielmehr ein anderer Effekt maßgeblich: Das Coulomb-Potential einer Störstelle wirkt nicht nur auf das herausgegriffene Elektron, sondern auch auf das gesamte freie Elektronengas des Leitungsbandes. Dieses wird polarisiert und schirmt damit das Coulomb-Potential ab:

$$\varphi = \frac{e^2}{4\pi\varepsilon r}\ \exp(-\varkappa r). \qquad (2.4/3)$$

Die hier eingeführte Abschirmkonstante $\varkappa$ kann dem Kehrwert der Debyelänge L_D gleich gesetzt werden, für die in einem nicht entarteten bzw. in einem entarteten Elektronengas gilt:

$$1/\varkappa = L_D \begin{cases} = \sqrt{\dfrac{\varepsilon k_B T}{e^2 n}} & \text{für } n \ll N_e, \\[2em] = \dfrac{1}{2}\left(\dfrac{\pi}{3}\right)^{1/6} \sqrt{\dfrac{r_{m1}}{n^{1/3}}} & \text{für } n \gg N_e. \end{cases} \qquad (2.4/4)$$

Beide Näherungskurven schneiden sich, wie rechnerisch leicht zu verifizieren, nahe $n = N_e$. Wird L_D gleich dem Radius einer Elektronenbahn um den Donator gemäß Gl.(2.2/5), so verschwindet der entsprechende Donatorterm. Die dafür maßgeblichen Konzentrationen N_d sind in Abhängigkeit von der effektiven Masse für den Grundterm in Abb. 2.4/1 eingetragen. Man erkennt, daß – wie oben gesagt – für effektive Massen kleiner als m_0 der Donatorterm auf Grund dieser Abschirmung vor oder im Bereich der Entartung verschwindet. Z.B. ist für die effektive Masse $m_n^* = 0,07\, m_0$ von GaAs die Grenze nach Abb.2.4/1 bei etwa $10^{16}\,\text{cm}^{-3}$ in Übereinstimmung mit dem Experiment (Abb.2.4/2) erreicht.

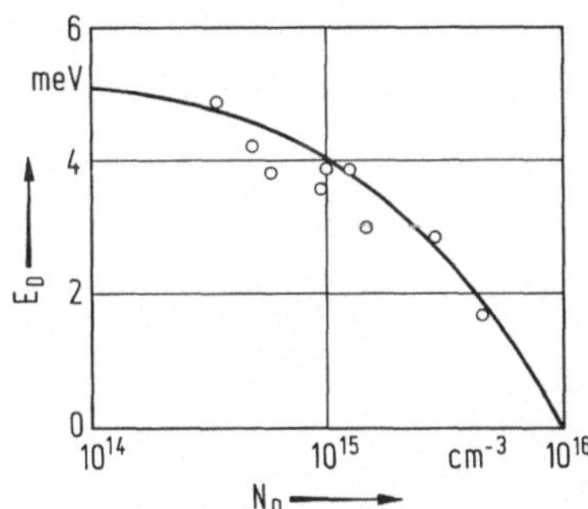

Abb.2.4/2. Donator-Aktivierungsenergie E_D bei GaAs (nach [2.8, 2.9]).

Jedenfalls zeigt die Zusammenstellung der Abb.2.4/1, daß die Donatoren sich außer bei extrem kleiner effektiver Masse infolge Debye-Abschirmung mit dem Leitungsband vereinigen, ehe eine Überlappung der Störstelleneigenfunktionen bedeutsam wird. Die im Abschnitt 2.3 angesprochene Störbandleitung durch Tunnelübergang von Störstelle zu Störstelle kann daher nur zum Tragen kommen, wenn z.B. infolge einer Ge-

gendotierung die Anzahl der Leitungsbandelektronen weit unter der der
Donatoren liegt. Außer bei tiefsten Temperaturen herrscht aber auch
im Falle einer solchen Gegendotierung ein anderer Leitungsmechanismus vor: Die an die Störstellen angelagerten Ladungsträger werden
thermisch ins Leitungsband emittiert und von einer benachbarten Störstelle wieder eingefangen. Man spricht in diesem Fall von einer hop-
ping-Leitfähigkeit. Umgekehrt betrachtet, können Leitungselektronen
von Haftstellen vorübergehend eingefangen werden (multiple trapping).
Die zugehörigen effektiven Beweglichkeiten sind natürlich klein im
Vergleich zu der der ungestörten Leitungselektronen.

Bei unseren bisherigen Betrachtungen zur Wiedervereinigung der Do-
natorterme mit dem Leitungsband haben wir die Leitungsbandkante als
Bezugspunkt verwendet. Sie ist aber selbst keine Materialkonstante;
sie wird vielmehr durch das Coulomb-Potential der Störstellengesamt-
heit abgesenkt.

Um dies besser zu verstehen, betrachten wir zunächst den Fall völliger Gegenkompensation. Dann finden wir im Halbleiter positiv geladene Donatoren und negativ geladene Akzeptoren in nahezu gleicher
Konzentration. Ein beliebig herausgegriffenes Leitungselektron hat
nun die Tendenz, sich bevorzugt in der Umgebung der Donatoren auf-
zuhalten (vgl. Abb.2.4/3), so daß seine mittlere potentielle Energie

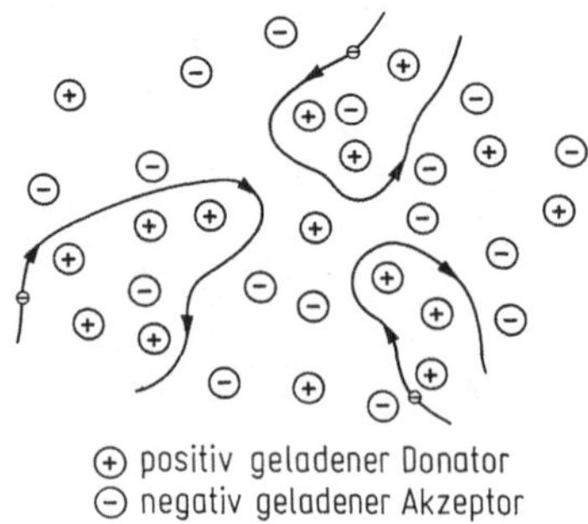

Abb.2.4/3. Bahnen von Leitungselektronen in einem kompensierten,
hochdotierten Halbleiter.

abgesenkt wird. Wegen der statistischen Verteilung wird diese Absenkung je nach Ort des Elektrons verschieden sein, was sich auch
makroskopisch durch eine örtliche Bandverbiegung gemäß Abb.2.4/4a

82

beschreiben läßt. Durch Mittelung ergibt sich der in Abb.2.4/4b dargestellte charakteristische Verlauf der Zustandsdichte: Das Termniveau verbreitert sich zu einer Glockenkurve und Leitungs- und Valenzband haben exponentielle Ausläufer (band tails).

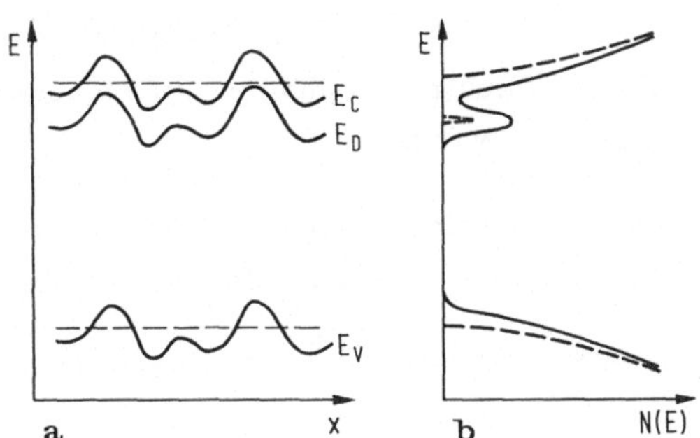

Abb.2.4/4. Bandstruktur bei zunehmender Dotierung (schematisch).
a) Bandverschmierung durch inhomogenen Einbau von Donatoren;
b) Änderung der Zustandsdichte. --- $N_D \ll N_a$; —— $N_D \approx N_a$.

Diese Struktur der Bandkante ist durch Elektronen- und Photonenabsorption in kompensierten Halbleitern direkt nachgewiesen worden. Eine besonders hohe Absenkung des Bandabstandes wurde von Zschauer in p-GaAs beobachtet, das mit Zn als Akzeptor und Sn als Donator hochgradig gegendotiert war ($N_D + N_A \approx 10^{22}$ cm^{-3}, $N_A - N_D \approx 10^{20}$ cm^{-3}). Wie der in Abb.2.4/5 eingetragene Punkt (d) der gemessenen Emissionslinie zeigt, wurde dabei eine Bandabsenkung von 0,14 eV erzielt.

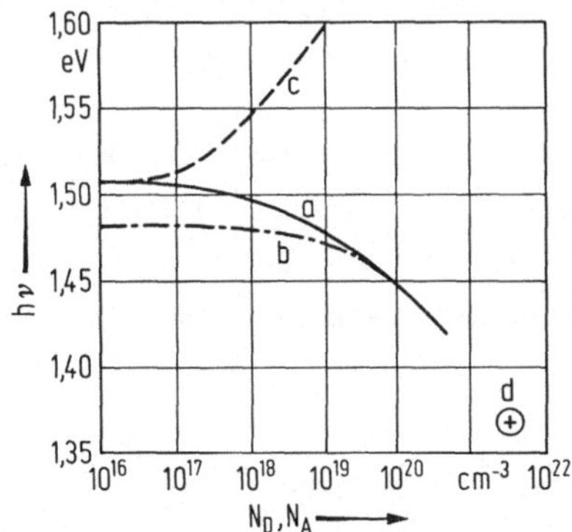

Abb.2.4/5. Emission bzw. Absorptionskante in Abhängigkeit von der Dotierung für GaAs bei 77 K (nach [2.10]). a Theoretisch sowie Emission in n-GaAs, Absorption in p-GaAs; b Emission in p-GaAs; c Absorption in n-GaAs; d Emission in kompensiertem, höchstdotiertem GaAs (nach [2.11]).

Bei unkompensierten Halbleitern sind die Bandausläufer weniger ausgeprägt. Dies ist nach dem oben Gesagten verständlich; denn es treten z.B. in n-Material an Stelle der negativ geladenen Akzeptoren die frei beweglichen Elektronen, die einander zum Teil ausweichen können. Energetisch begünstigte Kristallbereiche sind daher nicht in demselben Maße vorhanden wie bei Gegendotierung, weshalb die Energie eines herausgegriffenen Elektrons, das dem Bandausläufer zugeordnet ist, weniger abgesenkt wird.

Die mittlere Absenkung des Bandabstandes bleibt aber auch im unkompensierten Fall bestehen, wie folgende Überlegung zeigen möge:

Da die örtliche Neutralität überall im Mittel gewahrt bleiben muß, bildet sich eine Art Elektronenflüssigkeit aus. Innerhalb dieser steht einem Einzelelektron nur ein Volumen der Größe $1/n$ (n Elektronendichte) zur Verfügung. Seine maximale Entfernung von einem Donator wird im Mittel etwa gleich $n^{-1/3}$, und man erhält eine Potentialabsenkung δ der Größenordnung

$$\delta \approx \frac{e^2}{4\pi\varepsilon} \sqrt[3]{n} \ . \tag{2.4/5}$$

Sie gilt, wie aus der Ableitung hervorgeht, in gleicher Weise für die Verringerung des Bandabstandes in p-Material, wenn man n durch p ersetzt. Für kompensiertes Material hat man sinngemäß an Stelle der Trägerkonzentration die Summe aus der Konzentration der beweglichen Ladungsträger und der gleichgeladenen Störstellen einzusetzen.

Handelt es sich z.B. um einen n-Halbleiter, der teilweise gegenkompensiert ist, d.h. $N_D > N_A$, so treten zu den geladenen Elektronen die geladenen Akzeptoren, und man hat n zu ersetzen durch $n + N_A = N_D$. Allgemein erhält man daher in einem n- bzw. p-Halbleiter eine Absenkung

$$\delta \approx \frac{e^2}{4\pi\varepsilon} \sqrt[3]{N_D} \quad \text{bzw.} \quad \delta \approx \frac{e^2}{4\pi\varepsilon} \sqrt[3]{N_A} \ . \tag{2.4/5a}$$

Abb.2.4/5 zeigt nun die Abhängigkeit der Absorptionskante und der Emissionslinien, wie sie in GaAs in Abhängigkeit von der Dotierung gefunden wurde. Absorption in p-GaAs und Emission in n-GaAs befolgen

im untersuchten Bereich bis zu einigen $10^{19}\,\mathrm{cm}^{-3}$ gut die eingetragene theoretische $n^{1/3}$-Abhängigkeit für die Verringerung des Bandabstandes, die im Faktor an den experimentellen Verlauf angepaßt wurde.
Auf dieser Kurve liegt auch im Rahmen der Meßgenauigkeit der bereits
erwähnte Punkt für die Emissionslinie im hochdotierten kompensierten
GaAs.

Auch die Emission in p-GaAs nähert sich für hohe Konzentrationen
asymptotisch dieser Kurve. Die Abweichung um 30 meV bei kleinen
Konzentrationen ist darauf zurückzuführen, daß die Photoemission über
Akzeptorterme verläuft. Man erkennt direkt das Abnehmen ihrer Aktivierungsenergie mit zunehmender Konzentration, bis sie bei etwa
$10^{20}\,\mathrm{cm}^{-3}$ verschwindet, so daß sich dort Kurve a und b miteinander
vereinigen. Dies steht im Einklang mit der bekannten Größe der Löchermasse $m_p^* \approx 0,6\,m_0$.

Bei der Absorption in n-GaAs ergibt sich nun im Gegensatz zu den bisherigen Überlegungen der umgekehrte Verlauf. Diesen Effekt nennt man
Burstein-Verschiebung. Er beruht darauf, daß sich mit zunehmender
Trägerkonzentration das Leitungsband mehr und mehr auffüllt. Die Fermi-Kante dringt, wie Abb.2.4/6 zeigt, ins Leitungsband ein und bestimmt die Absorptionskante. Wegen der kleinen Zustandsdichte im
Leitungsband übertrifft dieser Effekt in n-GaAs bei weitem die Absenkung des Bandabstandes, während er bei p-GaAs im Bereich der Entartungskonzentration von etwa $10^{19}\,\mathrm{cm}^{-3}$ nur eine kleine Korrektur bedingt.

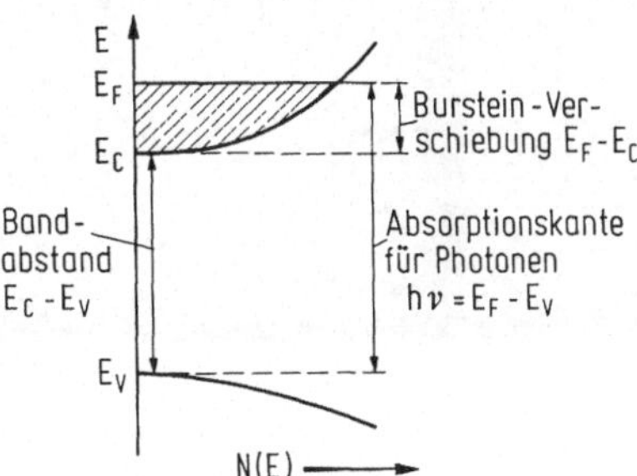

Abb.2.4/6. Burstein-Verschiebung der Absorptionskante bei entar-
tetem n-Halbleiter (nach [2.12]).

2.5 Amorphe Halbleiter

Die Überlegungen des vorigen Kapitels lassen sich weiterführen, so
daß die wichtigsten Eigenschaften amorpher Halbleiter verstanden
werden. Amorphe Materialien lassen sich grundsätzlich auf zwei unterschiedliche Arten erzeugen: Einmal durch Abschrecken aus einem
ungeordneten Hochtemperaturzustand (unterkühlte Flüssigkeit, metastabil). Zum anderen tritt Amorphizität aber auch als stabiler Zustand auf, wenn sich das Material aus Atomen stark unterschiedlicher Größe zusammensetzt (vgl. Abb.2.5/1) und die Bindungskräfte
zu schwach sind, um eine starre Ordnung zu erzeugen. Natürlich
kann durch entsprechende Zusammensetzung und Präparationstechnik
ein fließender Übergang zwischen beiden erwähnten Fällen erreicht
werden.

Im erstgenannten Fall des Abschreckens auf tiefe Temperaturen lassen sich auch bei einem homöopolar starr gebundenen Halbleiter wie

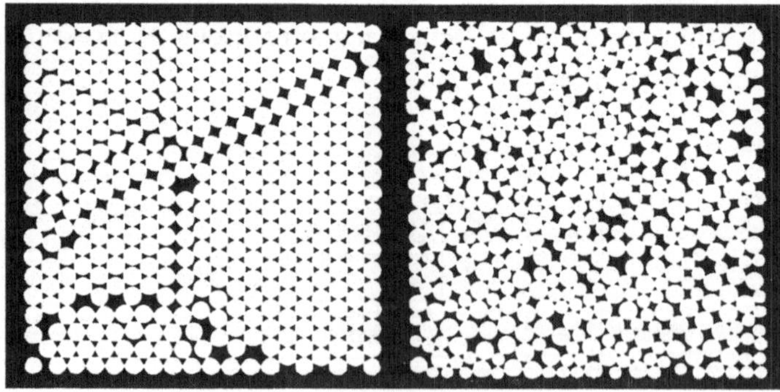

Abb.2.5/1. 2-dimensionale Kristallstrukturen bei Kugelmodell.
a) Kristallin mit Korngrenzen und Versetzungen bei gleichgroßen
Kugeln; b) amorph bei Mischung aus Kugeln unterschiedlicher Größe.

Silizium dünne amorphe Schichten durch Abscheiden aus der Gasphase
erzielen. Diese rekristallisieren infolge der hohen Fehlstellendichte
bei Zimmertemperatur. Werden aber die vorhandenen Restvalenzen
durch simultan abgeschiedenen Wasserstoff abgesättigt, so wird der
amorphe Zustand stabilisiert. Dieses sog. a-Si:H hat inzwischen
mehrere Anwendungsfelder gefunden.

Den zweiten Fall finden wir insbesondere bei den sog. Chalkogenidgläsern realisiert, die auf Grund ihrer Photoeigenschaften und auch
spezieller elektronischer Schalteffekte technisch bedeutsam sind.
Da bei ihnen verschiedenartige Ionenkombinationen aus Se, Te, As,
Ge, Si mit weiteren Zusätzen unterschiedlicher Wertigkeit eingesetzt werden, könnte man sie auch - im Gegensatz zu amorphem Silizium - als höchstdotierte Halbleiter auffassen.

Trotzdem sind alle diese amorphen Halbleiter hochohmig und weisen
einen exponentiellen Temperaturgang des Widerstands auf
$R \sim \exp(E_A/2k_B T)$. Die dabei beobachtete Aktivierungsenergie E_A
entspricht nur ungefähr der Absorptionskante. Ein Störleitungsast
wird außer in dem noch zu besprechenden a-Si:H nicht beobachtet.

Der hohe Widerstand mit exponentiellem Temperaturgang des Wi-
derstands läßt sich durch ein spezielles Bändermodell amorpher
Halbleiter erklären [2.16], das eine konsequente Fortsetzung der
Gedankengänge für hochdotierte Halbleiter darstellt [2.17,2.18].
Wie Abb.2.5/2b zeigt, verbiegen sich wegen der unterschiedlichen
Zusammensetzung die Bänder statistisch. Wegen der Dichte- und
Zusammensetzungs-Schwankungen in diesen amorphen Halbleitern
treten zusätzlich auch Bandabstandsschwankungen auf, die in
Abb.2.5/2b der Einfachheit halber weggelassen wurden. Durch ört-
liche Mittelung ergeben sich noch wesentlich längere Bandausläufer
als bei hochdotierten Halbleitern, die in Bandmitte sogar überlappen
können (Abb.2.5/2a).

Infolge der hohen Termdichte im Bereich der ehemals verbotenen
Zone, wo Bandausläufer und tiefe Störterme zusammenwirken, liegt
die Fermi-Kante weitgehend an der Grenze zwischen besetzten und
unbesetzten Termen fest. Der hohe Widerstand dieser amorphen
Substanzen erklärt sich nun dadurch, daß Elektronen bzw. Löcher im
Bereich der Bandausläufer weitgehend örtlich fixiert sind. Der an

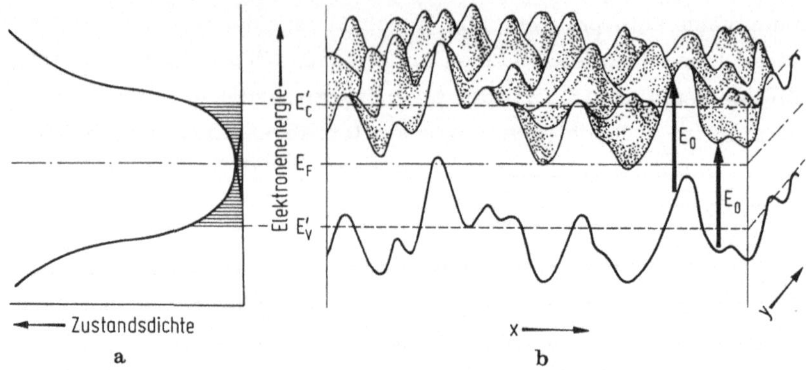

Abb.2.5/2. Bandstruktur amorpher Halbleiter (nach [2.18]). a) mittlere Zustandsdichte; b) örtlicher Verlauf der Bandkanten infolge Dotierungsschwankungen.

sich bei derart gestörten Halbleitern leichte Übergang eines Elektrons von einem Band ins andere kann nur in den hochohmigen Bereichen erfolgen, wo sowohl Elektronen als auch Löcher in ausreichendem Maß gleichzeitig vorhanden sind. Die Leitfähigkeit in diesen Bereichen entspricht aber der Eigenleitung des unverbogenen Bandes. Da derartige hochohmige Bereiche von den Ladungsträgern immer durchquert werden müssen, ergibt sich der beobachtete hohe Widerstand mit einer dem ursprünglichen Bandabstand annähernd entsprechenden Aktivierungsenergie[1]. Es erscheint also so, als ob nur Elektronen oberhalb und Löcher unterhalb der Grenzen hoher Beweglichkeit $E'_{c,v}$ (vgl. Abb.2.5/2) zur Leitfähigkeit beitragen. Der Abstand zwischen diesen Grenzen wird auch als Beweglichkeits-Bandabstand (mobility gap) bezeichnet. Dieser erscheint damit als Aktivierungsenergie im Temperaturgang der Leitfähigkeit an Stelle des Bandabstands bei einkristallinen Halbleitern. Diese Aktivierungsenergie liegt etwas höher als die optische Absorptionskante, die entsprechend den in Abb.2.5/2b eingetragenen senkrechten Pfeilen bei E_0 liegt.

---

[1] Eine derartige quasi-intrinsische Leitfähigkeit $\sim \exp[-(E'_c - E'_v)/2k_B T]$ wird bei stark inhomogener Dotierung in allen Halbleitern gefunden, wenn die Rekombination schneller abläuft als der Ausgleich örtlicher Raumladungen (Relaxationsfall vgl. Abschn.3.1, [2.19]).

88

Mit diesem Grundwissen über die spezifische Bandstruktur amorpher Halbleiter lassen sich auch die für Anwendungen besonders interessanten Eigenschaften verstehen, die in den folgenden Absätzen kurz besprochen werden sollen. Für eine ausführlichere Darstellung sei auf Band 18 dieser Reihe verwiesen.

2.5.1 Xerographie

Bei allen elektrophotographischen Verfahren ist die Möglichkeit der Herstellung homogener großflächiger gut isolierender, aber photoleitender Schichten entscheidend. Diese werden zunächst durch eine Koronarentladung homogen aufgeladen. Die so erzeugte Ladung kann nur an den anschließend belichteten Stellen abfließen. Auf diese Weise wird zunächst ein Ladungsbild erzeugt, das dann sichtbar gemacht wird durch Farbtoner, die sich elektrostatisch anlagern und fixiert werden.

Amorphe Photoleiter eignen sich auch gut zur Ladungsspeicherung nach Röntgenbelichtung, zumal Schichten aus Substanzen mit Atomen hoher Ordnungszahl verwendet werden können. Die durch die Röntgenstrahlen erzeugten Ladungsträger lagern sich an tiefe Traps an und werden dann analog der Elektrophotographie durch Licht geeigneter Wellenlänge freigesetzt und zur Bilderzeugung verwendet.

2.5.2 Schalteffekte

Die bei den erwähnten Chalkogenidgläsern beobachteten Schalt- und Speichereffekte [2.13,2.14] sind nur auf Grund der spezifischen Bandstruktur amorpher Halbleiter verständlich. Sie treten auf bei Dünnschichtbauelementen, die zur Erzielung hoher Stromdichten mit punktförmigen Kontakten bei gleichzeitiger guter Wärmeableitung versehen sind.

Beim Überschreiten einer spezifischen Schwellenspannung U_T beobachtet man unabhängig von der Stromrichtung einen sprunghaften Übergang in einen niederohmigen Zustand, wobei eine etwa dem Bandabstand entsprechende Restspannung U_H am Bauelement abfällt (vgl. Stromspannungsschleife der Abb.2.5/3). Der differentielle Widerstand im niederohmigen Bereich liegt um Größenordnungen unter dem ursprünglichen Widerstand. Erst bei Unterschreiten eines Haltestroms I_H verschwindet der niederohmige Zustand wieder.

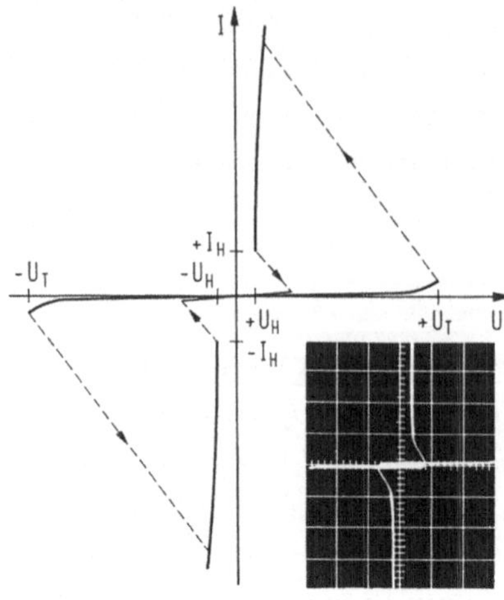

Abb.2.5/3. Schaltcharakteristik einer amorphen Halbleiterschicht
(Te-As-Ge) (nach [2.15]).

Die hohe Leitfähigkeit bei hoher Stromdichte beruht auf Injektion
und Speicherung von Ladungsträgern, so daß die Leitungsbandminima und Valenzbandmaxima ausgeglichen werden. Sie verschwindet erst wieder unterhalb des Haltestroms I_H (Abb.2.5/3), der für
den Ausgleich der Verluste an gespeicherten Ladungsträgern durch
Rekombination notwendig ist.

Wegen der für den niederohmigen Zustand notwendigen extrem hohen Stromdichten in der Größenordnung von 10^6 A/cm^2 sind daneben
thermische Effekte nicht vermeidbar. Sie bestimmen zu einem großen Teil das Schaltverhalten mit, vor allem wenn die Joulesche
Energie zum Aufschmelzen des Halbleiters im Bereich des Strom-
pfades führt. Ist der amorphe Zustand nur metastabil, so bilden
sich bei langsamem Abkühlen (Abschaltzeiten je nach Zusammensetzung des Materials 1...100 msec) Kristallnadeln aus, die naturgemäß hochdotiert und damit gut leitend sind. Die leitende Brücke
kann dann nur durch erneute Erwärmung und Abschrecken (Abschaltzeiten des Stromes je nach Substanz 1...100 µsec) zerstört werden.
Das Bestehen-Bleiben der leitenden Brücken kann zur Datenspeiche-
rung genutzt werden [2.20].

<u>2.5.3 Amorphes Silizium</u>

Eine Sonderstellung unter den amorphen Halbleitern nimmt das oben
erwähnte a-Si:H ein, da durch die gleichzeitige Abscheidung von Si
und H die Restvalenzen größtenteils abgesättigt werden können. Damit entfällt die extrem hohe Termdichte im verbotenen Band [2.21].
Schematisch ist die Struktur solchen amorphen Siliziums in Abb.2.5/4
oben mit der einer (111)-Ebene in Silizium verglichen. Atomabstände und vor allem Valenzwinkel weichen etwas von den Werten der
kristallinen Struktur ab. Entsprechend den Überlegungen zu Abb.2.5/2
ist daher die Bandkante nicht scharf, sondern es sind Ausläufer in
das verbotene Band vorgelagert.

Wegen der Valenzabsättigung finden sich aber nur wenige Terme in
der Bandmitte und es gelingt durch Dotierung mit z.B. Phosphor
oder Bor wie bei kristallinem Silizium n- oder p-leitendes Material

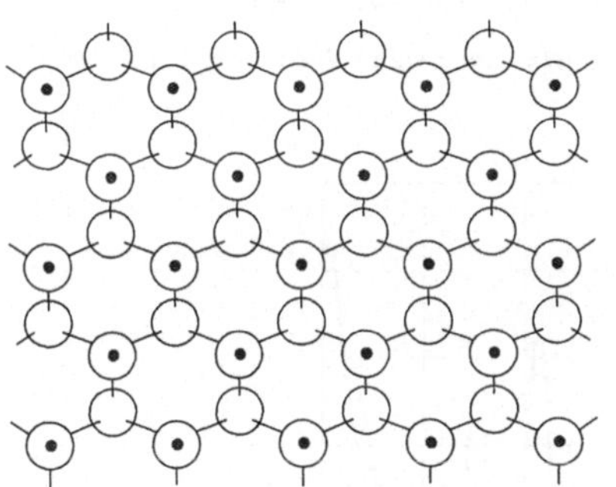

kristallines Silizium, (111)-Ebene

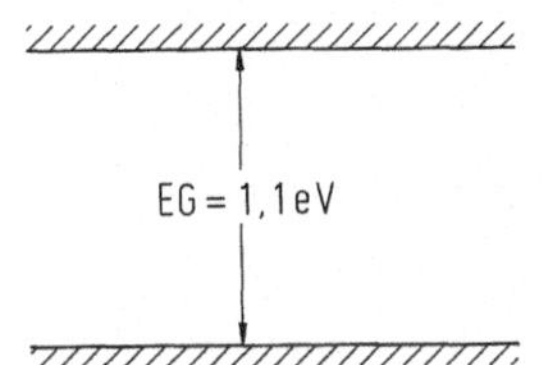

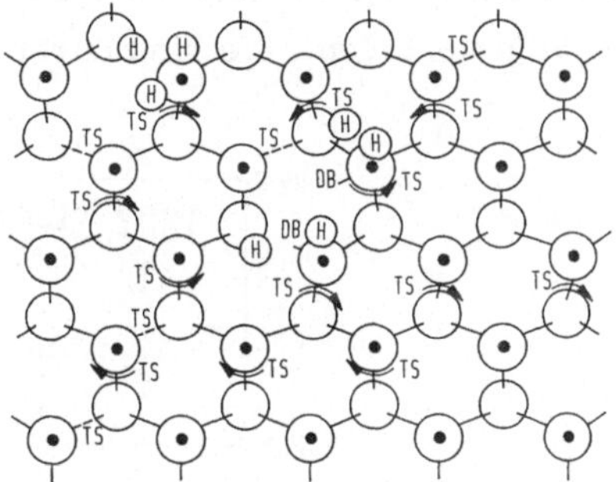

amorphes Silizium mit Wasserstoff

Veränderte Atomabstände (---) und
Valenzwinkel (←—) als Ursache von Band-
ausläufern (tail states TS).
Unabgesättigte Valenzen (dangling bonds (DB)
als Ursache von Zuständen in Bandmitte

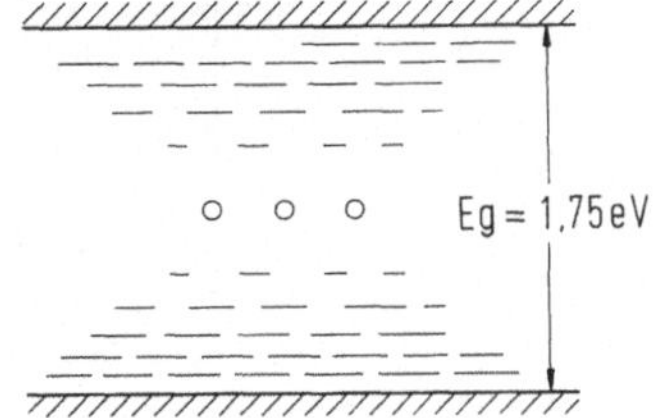

Abb.2.5/4. Struktur und Bandaufbau kristallinen und amorphen Siliziums (nach R.D. Plättner).

herzustellen mit allerdings relativ kleiner Trägerbeweglichkeit [2.21].
Nichtsdestoweniger lassen sich damit Dioden und Feldeffekttransistoren herstellen. Diese haben Interesse gewonnen z.B. für großflä-
chige Ansteuerung von Displays (vgl.[2.22]), vor allem aber zur
Erzeugung von Solarzellen (vgl.[2.23]). Im letzten Fall sind zwei
weitere Besonderheiten in der Bandstruktur des a-Si:H bedeutsam:

1.) Die Absorptionskante ist deutlich nach kürzeren Wellenlängen
verschoben entsprechend einer Zunahme des Bandabstands von
1.13 eV für kristallines Silizium auf 1.75 eV. Diese Zunahme ist
nicht verständlich, wenn man amorphe Halbleiter nur als Halbleiter
mit extrem hoher Störstellendichte im Sinne höchster Dotierung betrachtet. Sie beruht auf der spezifischen Bandstruktur von Silizium
selbst. In amorphen Substanzen ist bekanntlich nur noch eine Nahordnung vorhanden, die in Silizium die nächsten und teilweise noch
die übernächsten Nachbarn betrifft (vgl.Abb.2.5/5). Blochsche
Eigenfunktionen mit fortschreitenden ebenen Wellen haben daher ihren Sinn verloren. Sie sind durch lokalisierte sog. Wannierfunktio-

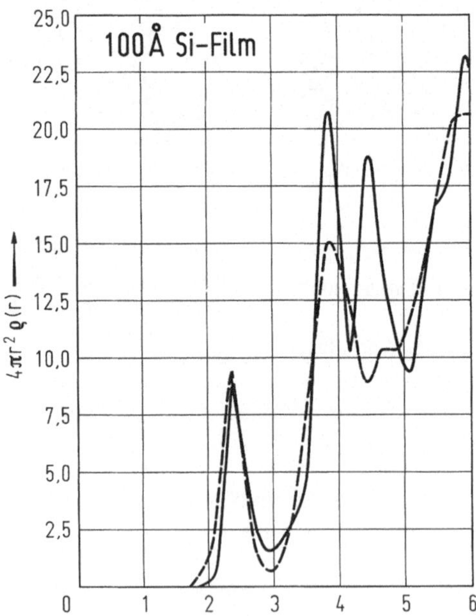

Abb.2.5/5. Radiale Dichteverteilung (————) für amorphe (------)
und kristalline Siliziumschichten, ermittelt aus Elektronenbeugung
nach [2.24].

92

nen [2.3] zu ersetzen, die aus sämtlichen energetisch naheliegenden Blochfunktionen aufgebaut sind. Im amorphen Zustand werden dabei die Eigenfunktionen bevorzugt, die am wenigsten von der Fernordnung abhängen. Daraus folgt unmittelbar, daß das Valenzband mit seinen bindenden Eigenfunktionen weniger betroffen ist. Im Leitungsband indirekter Halbleiter kann auf diese Weise der Einfluß spezieller Nebenminima nahezu entfallen. So rückt z.B. im Falle des Siliziums der Bandabstand nahe an den des L-Minimums heran, das gemäß den Überlegungen zu Abb.1.7/1 durch die (antihomöopolare) Bindung zu den nächsten und nicht wie das X-Minimum durch eine (antiionogene) Bindung zu den übernächsten Nachbarn bestimmt ist.

2.) Desweiteren ist zu berücksichtigen, daß wegen der erwähnten Lokalisierung der Wannierfunktionen bzw. wegen der kurzen Kohärenzlänge die Eigenfunktionen im k-Raum alle miteinander verkoppelt sind. Die bei optischen Übergängen zu beachtende k-Auswahlregel wird damit praktisch unwirksam. Der Absorptionskoeffizient steigt um nahezu 2 Größenordnungen, so daß bei Solarzellen aus a-Si:H bereits Schichtdicken von ca. 1 μm ausreichen, im Gegensatz zu solchen aus kristallinem Silizium.

Insbesondere die letzten Überlegungen zeigen, daß sich manche Eigenschaften amorpher Halbleiter noch mit dem klassischen Bändermodell verstehen lassen; denn das Energieschema des Bändermodells wird bereits durch die Nahordnung bestimmt und nicht, wie man aus der Ableitung gemäß dem Blochschen Theorem vermuten könnte, durch die Fernordnung.

Eine Abschätzung für die zur Anwendbarkeit des Bändermodells notwendige Nahordnung liefern auch die Transportphänomene (vgl. Abschn.4.3, z.B. Gl.(4.3/20)); denn die freie Weglänge, die ein Elektron zurücklegt, bis es in eine Eigenfunktion mit anderem k-Vektor gestreut wird, liegt z.B. in Silizium bereits bei Zimmertemperatur in der Größenordnung von 10^{-6} cm und erreicht bei 1000 $^{\circ}$C wegen der erhöhten thermischen Geschwindigkeit und der erhöhten Phononendichte etwa 10^{-7} cm; das sind also nur noch 10 Atomabstände. Bezüglich der Transporteigenschaften selbst ist der Nutzen des Bändermodells in amorphen Substanzen weit begrenzter;

denn bei Beweglichkeiten unter 1 cm^2/Vs werden andere Mechanismen entscheidend, wie die Lokalisierung des Elektrons durch
polarisierende Wechselwirkung mit dem umgebenden Gitter (Pola-
ronenleitung) sowie statistische Übergänge von einem lokal gebundenen Zustand in den benachbarten (Hopping-Leitung).

2.6 Bandstruktur in Kanälen

In den letzten drei Kapiteln haben wir die Wechselwirkung von Störstellen mit zunehmender Dichte behandelt, dabei aber immer vorausgesetzt, daß keine spezifische Ordnung von Störstellen vorliegt.
Solche geordneten Strukturen haben inzwischen sowohl wissenschaft-
lich als auch technisch wegen neuartiger Effekte und neuartiger Ma-
terialeigenschaften hohes Interesse gefunden. Besondere Bedeutung
kommt dabei Schichtstrukturen zu, wie sie mit den verschiedenen
Expitaxieverfahren aus der Flüssigphase (liqid phase epitaxy, LPE),
durch Zersetzung aus der Gasphase (chemical vapor deposition,
CVD bzw. seiner Abwandlung metal organic CVD, MOCVD) oder
mit Hilfe der Molekularstrahlepitaxie (molecular beam epitaxy, MBE)
erzielt werden. Bezüglich der einzelnen Technologien sei auf die
Bände 4 und 10 dieser Reihe verwiesen. Es sei aber erwähnt, daß
inzwischen atomare Ebenheit und kontrollierte Herstellung bis hinab
zu Dicken einzelner Atomlagen beherrschbar wurde.

Bezüglich der erzielten Bandstruktur sind dabei verschiedene Fälle
zu unterscheiden:

1) Handelt es sich um eine Einfachlage oder um Mehrlagenstruktu-
   ren?

2) Handelt es sich um Schichtstrukturen nur unterschiedlicher Dotierung (z.B. nipin...) oder unterschiedlichen Grundmaterials
   bzw. wechseln sowohl Grundmaterial als auch Dotierung?

3) Handelt es sich um Schichtfolgen atomarer Halbleiter (z.B.
   Si/Ge) oder von Verbindungshalbleitern (z.B. GaAs/(GaAl)As)?

4) Sind die Gitterkonstanten der Einzelschichten aneinander angepaßt oder treten zusätzliche interne Verspannungen auf?

5) Sind die Dicken der Einzelschichten kleiner oder größer als die
   Kohärenzwellenlänge der Elektronenwellen?

6) Sind quantenmechanische Wechselwirkungen mit Nachbarschich-
ten durch Tunneleffekt relevant?

Schon aus der Vielfalt dieser Möglichkeiten erkennen wir, daß wir
uns im folgenden auf die wesentlichen Grundprinzipien beschränken
und ansonsten auf einschlägige Literatur (z.B. [2.25]) verweisen
müssen.

2.6.1 Bandstruktur in einem Kastenpotential

Als erstes soll im folgenden an Hand einfacher Modellrechnungen
dargelegt werden, welche prinzipiell neuen Effekte in Schichtstrukturen zu erwarten sind. Wir gehen dabei von einem einfachen zweidimensionalen Kastenpotential aus. Dieses ergibt sich, wenn eine
Halbleiterschicht mit kleinem Bandabstand zwischen zwei Schichten
höheren Bandabstands eingebettet ist. Die im Leitungsband entste-
hende Struktur ist in Abb.2.6/1 links skizziert. Sind die dabei auftretenden Potentialsprünge groß gegenüber der Energie eines Elektrons in der Mittelschicht, so ist dieses völlig gefangen und die
Wände des Potentialtopfs werden Knotenebenen der entsprechenden

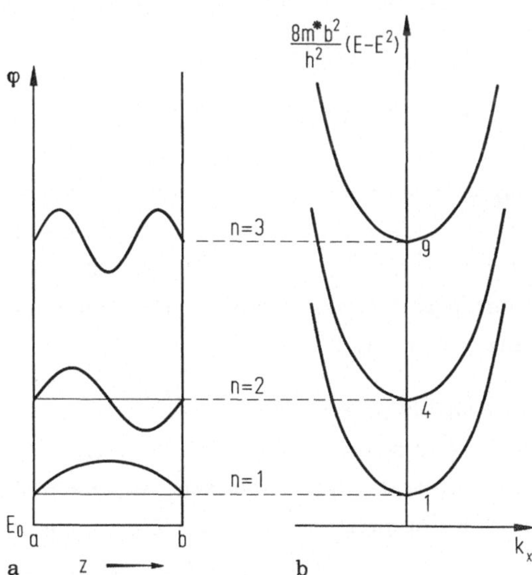

Abb.2.6/1. Leitungsbandstruktur in einem tiefen Kanal. a) Potential
und Eigenfunktion quer zum Kanal; b) Subbandstruktur längs des Kanals.

Elektronenwellen. Desweiteren nehmen wir an, daß es sich um direkte Halbleiter mit zentralem Γ-Minimum handelt, und können in der Effektiv-Massen-Näherung wegen der Knotenebene bei $z = 0$ ansetzen

$$\psi = \sin k_z z \; e^{j(k_x x + k_y y)} .$$
(2.6/1)

Wir erhalten dann für die Energie des Elektrons in bekannter Weise

$$E = E_c + \frac{\hbar^2}{2m^*} \left(k_x^2 + k_y^2 + k_z^2 \right),$$
(2.6/2)

wobei m^* die effektive Masse des Elektrons in der Zwischenschicht bedeutet.

Neu ist, daß wegen der zweiten Knotenebene von ψ bei $z = b$ nur noch Werte für k_z zugelassen sind, die der Gleichung

$$k_z = \frac{\pi}{b} \cdot n \qquad n = 1,2\ldots$$
(2.6/3)

genügen. Dabei ist n eine neue makroskopisch erzwungene Quantenzahl. Das ursprünglich dreidimensionale Kontinuum des Energiespektrums im Leitungsband wird also in z-Richtung gequantelt und wir erhalten

$$E = E_c + \frac{\hbar^2}{2m^*} \left(k_x^2 + k_y^2 + \frac{\pi^2 n^2}{b^2} \right) .$$
(2.6/2a)

D.h. das Leitungsband splittet auf in Teilbänder, deren Minimum mit zunehmender Quantenzahl n ansteigt, wie dies Abb.2.6/1 rechts zeigt. Dabei ist vor allem wichtig, daß die Bandkante entsprechend der Lage des tiefsten Teilbandes für $n = 1$ mit abnehmender Breite kontinuierlich angehoben wird.

Natürlich ist die Annahme sehr hoher Potentialsprünge in vielen Fällen unzulässig. Wir wollen daher im folgenden - auch im Hinblick auf Mehrschichtstrukturen - ableiten, welchen Einfluß die Abnahme der Höhe der Potentialsprünge hat. Dazu nehmen wir der rechnerischen Einfachheit halber an, daß nur eine Wand des Potentialtopfs entsprechend Abb.2.6/2a relativ niedrig ist. Dann bleibt die Knotenebene von ψ für $z = 0$ erhalten und wir können für die Welle im Potentialtopf auf Gl.(2.6/1) zurückgreifen. Bei $z = b$ ver-

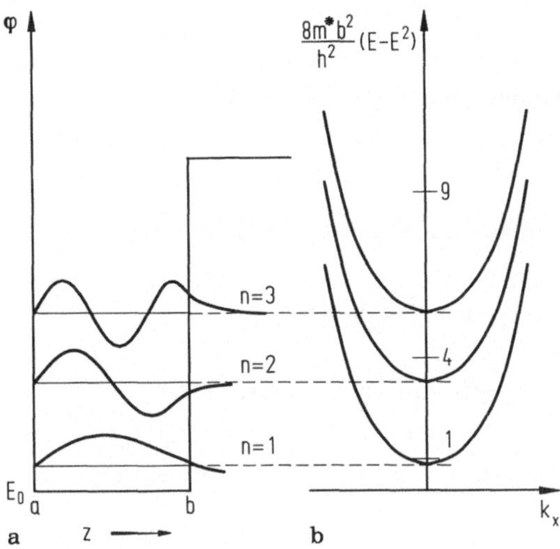

Abb.2.6/2. Leitungsbandstruktur bei einseitig flachem Kanal.
a) Potential mit Eigenfunktionen; b) Subbandstruktur.

schwindet ψ aber nicht mehr, wir haben es vielmehr mit einer in
den Halbleiterbereich 2 hinein auslaufenden Welle zu tun, die wir
in folgender Weise ansetzen können:

$$\psi = B e^{-\beta(z-b)} e^{j(k_x x + k_y y)} \qquad (2.6/4)$$

mit

$$E = E_{c2} + \frac{\hbar^2}{2m_2^*} \left(k_x^2 + k_y^2 - \beta^2 \right). \qquad (2.6/5)$$

Gl.(2.6/5) entspricht der Gl.(2.6/2), nur daß wegen $E < E_{c2}$
$\beta = jk_z$ als imaginäre Wellenzahl eingeführt wurde.

Die Welle im Halbleiter 2 muß nun bei $z = b$ kontinuierlich an die
Welle im Potentialtopf anschließen und zwar sowohl bezüglich ψ als
auch $\partial\psi/\partial z$. Daraus ergeben sich für $z = b$ folgende Randbedingungen:

$$\sin k_z b = B \qquad (2.6/6)$$

$$k_z \cos k_z b = -\beta B. \qquad (2.6/7)$$

97

Nehmen wir nun an, daß die Knotenebene nicht allzu weit vom Potentialsprung bei $z = b$ entfernt ist; dann können wir auf unsere vorhergehende Quantenbedingung Gl.(2.6/3) zurückgreifen und ansetzen

$$k_z = \pi/b \cdot n + k_z' \quad \text{mit} \quad k_z' \ll k_z \qquad (2.6/3a)$$

Wir erhalten dann aus Gl.(2.6/6 und 7) durch Entwicklung

$$(-1)^n k_z' b = B \qquad (2.6/6a)$$

$$\pi/b \cdot n(-1)^n = -\beta B \qquad (2.6/7a)$$

oder durch Kombination dieser beiden Gleichungen

$$\beta k_z' = -\pi/b^2 \cdot n. \qquad (2.6/8)$$

B und das für die modifizierte Quantenbedingung maßgebliche k_z' können gemäß diesen Gleichungen in erster Näherung berechnet werden, wenn β in nullter Näherung bekannt ist. Für dieses ergibt sich aus den Gleichungen (2.6/2 und 5), wenn wir im Halbleiter 1 gemäß dieser Näherung k_z' vernachlässigen:

$$\beta^2 = \frac{2m_2^*}{\hbar^2} (E_{c2} - E_{c1}) - \frac{m_2^*}{m^*} \frac{\pi^2}{b^2} n^2 - \left(k_x^2 + k_y^2 \right) \left(\frac{m_2^*}{m^*} - 1 \right). \qquad (2.6/9)$$

Die ersten beiden Terme auf der rechten Seite beschreiben offensichtlich den Einfluß der Energiedifferenz des Elektrons im jeweiligen Subband zur Leitungsbandkante E_{c2}. Dabei nimmt erwartungsgemäß die Dämpfung mit steigender effektiver Masse m_2^* zu. Der letzte Term beruht auf der Beugung der in der Schicht laufenden Komponente der Elektronenwelle in den Außenraum infolge des Massenunterschieds. So wird bei größerer effektiver Masse im Halbleiter 2 die Welle nach außen gestreut und die Dämpfung scheinbar verringert. Da außerdem die Aufenthaltswahrscheinlichkeit des Elektrons im Außenraum mit zunehmender Ausbreitungsgeschwindigkeit des Elektrons parallel zur Schicht zunimmt, steigt die Gesamtenergie schneller als es der zusätzlichen kinetischen Energie entspricht.

Wenn wir nun noch die Gesamtenergie eines Elektrons in erster Näherung angeben wollen, so erhalten wir aus Gl.(2.6/2) in Kombination mit den Gleichungen (2.6/3a und 8) wegen $k_z' \ll \pi/b \cdot n$

$$E = E_c + \frac{h^2}{2m^*} \left[(k_x^2 + k_y^2) + (\pi/b \cdot n + k_z')^2 \right]$$

$$\approx E_c + \frac{\hbar^2}{2m^*} \left[(k_x^2 + k_y^2) + \frac{\pi^2}{b^2} n^2 \left(1 - \frac{2}{\beta b} \right) \right] . \qquad (2.6/10)$$

Die hier abgeleitete Näherung ist für $\beta b > 10$ verwendbar, was z.B. bei $(Ga_{0.7}Al_{0.3})As$ einer Potentialtopfbreite > 10 Gitterkonstanten entspricht.

Insbesondere zeigt das Auftreten der Dämpfungskonstante im zweiten Term, daß die Leitungsbandkante im Potentialtopf um so weniger angehoben wird, je weiter das Elektron in den Nachbarbereich einzudringen vermag (vgl. Abb.2.6/2b).

Die hier für ein Stufenpotential betrachteten Effekte werden naturgemäß bei verflachten Übergängen entsprechend bedeutsamer. Derartige Übergänge finden sich vor allem bei den Oberflächenkanälen von Feldeffekttransistoren, wie sie sich unter dem Einfluß von Oberflächen- und Raumladungen ausbilden (vgl. Abb.2.7/5). In einem solchen Fall ist die Wellenzahl k_z quer zum Kanal nicht mehr konstant, sondern sinkt mit ansteigender Bandkante. Wir erhalten hierfür aus der Energiebilanz der Gl.(2.6/2)

$$k_z = \frac{\sqrt{2m^*}}{\hbar} \left(E - E_c(z) - \frac{k_x^2 + k_y^2}{2m^*} \right)^{1/2}$$

bzw. an der Unterkante der Subbänder

$$k_z = \frac{\sqrt{2m^*}}{\hbar} (E - E_c(z))^{1/2} . \qquad (2.6/11)$$

Wenn wir darüber hinaus in erster Näherung das Eindringen der Elektronenwelle in das Halbleitervolumen vernachlässigen, ergibt sich für die Quantenbedingung der Gl.(2.6/3) die Form

$$\int_0^{E_c - E} k_z \, dz = n\pi , \qquad (2.6/12)$$

wobei die Integration von $z = 0$ bis zu dem z-Wert zu erstrecken ist,
bei dem k_z verschwindet, d.h. $E = E_c$ ist. Das Ergebnis einer solchen Berechnung ist in Abb.2.6/3 dargestellt. Die Anhebung des untersten Subbandes ist wie im Falle eines Kastenpotentials umgekehrt
proportional der effektiven Masse. Die Unterkanten der oberen Subbänder rücken aber mit zunehmender Quantenzahl immer enger zusammen.

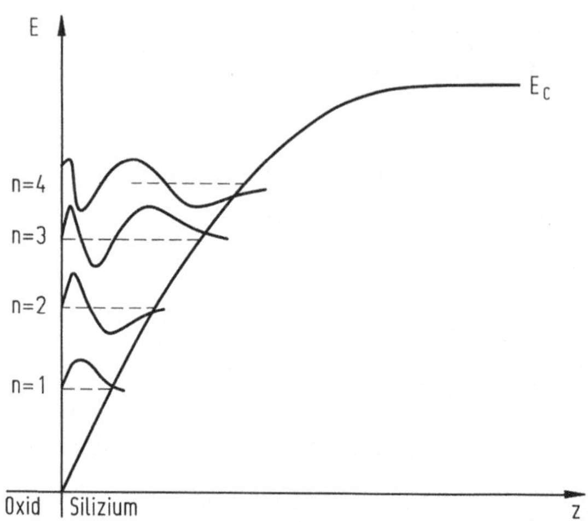

Abb.2.6/3. Subbandkanten und Eigenfunktionen in einem Oberflächenkanal (schematisch).

2.6.2 Reale Monoschichtstrukturen

Für eine Anwendung der bisherigen Betrachtungen auf reale Heteroübergänge ist die Kenntnis der unterschiedlichen effektiven Massen
und Bandabstände in beiden Halbleitern nicht ausreichend. Wir müssen zusätzlich wissen, wie die Bänder beider Halbleiter an einander
anschließen (vgl. Abb.2.6/4). Grundsätzliche Überlegungen, sich
dabei auf die Austrittsarbeit der beiden Halbleiter zu stützen, haben
sich wenig bewährt. Dies beruht z.T. darauf, daß die Austrittsarbeit bekanntlich durch jede eine elektrische Doppelschicht erzeugende
Oberflächenbelegung verändert wird. Man suchte daher nach einem
besseren Fixpunkt und fand einen solchen in tiefen Störtermen einge-
bauter Übergangsmetalle. In erster Näherung erscheint dies plausibel; denn diese Störniveaus sind inneren Schalen zuzuordnen, so
daß sie in ihrer energetischen Lage durch die umgebenden Valenzelektronen kaum beeinflußt werden. Sie erscheinen daher dem Va-

100

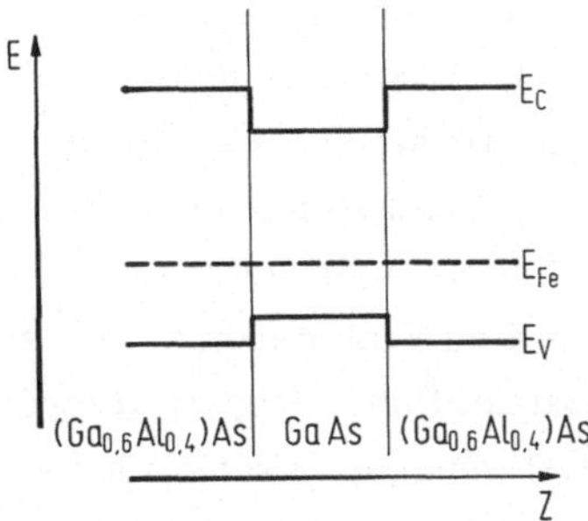

Abb.2.6/4. Hetero-Bandstruktur (mit Bezugsniveau einer tiefen Störstelle).

kuumpotential äquivalent mit dem Vorteil, daß ihre Lage nicht durch
undefinierte Oberflächen-Zwischenschichten verschoben werden kann.

Überraschend war, daß die Voraussagen für den Bandanschluß zweier
verschiedener homologer Halbleiter nicht nur weniger schwankten,
sondern auch deutlich besser waren, wenn man sich (vgl. Abb.2.6/4)
auf ein konstantes Energieniveau tiefer Störstellen statt auf das Vakuumpotential bezog. Dies geht z.B. deutlich aus dem Vergleich
zwischen theoretisch berechneter Kurve und experimentell ermittelten Daten der Abb.2.6/5 hervor.

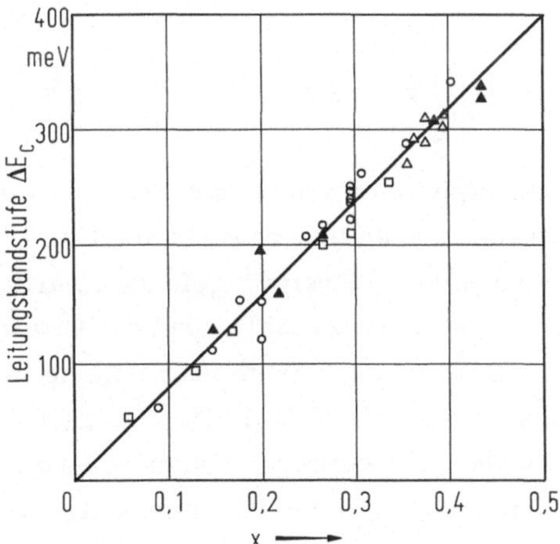

Abb.2.6/5. Leitungsbandstufe bei $(Ga_{1-x}Al_x)As/GaAs$ Heteroübergängen. Experimentell: optisch extern (□) bzw. intern (▲); elektrisch aus Kapazitäts- (0) bzw. Strom-Messungen (∧), berechnet unter Bezug auf konstantes Energieniveau tiefer Störstellen nach
J.M. Langer et al. [2.26].

Diese zunächst rein heuristischen Feststellungen werden durch folgende Überlegung plausibel: Sowohl beim Heteroübergang als auch bei der Einlagerung von Dotieratomen werden die Orbitale der Valenzelektronen polarisiert, beim Heteroübergang zur Erzielung einer optimalen Bindung beider homologen Halbleiter, bei Dotieratomen zur Erzielung einer optimalen Einlagerung. Die sich durch diese Polarisierung ergebenden zusätzlichen Potentialverschiebungen gegenüber dem Vakuumpotential genügen anscheinend einem Additionstheorem. Es muß aber betont werden, daß diese a posteriori-Erklärung der Prüfung durch weitere Forschungsarbeiten bedarf, die derzeit noch im Fluß sind.

Selbstverständlich gilt für die in einem Stufenpotential gefangenen Löcher sinngemäß das Gleiche wie für Elektronen im Leitungsband. So erhalten wir aus Gl.(2.6/10) für Löcher im Valenzband

$$E_h = E_v - \frac{\hbar^2}{2m_h^*} \left[\left(k_x^2 + k_y^2 \right) + \frac{\pi^2}{b^2} n^2 \left(1 - \frac{2}{\beta_h b} \right) \right] . \qquad (2.6/10a)$$

Durch Kombination von Gl.(2.6/10 und 10a) ergibt sich für den Bandabstand und damit z.B. die Absorptionskante innerhalb der Schicht

$$\Delta E = E_c - E_v + \frac{\hbar^2 \pi^2}{2b^2} \left[\frac{1}{m_e^*} \left(1 - \frac{2}{\beta_e b} \right) + \frac{1}{m_h^*} \left(1 - \frac{2}{\beta_h b} \right) \right] . \qquad (2.6/13)$$

Abb.2.6/6 zeigt nun experimentelle Ergebnisse, wie sie beispielsweise aus Photolumineszenzuntersuchungen in $(Ga_{0.47}In_{0.53})As/InP$-Heteroschichten verschiedene Breite b gefunden wurden [2.27]. Das Ga/In-Verhältnis war dabei so gewählt, daß die Gitterkonstante der von InP entspricht. Die eingezeichnete schraffierte Linie zeigt die errechnete Bandabstandszunahme im Falle senkrechter unendlich hoher Potentialwände. Bei der durchgezogenen theoretischen Kurve wurde sowohl die endliche Höhe der Potentialstufen als auch deren Verflachung durch gegenseitige Eindiffusion berücksichtigt. Das Verhältnis von Leitungs- zu Valenzbandstufe wurde entsprechend optischen und elektrischen Messungen an solchen Übergängen gleich 40:60 eingesetzt. Es ist damit eine hervorragende Übereinstimmung mit den experimentellen Daten erreicht. Gleichzeitig erkennt man aber

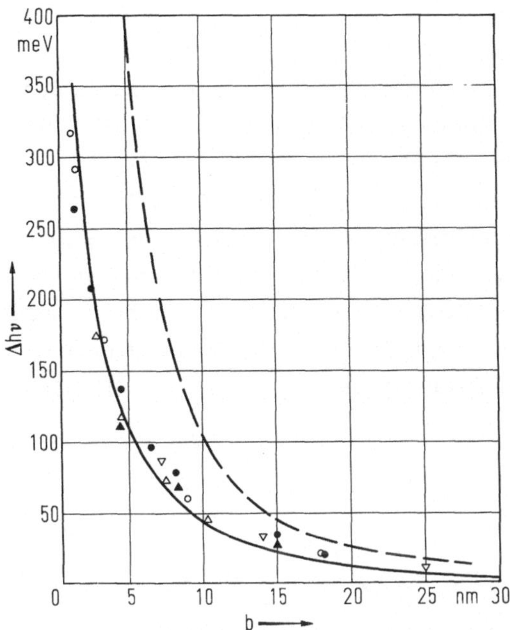

Abb.2.6/6. Energetische Verschiebung der Photolumineszenz $\Delta h\nu$ bei $(Ga_{.47}In_{.53})As/InP$-Heterostruktur in Abhängigkeit von Quantumwellbreite b (nach [2.27]). Experimentelle Daten nach verschiedenen Meßverfahren. Theoretische Kurven: ----- für unendlich hohe Potentialstufen; _____ berechnet für Realstruktur.

auch, wie wichtig eine Kenntnis der realen Verhältnisse für eine fehlerfreie Deutung ist.

Bis jetzt sind wir von Halbleitern mit einer einfachen Bandstruktur, d.h. mit einem Leitungsbandminimum im Γ-Punkt ausgegangen. Die unmittelbare Übertragung dieser Ergebnisse aufs Valenzband war sinnvoll, weil trotz der komplexen Bandstruktur in den hier interessierenden Halbleitern das Valenzbandmaximum bei k = 0 verbleibt und in erster Näherung eine quasi-isotrope Beschreibung mit schweren und leichten Löchern möglich ist. Anders werden aber die Verhältnisse bei indirekten Halbleitern wie beispielsweise bei Silizium, bei dem die einzelnen L-Minima selbst stark anisotrop sind (vgl. Gl.1.6/6). Haben wir beispielsweise eine von (001)-Ebenen begrenzte Siliziumschicht, so werden die /100/- und /010/-Minima anders angehoben als die /001/-Minima; denn für die Anhebung im

ersten Fall ist die kleine Transversal-, im zweiten Fall die größere
Longitudinalmasse maßgeblich, wie dies Abb.2.6/7 für die Abhängigkeit von E in k_x-Richtung, d.h. parallel zur Schichtebene wie-
dergibt. Da das tiefste /001/-Minimum gemäß Gl.2.6/2a mit n = 1
weniger über der ursprünglichen Leitungsbandkante liegt als die beiden anderen Minima, ist dieses am stärksten besetzt. Dies führt -
wie aus der Parabelkrümmung in Abb.2.6/7 ersichtlich - zu einem
größeren statistischen Gewicht der geringeren Transversalmasse im
Kanal (z.B. in x-Richtung) und damit zu erhöhter Längsbeweglich-
keit im Kanal. Dieser Effekt ist besonders bedeutsam in Oberflächenkanälen von MOS-Transistoren.

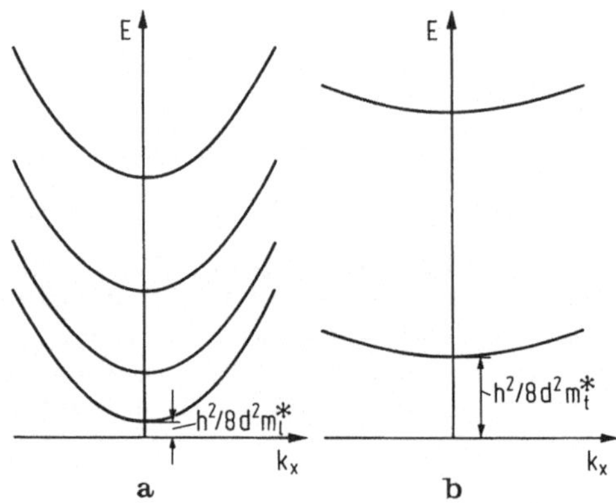

Abb.2.6/7. Bandaufspaltung in einem Kanal an einer Silizium-(001)-
Oberfläche im Falle eines Kastenpotentials. a) [001]-Minimum;
b) [100]-Minimum.

Von der Bauelementeseite her finden Heterostrukturen zunehmendes
Interesse, da sich sowohl Elektronen als auch Löcher im Bereich
niedrigeren Bandabstandes ansammeln und nicht zurück- bzw. aus-
diffundieren können. Dies wird z.B. genützt beim Heterobipolar-
transistor, bei dem der Rückstrom aus der Basis in den Breitband-
emitter vermieden wird, oder bei der Laserdiode zur Erzielung hoher Elektron-Löcher-Konzentrationen in kleinen Bereichen (vgl.
Abschn.3.3.2). Ein weiterer Effekt von Ladungsträgeransammlun-
gen in Heterostrukturen ist bemerkenswert: Ist eine möglichst un-
dotierte Schicht niedrigen Bandabstands in eine z.B. n-dotierte Um-

104

gebung höheren Bandabstands eingebettet, so werden die Elektronen
in dieser Schicht gesammelt. Dort weisen sie hohe Beweglichkeit
auf, da sie mit den geladenen Donator-Rümpfen außerhalb des Potentialtopfs nicht kollidieren können. Dieser Effekt wird besonders
bei tiefen Temperaturen bedeutsam, wo wegen der geringen Phononendichte die Fehlstellenstreuung entscheidend ist (vgl. Abb.4.4/3).
An solchen Strukturen wurden Beweglichkeiten der Größenordnung
10^6 cm^2/Vs bei Temperaturen unterhalb des flüssigen Stickstoffs
nachgewiesen (s. Abb.2.6/8). Für Feldeffekttransistoren, die mit
solchen Schichtstrukturen aufgebaut sind, werden je nach Arbeits-
gruppe Namen wie HEMT (high electron mobility transistor),
MODFET (modulation doped field effect transistor) oder TEG-FET
(two-dimensional electron gas FET) verwendet. Sie werden in
Band 16 dieser Reihe, Abschnitt 7.2.2 besprochen. Hier sei nur
darauf hingewiesen, daß bereits Transitfrequenzen bis zu 100 GHz
realisiert sind, wobei allerdings wegen des hohen Drainfeldes nicht
nur die hohe Beweglichkeit, sondern eine gute Sättigungsgeschwindigkeit und der sog. velocity overshoot (s. Abschn.4.6.6) maßgebend sind. Derzeitige Arbeiten sollen durch neue Materialkombina-

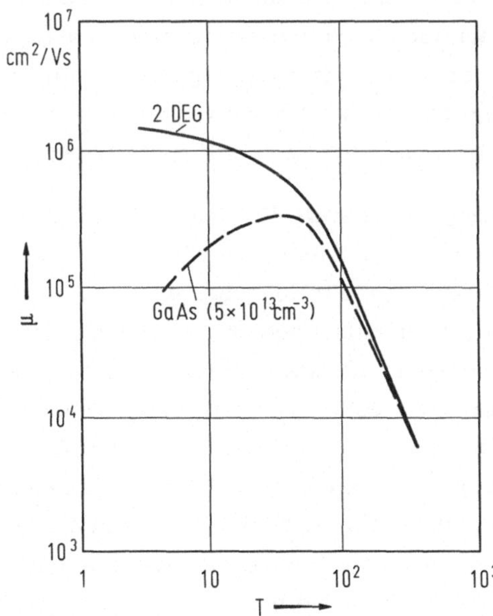

Abb.2.6/8. Beweglichkeit der Elektronen in Abhängigkeit von der
Temperatur: Vergleich zweidimensionales Elektronengas (2 DEG)
mit undotiertem GaAs.

tionen in der Schichtstruktur ähnlich gute Hochfrequenzeigenschaften auch bei Zimmertemperatur erzielen.

Selbstverständlich laden sich durch den Ladungsträgerübertritt die Schichten gegeneinander auf, was zu Potentialverkrümmungen der Bänder führt. Hierdurch werden vor allem die elektrischen Eigenschaften von Heteroübergängen verändert. Dies erklärt zum mindesten teilweise die oft großen Abweichungen zwischen elektrisch und optisch gemessenen Potentialsprüngen.

Bis jetzt waren wir generell davon ausgegangen, daß die Gitterstruktur innerhalb der verschiedenen Halbleiterschichten mit der des entsprechenden Einkristalls übereinstimmt. Dies ist grundsätzlich unmöglich, wenn beide Halbleiter unterschiedliche Gitterkonstante aufweisen. Zu den besprochenen Raumladungen kommen dann noch an den Grenzschichten Gitterverzerrungen hinzu, die Bandstruktur und Beweglichkeit (vgl. Abschn.1.10) weiter beeinflussen. Selbstverständlich ist eine solche Fehlanpassung der Gitterstruktur nur in gewissen Grenzen möglich, bei größeren Unterschieden werden zum Ausgleich Gitterebenen analog Abb.2.1/1 eingeschoben und es bilden sich Versetzungen aus. Solche Versetzungen können bei thermischer oder elektrischer Belastung rasch weiterwachsen, wie vor allem Untersuchungen an Lumineszenz- und Laserdioden gezeigt haben, wo Versetzungen zu nicht strahlender Rekombination führen und als sog. dark spots leicht erkennbar sind.

Da solche Versetzungen generell die Bauelemente-Eigenschaften negativ beeinflussen, ist es wichtig zu wissen, daß um so größere Gitterkonstantenunterschiede tolerierbar werden, je dünner die Schichtdicken sind; denn dünne Schichten können sich weit besser als dicke durch homogene uniaxiale Verzerrung an eine andere Gitterkonstante in der bzw. den Aufwachsebenen anpassen. Dies zeigt für das Beispiel des Systems GaAs/InAs Abb.2.6/9, bei der die maximal versetzungsfrei aufwachsbare Schichtdicke gegen den Gitterkonstantenunterschied aufgetragen ist. Durch die beschriebene Anpassungstoleranz werden die Möglichkeiten von Halbleiterschichtkombinationen beträchtlich erweitert, so daß z.B. auch in Silizium eingebettete Germaniumschichten realisierbar wurden. Vor allem aber läßt sich diese Tatsache bei den im nächsten Abschnitt zu be-

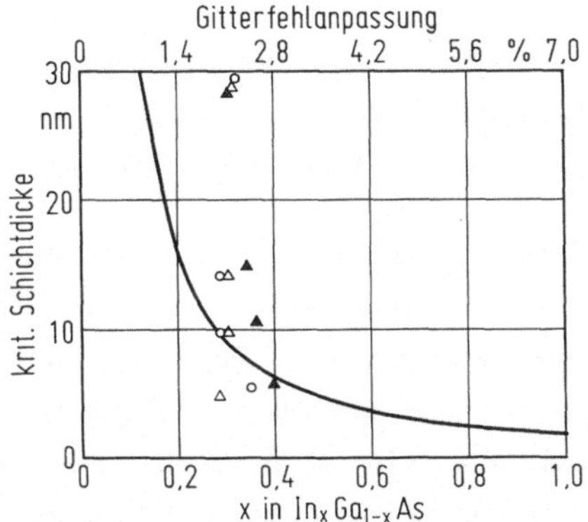

Abb.2.6/9. Versetzungsfreiheit bei Heterostrukturen im Falle des Systems GaAs/InAs. Die ausgezogene theoretische Grenzkurve sagt volle Gitterperfektion bei InAs-Schichten auf GaAs unterhalb 2 nm entsprechend 4 Gitterlagen voraus. Die experimentelle Überprüfung im Bereich einer Fehlanpassung von 2% ergab Störungsfreiheit auch noch bei Schichtdicken deutlich über der Grenzkurve: Nur die 30 nm dicken Schichten zeigten erste Anzeichen von Versetzungsrelaxation [2.27a].

sprechenden Vielschichtstrukturen für eine Erhöhung der Variationsbreite von Materialkombinationen nutzen.

2.6.3 Vielschichtstrukturen

Die soeben erwähnte bessere Gitterkompatibilität ist aber nur ein Aspekt der zunehmenden Forschungsarbeiten an Vielschichtstrukturen. Sie können in neuartigen Bauelement-Konzeptionen nutzbar gemacht werden (vgl. [2.25]) und zeigen Veränderungen in Bandstruktur und optischen Eigenschaften. Diese hängen kritisch davon ab, daß die Ladungsträger von einem Potentialtopf in den benachbarten tunneln können. Die entscheidende Größe hierfür ist die durch β gemäß Gl.(2.6/9) bestimmte Eindringtiefe der Elektronenwelle. Wenn nun eine weitere Schicht des gleichen Halbleiterkristalls in z-Richtung folgt, bevor die Eigenfunktion abgeklungen wäre, so steigt die Aufenthaltswahrscheinlichkeit mit Annäherung an die nächste Schicht wieder an und erreicht dort die alte Höhe.

Besonders interessant wird dies, wenn wir eine Schichtfolge vieler gleicher Perioden haben und die Einzelschichtdicke so klein ist, daß die Kohärenzlänge der Eigenfunktion über viele Perioden hinwegreicht.

Wir können dann auch eine völlig andere Beschreibung anwenden. Dabei läßt sich die Schichtfolge als eindimensionale sogenannte Überstruktur auffassen. Das heißt, dem Kristall ist in dieser Richtung eine Gitterkonstante entsprechend der Periodenlänge zuzuweisen.

Da inzwischen - wie bereits dargelegt - die epitaxiale Abscheidung monoatomarer Lagen beherrschbar wurde, ist eine solche Beschreibung in diesem Fall durchaus sinnvoll. Es können auf diese Weise Halbleiter mit völlig neuartigen anisotropen Eigenschaften geschaffen werden. Betrachten wir als Beispiel den Fall einer solchen monoatomaren Schichtfolge aus zwei verschiedenen homologen Halbleitermaterialien in z-Richtung. Dann verdoppelt sich in dieser Richtung die Periodizitätslänge. Konsequenterweise wird dabei die Brillouinzone gemäß Gl.(1.3/2) um den Faktor 2 kleiner und k_z-Vektoren am Rande der Brillouinzone werden ins Zentrum geklappt. Das bedeutet, daß durch eine solche Schichtstrukturierung aus einem indirekten Halbleiter ein direkter werden kann. Dies könnte insbesondere für optoelektronische Schaltkreise aus Silizium interessant werden, da dieses ja für Lichterzeugung nicht geeignet ist. Bei III-V-Verbindungen ließen sich direkte Halbleiter mit hohem Bandabstand erzielen und damit der kurzwellige Bereich sichtbaren Lichts für lichtemittierende Dioden erschließen. Entsprechende Versuche haben erste Ergebnisse gezeigt.

Trotzdem müssen wir uns im Klaren darüber sein, daß auch von der theoretischen Seite Limitierungen bestehen. Erstens ist das Übergangsverbot nur in einer Richtung aufgehoben, d.h. es können nur Lichtquanten emittiert werden, deren elektrischer Vektor in z-Richtung zeigt. Dementsprechend erfolgt die Lichtemission parallel zur Schichtebene. Außerdem ist für die Emissionswahrscheinlichkeit bekanntlich die Oszillatorstärke maßgebend (vgl. auch Abschn.1.9), so daß wir es mit einer quantitativen Frage zu tun haben.

Anschaulich können wir den kontinuierlichen Abbau des Übergangsverbots mit zunehmendem Unterschied der Halbleiterschichten unter Bezug auf die Überlegungen des Abschn.2.6.1 verstehen. Wir legen wieder ein Kastenpotential (Abb.2.6/10 oben) zu Grunde, das nun eine monoatomare Schichtfolge repräsentieren soll. Bei verschwindender Potentialstufe sind in einem dann einheitlichen Halbleiter die entsprechenden Eigenfunktionen (exakter: Phasenfaktoren der Eigenfunktionen gemäß Gl.1.2/4) bekannt und zwar gilt

für den Γ-Punkt $\psi = 1$

für den X-Punkt (am Rand der Brillouin-Zone) $\psi = \cos \dfrac{\pi z}{b}$

(vgl. Abb.2.6/10 Mitte). Erhöhen wir nun kontinuierlich den Unterschied zwischen den aufeinanderfolgenden Schichten sowohl hinsichtlich E_c als auch m^*, so sind am Übergang die gleichen Randbedingungen zu beachten wie in Abschn.2.6.1. Allerdings ist die Exponentialfunktion im Halbleiter 2 durch eine cosh- bzw. cos-Funktion zu ersetzen, je nachdem ob die Gesamtenergie unter- oder oberhalb E_{c2} liegt. Für die Verhältnisse am Übergang selbst ist dies aber

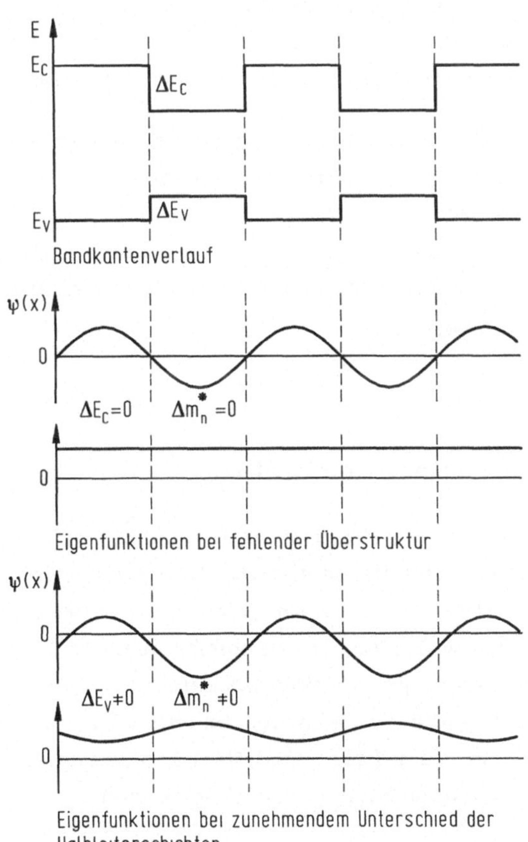

Abb.2.6/10. Aufhebung der Orthogonalität bei monoatomarer Schichtstruktur im Falle eines Leitungsbandes mit X-Minimum und eines Valenzbandes mit Γ-Maximum.

von untergeordneter Bedeutung, so daß wir entsprechend unseren früheren Überlegungen den prinzipiellen Verlauf der Eigenfunktion sofort angeben können, wie dies in Abb.2.6/10 unten für eine Γ- und eine X-Eigenfunktion dargestellt ist. Es ist leicht zu erkennt, daß mit zunehmendem Unterschied zwischen beiden Halbleiterschichten die beiden Eigenfunktionen Anteile enthalten, die der Symmetrie der jeweils anderen entsprechen. Die ursprüngliche Orthogonalität von Γ- und X-Eigenfunktion wird also mit zunehmendem Einfluß der Überstruktur kontinuierlich aufgehoben.

In unserem an die Verhältnisse bei Silizium angelehnten Beispiel indirekter Halbleiter haben wir dem tiefsten Leitungsbandminimum eine X-Funktion zugeordnet; das Maximum des Valenzbandes liegt im Γ-Punkt. Die Orthogonalität beider Eigenfunktionen wird mit zunehmendem Unterschied der Halbleiterschichten abgebaut, so daß die Oszillatorstärke für einen optischen Übergang zunimmt.

Lichtemission an Mehrschichtstrukturen aus monoatomaren Silizium-Germanium-Lagen wurde inzwischen nachgewiesen. Inwieweit aber die schwache Lichtausbeute auf eine geringe Oszillatorstärke oder auf nichtstrahlende konkurrierende Übergänge an Gitterstörungen oder auf eine Kombination beider Effekte zurückzuführen ist, kann heute nicht gesagt werden.

2.7 Bandstruktur an Halbleiteroberflächen

Wenn wir generell Abweichungen von der idealen Periodizität als Störungen behandeln wollen, so gilt dies in besonderem Maße für die Halbleiteroberfläche; denn hier bricht die Periodizität des Gitters in einer Ebene völlig ab. Hinzu kommt gegenüber den bisher betrachteten aus homologen Halbleitern aufgebauten Kanalstrukturen, daß an der Oberfläche Restvalenzen auftreten, wie dies schematisch für eine Silizium-(111)-Oberfläche in Abb.2.7/3a gezeigt ist. Ein solcher Zustand ist grundsätzlich instabil.

Dies wurde z.B. nachgewiesen durch Untersuchungen der Oberflächenstruktur im Höchstvakuum mit Hilfe der Beugung langsamer Elektronen gemäß Abb.2.7/1. Dabei wird die Halbleiteroberfläche

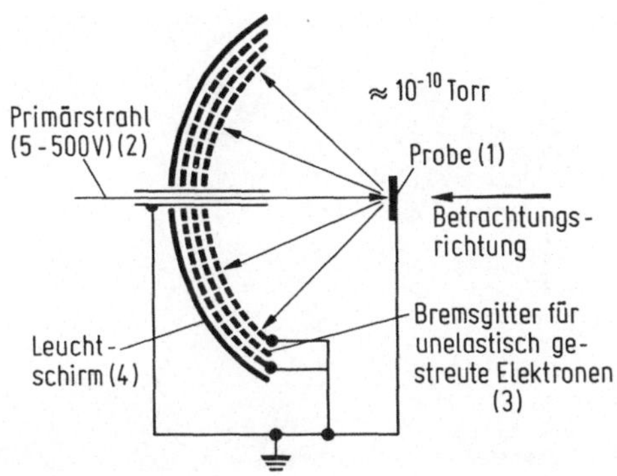

Abb.2.7/1. Beugung langsamer Elektronen (low energy electron diffraction, LEED), Prinzip einer Apparatur mit einer Drei-Gitter-Anordnung.

mit einem Strahl niederenergetischer Elektronen (2) beschossen, so daß diese nur in die ersten Atomlagen der Oberfläche eindringen können. Durch das Gitter (3) werden alle unelastisch gestreuten Elektronen ausgefiltert, so daß nur noch die elastisch gestreuten das Beugungsbild auf dem Schirm (4) erzeugen. Bringt man nun eine Siliziumprobe mit chemisch gereinigter oder gebrochener, glatter (111)-Oberfläche in die Apparatur, so ergibt sich erwartungsgemäß eine der (111)-Oberfläche (wie sie Abb.2.7/3a) zeigt) entsprechende sechszählige Symmetrie (Abb.2.7/2a). Tempert man aber die Probe für längere Zeit oberhalb 700°C bei gleichzeitigem Aufrechterhalten des Vakuums (besser als 10^{-9} Torr), so erscheinen Zusatzpunkte, die einer Elementarzelle entsprechen, die siebenmal größer ist als die Gitterzelle im Siliziumvolumen (Abb.2.7/2b). Für diese Überstruktur wurde eine Deutung vorgeschlagen, die eine vollkommene Absättigung aller Oberflächenvalenzen ermöglicht, wie sie in Abb.2.7/3b wiedergegeben ist. Danach war die dem perfekten Gitter entsprechende Symmetrie der Oberflächenatomlagen in der unbehandelten Probe nur stabil, weil die nach oben zeigenden Restvalenzen (Abb.2.7/3a) durch Fremdatome (z.B. O-, OH-Gruppen) abgesättigt waren.

Im technischen Fall ist immer mit Oberflächenbelegungen durch Fremdatome zu rechnen. Diese rufen zusätzliche Oberflächenterme innerhalb des verbotenen Bandes hervor.

111

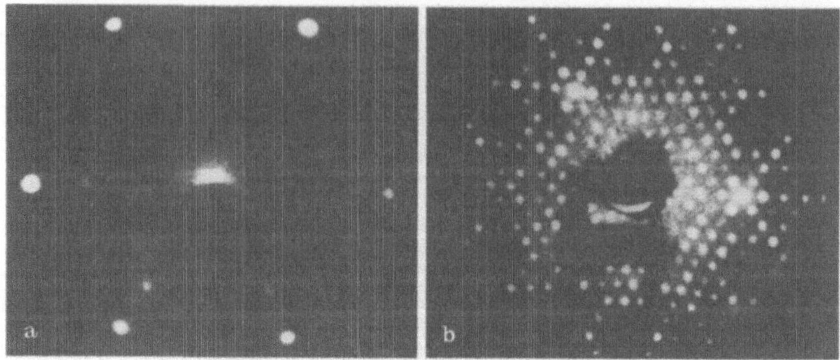

Abb.2.7/2. LEED-Beugungsbilder von (111)-Siliziumoberflächen (nach [2.28]). a) "Normale" (etwas verunreinigte) Oberfläche; b) im Ultrahochvakuum getemperte Oberfläche.

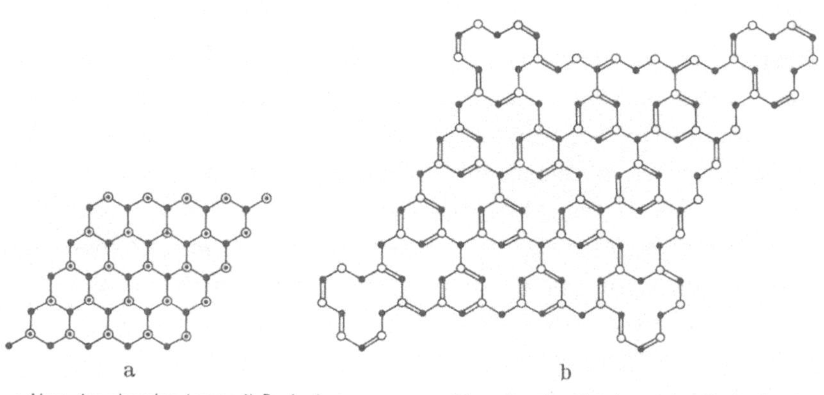

Abb.2.7/3. (111)-Oberfläche von Silizium. a) Ungestörte Oberfläche mit Restvalenzen; b) vorgeschlagenes Modell zur Deutung der 7×7-Struktur (Abb.2.7/2b), ohne Restvalenzen (nach [2.28], modifiziert).

Hauptaufgabe kann es daher nicht sein, Oberflächenbelegungen zu vermeiden, sondern definierte Verhältnisse zu schaffen und reproduzierbar zu beherrschen. Dies gelingt bei Silizium in hervorragender Weise, wenn dessen natürliche Oxydhaut kontrolliert wächst und gezüchtet wird. Bezüglich der hierzu entwickelten Verfahren sei auf Band 4 dieser Reihe verwiesen. Unter optimalen Bedingungen wird eine nahezu vollständige Absättigung der Restvalenzen erzielt, wie dies aus der atomar dichten Belegung zu erkennen ist (vgl. Abb.2.7/4). Wichtig

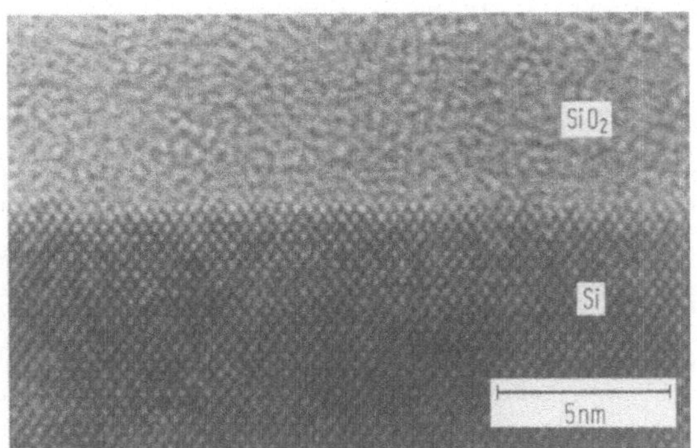

Abb.2.7/4. Querschnitt durch Grenzfläche zwischen (100)-Silizium
und thermischem Oxid. Man erkennt den atomar dichten Anschluß
des amorphen Oxids und gleichzeitig atomare Stufen in der Grenzfläche. (Hochauflösende Elektronenmikroskopie [2.29]).

hierfür ist die Tatsache, daß der Abstand der Siliziumatome in Silizium und Siliziumoxiden nahezu gleich ist. Da aber umgekehrt die
Kristallstrukturen nicht übereinstimmen, setzt ein dichtes Aufwach-
sen eine Art amorpher Struktur der dem Silizium benachbarten Oxid-
lagen voraus. Wichtig ist, daß die Dichte von Oberflächenzuständen
an der Grenzfläche Silizium/Siliziumoxid bis unter 10^{10} cm^{-2} ge-
senkt werden konnte, so daß nur noch für etwa jedes 100 000te Ober-
flächenatom ein Zustand in der verbotenen Zone gefunden wird.

Was hier für den Fall des Siliziums besprochen wurde, gilt sinngemäß für alle Halbleiter, nur fehlt bei den anderen eine ähnlich dichte
Oxid- bzw. Passivierungsschicht, so daß die Beherrschung der
Oberfläche technisch weit schwieriger wird. So werden insbesondere
bei III-V-Verbindungen große Anstrengungen unternommen, ähnlich
gute ans Gitter angepaßte Passivierungsschichten ohne oder mit wohl-
definiertem Gehalt an Donator- bzw. Akzeptorzuständen zu entwik-
keln.

Die Beherrschung der Halbleiteroberfläche ist um so bedeutsamer,
als sie ein unumgängliches und oftmals entscheidendes Element von

Halbleiterbauelementen und -schaltungen darstellt. Sind nämlich die
erwähnten Oberflächenzustände mit Ladungsträgern aus dem Halblei-
terinnern besetzt, so entsteht eine Doppelschicht, gebildet aus der
Ladung in den Oberflächenzuständen einerseits und der Raumladung
im angrenzenden Halbleiterbereich andererseits. Dabei ist die Gesamt-
ladung der Raumladungszone je Flächeneinheit ohne äußeres Feld wegen
der makroskopischen Neutralitätsbedingung stets gleich der Ladung in
den Oberflächenzuständen. Im physikalischen Erscheinungsbild ergibt
sich nun aber ein wesentlicher Unterschied dadurch, ob - bedingt durch
das Vorzeichen der Oberflächenladung - die Majoritätsträger an die
Oberfläche herangezogen oder von ihr weggetrieben werden. Im Falle
einer Anreicherung der Majoritätsträger (vgl. Abb.2.7/3a) nimmt

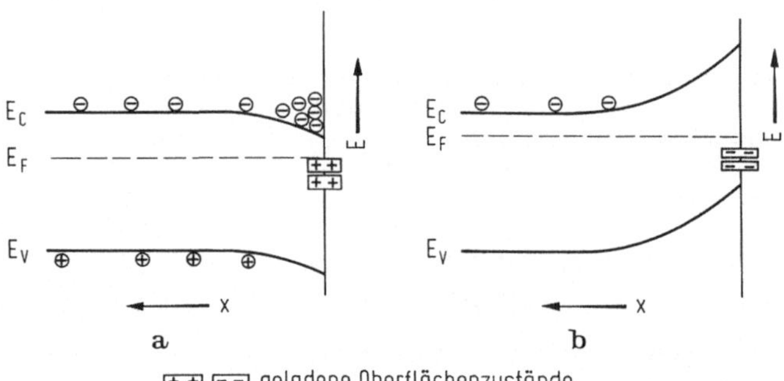

Abb.2.7/5. Bandverbiegung an der Oberfläche eines n-Halbleiters infolge von Oberflächentermen. a) Anreicherung; b) Verarmung.

die Raumladungsdichte ρ mit zunehmender Absenkung des Potentials
φ der Leitungsbandkante exponentiell zu

$$\rho = - e(n - n_0) = - en_0\left[\exp\left(- \frac{\varphi}{k_B T}\right) - 1\right], \qquad (2.7/1)$$

wenn n_0 die Ladungsträgerkonzentration infolge der Dotierung im
Halbleiterinneren bedeutet. Im Fall einer Verarmung an Majoritätsträgern können diese maximal ausgeräumt werden, und man erhält
im großen Bereich der Raumladungszone eine Ladungsdichte, die durch
die Dichte N_D der ionisierten Donatoren gegeben ist

$$\rho = eN_D. \qquad (2.7/2)$$

Es erhellt sofort, daß bei gleicher Dotierung die Breite b der Raumladungszone im zweiten Fall größer ist und dementsprechend höhere
Potentialunterschiede φ_0 zwischen Halbleiter-Innerem und Oberfläche
erreicht werden:

$$\varphi_0 = \frac{eN_D b^2}{2\varepsilon} \; .$$

(2.7/3)

Die oben erwähnte Gleichheit von Ladung in den Oberflächenzuständen
und in der anschließenden Raumladungszone führt in diesem Fall zu
der einfachen Relation

$$N_D b = N_A^{(-)} \; ,$$

(2.7/4)

wenn $N_A^{(-)}$ die Anzahl der besetzten Oberflächenakzeptoren je Flächeneinheit darstellt. Eliminiert man b aus 2.7/3, so erhält man

$$\varphi_0 = \frac{eN_A^{(-)2}}{2\varepsilon N_D} \; .$$

(2.7/5)

Dies zeigt, daß die Oberflächenpotentiale mit abnehmender Dotierung
bzw. auch zunehmender Reinheit ansteigen.

Wird φ_0 vergleichbar mit dem Bandabstand, so bildet sich an der
Oberfläche ein Kanal des entgegengesetzten Leitungstyps aus. Ein solcher Kanal kann das Sperrverhalten von Gleichrichtern beeinträchtigen
und z.B. im Extremfall Emitter- und Kollektorbereich eines Transistors mit einander kurzschließen. Zur Vermeidung derartiger Störungen sind daher entsprechende Oberflächenbehandlungen entwickelt
worden, die einesteils auf höhere Reinheit der Halbleiteroberfläche
hinzielen oder durch angelagerte Ladungen oder Dipole die Oberflächenzustände kompensieren (vgl. hierzu Band 4 dieser Reihe).

Besondere Bedeutung haben diese Oberflächenterme bei MOS-Transistoren gewonnen, da dort die Leitfähigkeit in Oberflächenkanälen aktiv
eingesetzt wird. Für eine wirksame Steuerung der Oberflächenkanäle
vom Gate her darf die Gesamtdichte der Oberflächenterme einige
$10^{11}/\mathrm{cm}^2$ nicht überschreiten. Dies wird bei Silizium heute durch ent-

sprechende Reinheitsmaßnahmen technisch hervorragend beherrscht.
Die verbleibenden Oberflächenterme gruppieren sich in "Ausläufern",
die sich von Valenz- und Leitungsband in das verbotene Band hinein erstrecken (Abb.2.7/6). Möglicherweise sind diese verbleibenden
Oberflächenzustände mit einer Dichte von minimal $10^{10}/cm^2$ statistisch verteilten Restvalenzen zuzuschreiben, die wegen der Fehlanpassung von Oxid- und Siliziumgitter nicht abgesättigt werden können.

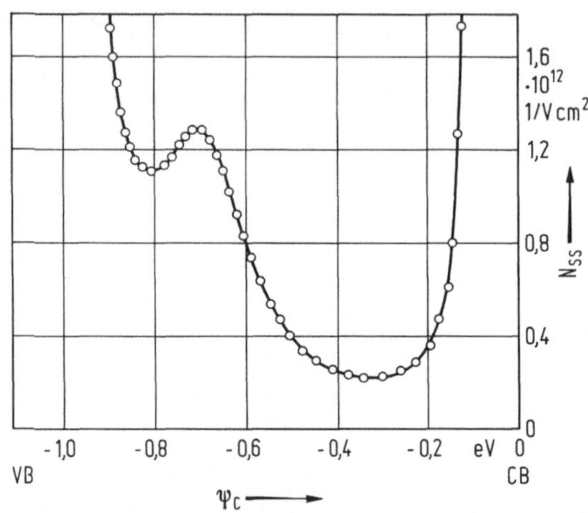

Abb.2.7/6. Typische Termverteilung innerhalb des verbotenen Bandes
an der $Si-SiO_2$-Grenzfläche (nach [2.30]). Die Untersuchungen wurden
aus meßtechnischen Gründen an einer weniger guten Grenzfläche durchgeführt. Der prinzipielle Verlauf entspricht auch dem der besten Proben
mit einem Minimum von $2 \cdot 10^9\,V^{-1}cm^{-2}$ in der Bandmitte.

Daneben finden sich häufig auch Maxima in der energetischen Verteilung, bevorzugt mit Akzeptorcharakter, die Verunreinigungen oder
auch einem Sauerstoffüberschuß im Oberflächenbereich des Siliziums
zugeschrieben werden [2.30].

2.8 Bandstruktur bei Korngrenzen und Versetzungen

Hinsichtlich der Bandstruktur an Korngrenzen und Versetzungen können wir uns vor allem auf die Verhältnisse an Oberflächen beziehen.
Ebenso wie dort lagern sich wegen freier Restvalenzen und Gitterverzerrungen an Korngrenzen und Versetzungen bevorzugt Fremdatome an,

116

die zu speziellen Störtermen und analogen Potentialverhältnissen führen. Es entstehen also dort auch Anreicherungs- bzw. Verarmungs-
zonen von Ladungsträgern. Werden z.B. Minoritätsträger durch die
bestehenden Potentialverhältnisse in den Bereich einer solchen Korngrenze gezogen, so werden sie dort bevorzugt über die Störstellen
der Korngrenze rekombinieren. Der Wirkungsquerschnitt solcher Störstellen wird also durch die Anlagerung an die Korngrenze stark vergrößert. Dies läßt sich z.B. sichtbar machen in einer Lumineszenz-
diode, wo durch solche Mechanismen die nichtstrahlende Rekombination im Bereich von Versetzungen stark begünstigt wird. Dies zeigt
Abb.2.8/1 am Beispiel einer GaAs-Diode, bei der sich auf Grund spezieller Präparationsbedingungen ein Netzwerk von Versetzungen aus-
gebildet hatte. Dieses erscheint bei Lichtemission als dunkles Netzwerk
im sonst strahlenden Untergrund. Die Breite der dunklen Linien ist bestimmt durch den Einzugsbereich der Versetzungslinie, d.h. sie entspricht bei Zimmertemperatur der Diffusionslänge der Träger im ungestörten Material und verengt sich mit abnehmender Temperatur bis
auf die durch Gl.(2.7/4) gegebene Breite der die Versetzungslinie umgebenden Raumladungszone. Im Bereich einer solchen Korngrenze oder
Versetzung bildet sich unterschiedliche Längs- und Querleitfähigkeit
aus, die je nach Vorzeichen der Potentialverbiegung unterschiedlich
auf Elektronen und Löcher wirkt. Dies ist besonders bedeutsam, wenn

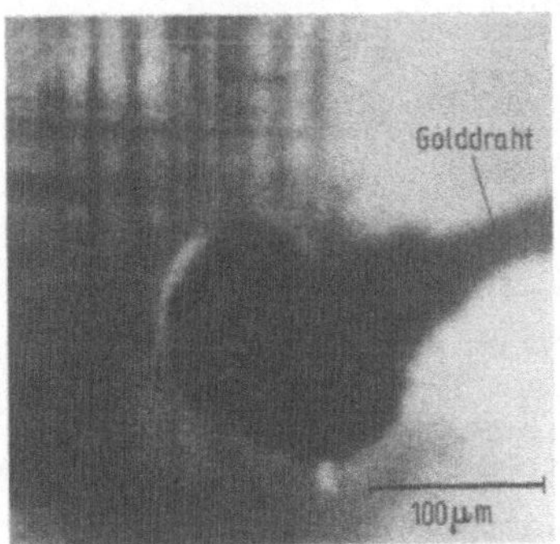

Abb.2.8/1. Leuchtbild einer Infrarot-emittierenden GaAs-Lumines-
zenzdiode mit nichtstrahlenden Versetzungen (nach [2.31]). An dem
durch Verspannungen entstandenen Netzwerk von Versetzungen in
(100)- und (010)-Richtungen rekombinieren die injizierten Ladungs-
trager strahlungslos, so daß diese als dunkle Striche erscheinen. Die
Breite dieser Striche ist durch die Diffusionslänge der Ladungsträger
bestimmt.

der Strom beim Durchgang durch einen Halbleiter derartige Potentialbarrieren an Korngrenzen oder Versetzungsnetzwerken, z.B. Kleinwinkelkorngrenzen, überwinden muß. Es erscheint dann im Widerstand
ein zusätzlicher Faktor, der den veränderten Strombahnen Rechnung
trägt. Er hängt im Fall einer thermischen Überwindung der Potentialbarriere exponentiell von $\varphi/k_B T$ ab.

Solche Korngrenzbarrieren werden technisch beim ferroelektrischen
Kaltleiter aus $BaTiO_3$ genutzt. Die spezifische Temperaturabhängigkeit der Permeabilität in diesen Materialien spiegelt sich gemäß
Gl.(2.7/5) in der Höhe der Potentialbarrieren und führt zu einem
technisch hochinteressanten Temperaturgang des Widerstands (vgl.
Abb.2.8/2). Eine weitere wichtige Anwendung solcher Korngrenzbarrieren findet sich bei keramischen Varistoren, wo der spannungs-
erzwungene Durchbruch der Potentialbarrieren an Korngrenzen für
den Überlastschutz genutzt wird. Solche Varistoren haben wegen des
hohen Energieaufnahmevermögens der im ganzen Volumen des Bauelements verteilten Korngrenzen breite Anwendung gefunden. Bezüglich der Einzelheiten solcher Korngrenzbauelemente sei auf Band 18
dieser Reihe verwiesen.

Bei Halbleiterbauelementen aus Silizium, Germanium und III-V-Verbindungen sind Versetzungen und Korngrenzen (einschl. Kleinwinkelkorngrenzen) nur störend und es gilt sie durch geeignete Präpara-
tionsverfahren zu vermeiden.

Auf einen Punkt bezüglich polykristalliner halbleitender Materialien
sei schließlich noch hingewiesen: Hochdotiertes polykristallines Silizium wird an vielen Stellen in integrierten Schaltungen für leitende
Verbindungen eingesetzt, weil es im Gegensatz zu Metallen auch
Hochtemperaturprozeßschritte unbeschadet überdauert. Solche
Schichten sind zur Erzielung guter Leitfähigkeit so hoch wie möglich
dotiert. Aus diesem Grund sind die Korngrenzbarrieren gemäß
Gl.(2.7/4) extrem dünn. Sie werden durchtunnelt und liefern nur
einen kleinen Beitrag zum Widerstand. Für spezielle Zwecke, z.B.
bei Sensoren werden auch schwächere Dotierungen verwendet, so
daß die Korngrenzbarrieren ganz oder teilweise thermisch überwun-
den werden müssen. Dieser Effekt kann dann zur Steuerung des Tem-
peraturkoeffizienten des Widerstands eingesetzt werden.

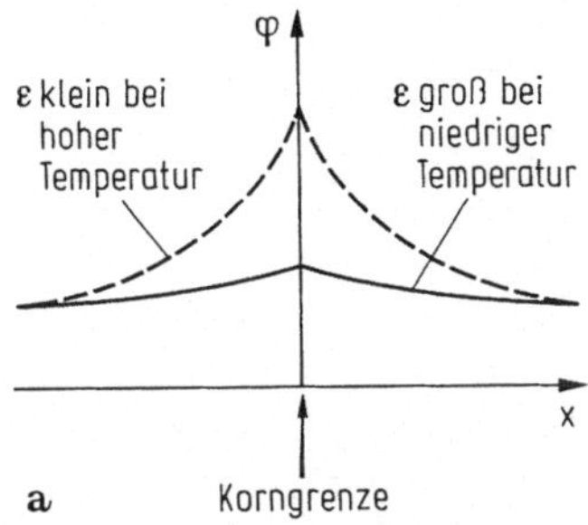

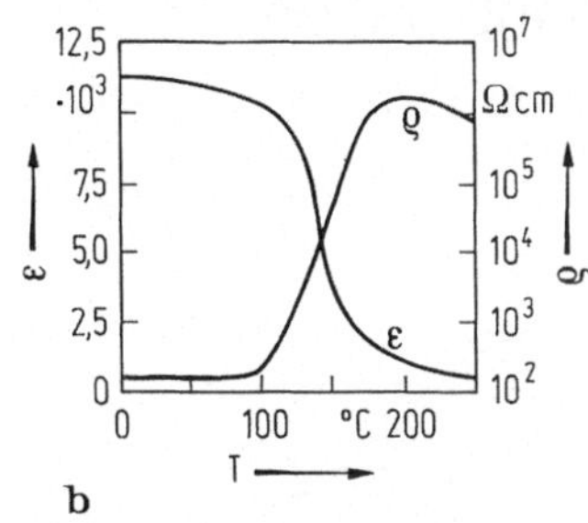

Abb.2.8/2. Temperaturabhängige Potentialbarriere an Korngrenzen in BaTiO$_3$ (a) und anomaler Anstieg des spezifischen Widerstandes ϱ oberhalb der ferroelektrischen Curietemperatur (b) (nach [2.32]).

3 Rekombination

3.1 Das thermodynamische Gleichgewicht der Ladungsträger und seine Einstellung

Die beiden ersten Kapitel waren einem Überblick über die Termstrukturen von Halbleitern gewidmet. Hinsichtlich der Besetzung dieser Zustände haben wir uns auf das Pauli-Prinzip bzw. auf die Fermi-Statistik zu stützen, die die Wahrscheinlichkeit $W(E)$ der Besetzung eines Terms in Abhängigkeit der Energie angibt:

$$W(E) = 1 \left/ \left(\exp \frac{E - E_F}{k_B T} + 1 \right) \right. . \qquad (3.1/1)$$

Solange die Fermi-Kante E_F im Inneren der verbotenen Zone liegt und keine "Entartung" vorliegt, läßt sie sich durch die Boltzmann-Näherungen ersetzen, im Leitungsband durch

$$W \approx \exp\left(- \frac{E - E_F}{k_B T} \right) , \qquad (3.1/1a)$$

im Valenzband durch

$$1 - W \approx \exp\left(\frac{E - E_F}{k_B T} \right) . \qquad (3.1/1b)$$

Die Gesamtzahl der Ladungsträger im Leitungs- bzw. Valenzband ergibt sich aus dem Integral über die Zustandsdichte $N(E)$ mal der Besetzungswahrscheinlichkeit $W(E)$ bzw. $1 - W(E)$. Man erhält im nichtentarteten Fall

120

$$n \approx \int_{E_c}^{\infty} N(E)W(E)dE = N_c \exp\left(-\frac{E_c - E_F}{k_B T}\right), \qquad (3.1/2a)$$

$$p \approx \int_{-\infty}^{E_v} N(E)(1 - W(E))dE = N_v \exp\left(\frac{E_v - E_F}{k_B T}\right). \qquad (3.1/2b)$$

Zur Berechnung der hier eingeführten Bandgewichte N_c und N_v benötigt man die Zustandsdichte N in ihrer Abhängigkeit von der Energie E. Hinsichtlich des allgemeinen Zusammenhangs mit der bisher betrachteten Dispersionsbeziehung $E(\vec{k})$ sei auf Kapitel 4.1 verwiesen. Für rein parabolische Bänder erhält man im isotropen Fall

$$N_{c,v} = 2\left(\frac{2\pi m^*_{n,p} k_B T}{h^2}\right)^{3/2} \qquad (3.1/3)$$

oder durch Einsetzung der Werte

$$N_{c,v} = 2 \cdot 10^{19} \left(\frac{m^*_{n,p}}{m_0}\right)^{3/2} \left(\frac{T}{T_z}\right)^{3/2} cm^{-3}, \qquad (3.1/3a)$$

wenn m_0 die freie Elektronenmasse und T_z die Zimmertemperatur bedeuten; d.h. für $m = m_0$ und $T = T_z$ liegt das effektive Bandgewicht etwa um den Faktor 1000 unter der Anzahl der Gitterzellen je cm^3. Setzt sich das Leitungsband aus mehreren Nebenminima zusammen, so ist zunächst deren statistisches Gewicht zu ermitteln. Man erhält analog Gl.(3.1/3) für das ν-te Teilband

$$N_\nu = 2\left(\frac{2\pi k_B T}{h^2}\right)^{3/2} m_t m_l^{1/2} \qquad (3.1/3b)$$

(m_t, m_l transversale bzw. longitudinale Masse). Um hieraus N_c zu erhalten, muß man noch mit der Anzahl äquivalenter Nebenminima in der ersten Brillouin-Zone multiplizieren, wie bereits am Ende von Abschn. 1.6 erwähnt.

In Kap.3 wollen wir uns nun damit beschäftigen, wie sich die Gleichgewichtsbesetzung der Bänder und Störstellen wieder einstellt, wenn

sie durch einen Eingriff von außen gestört wurde. Nach einem solchen
Eingriff laufen verschiedene Relaxationsprozesse ab: Wiederherstel-
lung einer lokalen thermischen Gleichgewichtsverteilung der Elektronen immerhalb der Bänder, Austausch von Elektronen zwischen den
Bändern und Austausch zwischen den Bändern und den Störtermen,
bis schließlich der Ausgangszustand wieder erreicht ist. Von diesen
Relaxationsprozessen läuft nun die Gleichgewichtseinstellung innerhalb der Bänder am raschesten und zwar im Verlauf von Picosekun-
den ab. Diese gewinnt erst Bedeutung für die Transportphänomene
und wird daher in Kap. 4 näher besprochen.

Für dieses Kapitel wollen wir generell voraussetzen, daß sich das
Teilgleichgewicht innerhalb des Leitungsbandes bzw. Valenzbandes sofort einstellt. Dann läßt sich die Ladungsträgerverteilung innerhalb
dieser Bänder durch entsprechende Fermi-Verteilungen mit eigener
bandspezifischer Fermi-Energie E_{Fn} bzw. E_{Fp} beschreiben. Man
erhält damit für Elektronen im Leitungsband

$$
W_n = 1 \Big/ \left(\exp \frac{E - E_{Fn}}{k_B T} + 1 \right) \qquad (3.1/4a)
$$

und für Löcher im Valenzband

$$
W_p = 1 \Big/ \left(\exp \frac{E_{Fp} - E}{k_B T} + 1 \right) . \qquad (3.1/4b)
$$

Die hier eingeführten Parameter E_{Fn} und E_{Fp} werden als Quasi-
Fermi-Niveaus bezeichnet.

Diese Quasi-Fermi-Niveaus können ihre Lage sowohl zeitlich als auch
örtlich ändern. Letzteres ist z.B. der Fall, wenn die Störung des
Gleichgewichts durch Injektion erfolgte. Dann ist i.a. gleichzeitig die
örtliche Neutralität durch den Eingriff aufgehoben, und es fließen zusätzlich örtliche Ausgleichsströme, die bevorzugt von den Majoritätsträgern getragen werden.

Maßgeblich für den Abbau von Störungen der örtlichen Neutralität ist
die dielektrische Relaxationszeit

$$
\tau_R = \varepsilon / \sigma . \qquad (3.1/5)
$$

Diese muß verglichen werden mit der zur Einstellung des Gleichgewichts zwischen Valenz- und Leitungsband nötigen Rekombinationszeit, die wir im folgenden kurz mit τ bezeichnen wollen.

Man unterscheidet nun zwei Extremfälle: Ist $\tau \ll \tau_R$, so stellt sich das Gleichgewicht zwischen Valenz- und Leitungsband rascher ein als die Neutralität. Ist hingegen $\tau_R \ll \tau$, so stellt sich die örtliche Neutralität immer rascher ein als das Gleichgewicht zwischen Leitungs- und Valenzband.

Für das physikalische Erscheinungsbild sind nun vor allem die am langsamsten ablaufenden Vorgänge maßgebend; denn diese bleiben am längsten beobachtbar.

So lange der als Relaxationsfall bezeichnete erste Fall erfüllt ist, können wir daher auch bei Störung des Gleichgewichts, z.B. durch einen äußeren eingeprägten Strom, immer örtliche Gleichheit der Quasi-Fermi-Niveaus voraussetzen [3.1,3.2, 3.3], d.h.

$$E_{Fn} = E_{Fp} \quad \text{oder} \quad np = n_i^2 \ . \tag{3.1/6}$$

Der Relaxationsfall tritt gemäß Gl.(3.1/5) bei sehr hochohmigen Materialien auf. Diese haben vor allem technische Bedeutung bei photoelektrischen Halbleitern, wie sie in der Xerographie verwendet werden, oder bei quasieigenleitenden Substratmaterialien, wie z.B. semiisolierendem GaAs.

Bei den für die meisten Halbleiterbauelemente angewendeten höheren Leitfähigkeiten liegt der Fall zwei vor, den man entsprechend dem das Erscheinungsbild prägenden Phänomen als den Rekombinationsfall bezeichnen kann. Hier stellt sich die örtliche Neutralität immer rascher ein als das örtliche thermodynamische Gleichgewicht zwischen den Trägerdichten. Die sog. Neutralitätsbedingung ist primär erfüllt und hat sich für die Behandlung von Bauelemente-Problemen als äußerst nützlich erwiesen (vgl. Abschn. 4.4). Man sollte sich aber ihrer Grenzen immer bewußt bleiben.

In den folgenden Abschnitten wollen wir uns nun auf den Rekombinationsfall beschränken und die für den Übergang der Elektronen vom Leitungs- zum Valenzband maßgeblichen Mechanismen näher betrachten.

3.2 Trägerlebensdauer und -diffusion

Obwohl im Rekombinationsfall grundsätzlich die Trägerlebensdauer
für die Gleichgewichtseinstellung maßgeblich ist, müssen wir im
Realfall mit zusätzlichen Effekten rechnen, die durch örtliche Un-
gleichgewichte hervorgerufen werden. So gilt bekanntlich für die
Diodenkennlinie bei einseitiger Injektion beispielsweise aus einem
hochdotierten n-Bereich (vgl. z.B. Band 1 dieser Reihe,
Abschn. 7.4)

$$I \sim \frac{\lambda_n}{\tau_n} \left(\exp\left(eU/k_B T \right) - 1 \right). \qquad (3.2/1)$$

Anschaulich läßt sich dieser Zusammenhang leicht verstehen: Die
über die Barriere aus dem n-Bereich injizierten Elektronen drin-
gen in eine durch die Diffusionslänge λ_n bestimmte Schichtdicke
ein. Hier rekombinieren sie mit den Majoritätsträgern des p-Be-
reichs mit einer Wahrscheinlichkeit umgekehrt proportional ihrer
Lebensdauer τ_n. Damit wird der Stromkreis geschlossen und der
Faktor λ_n/τ_n unmittelbar einsichtig. Nun ist die Diffusionslänge
selbst von der Trägerlebensdauer abhängig; denn sie ist definiert
als der Weg, den die Elektronen während ihres Aufenthalts im
p-Bereich vor der Rekombination durch Diffusion im Mittel zurück-
legen. Es gilt daher gemäß den Gesetzen der Statistik

$$\lambda = \sqrt{D\,\tau}. \qquad (3.2/2)$$

Die Trägerlebensdauer ist also der maßgebliche Halbleiterparameter
für den Vorfaktor in Gl. (3.2/1) und damit die Höhe des Sättigungs-
stroms. Hohe Werte von τ sind entscheidend bei Leistungshalblei-
tern; umgekehrt ist die Trägerlebensdauer ein begrenzender Faktor
für die Frequenzgrenze bipolarer Bauelemente.
Sie läßt sich auch ohne p-n-Übergang bestimmen, wenn man das benötigte
örtliche Ungleichgewicht der Ladungsträger durch einen lokalen Lichtimpuls erzeugt (s. Abb. 3.2/1). Dabei wird auf einem Halbleiterstäbchen
eine sperrende Elektrodenspitze aufgesetzt und der Strom durch
diese in Abhängigkeit vom Abstand von der anregenden Lichtsonde
gemessen. Um störende Einflüsse anderer Lichtquellen zu vermeiden, unterbricht man üblicherweise den Strahl der Lichtsonde mit
einem Chopper. Man erhält bei ausreichendem Abstand einen Abfall

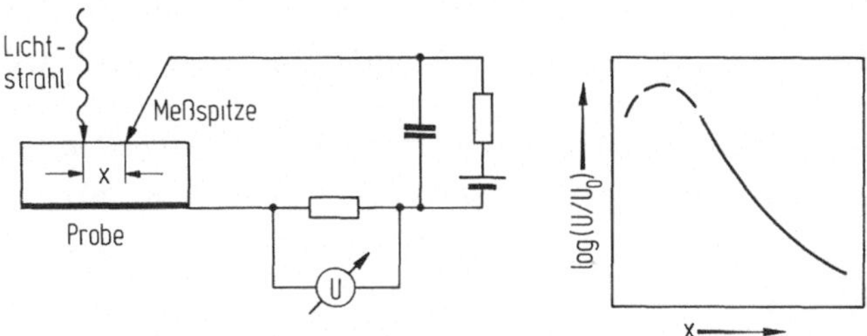

Abb.3.2/1. Messung der Diffusionslänge nach Morton-Haynes (nach [3.5]).

des Photostroms $\sim \exp(-x/\lambda)$, wenn x den Abstand zwischen Elektrode und Lichtsonde bezeichnet. Die beschriebene Methode ermittelt somit die z.B. bei Leistungsbauelementen entscheidende Diffusionslänge unmittelbar. Eine solche Messung ist aber auch dann von Bedeutung, wenn im Falle hoher Haftstellenkonzentration oder bei Bandverbiegungen wie bei amorphen Halbleitern die Ladungsträger zeitweilig lokal gespeichert werden und Gl.(3.2/2) nicht unmittelbar anwendbar ist. Eine wesentliche Störung der Messung tritt dann ein, wenn sich durch Inversionsschichten Oberflächenkanäle ausbilden, in denen sich die Signale schneller als durch Ladungsträgerdiffusion ausbreiten, so daß zu hohe Diffusionslängen gemessen werden, ein für Materialcharakterisierung bei Leistungsbauelementen wichtiger Effekt.

Verfahren, bei denen die Diffusion möglichst vermieden wird, sind somit von hoher grundsätzlicher Bedeutung. Dies setzt die Erzeugung einer homogenen Dichte zusätzlicher Minoritätsträger im gesamten Meßvolumen voraus. Erzeugt wird eine solche homogene Anregung z.B. mittels eines Laserimpulses geeigneter Wellenlänge, d.h. entsprechend hoher Eindringtiefe. Es kann dann das Abklingen der Probenleitfähigkeit gemessen und im Falle eines exponentiellen Abklingens die Trägerlebensdauer direkt bestimmt werden. Man muß sich aber auch in diesem Falle vor Augen halten, daß eine homogene Anregung noch nicht ein homogenes Abklingen garantiert; denn im Falle lokaler Anhäufung von Rekombinationszentren wird der Abklingvorgang durch diese, d.h. das Hindiffundieren der Ladungsträger zu den Stellen höchster Rekombination bestimmt. Da die Oberfläche i.a. einen Ort hoher Rekombinationswahrscheinlichkeit darstellt und diese bei allen Halbleiterbauelementen eine ausschlaggebende Rolle spielt, sei ihr Einfluß hier kurz beschrieben.

Man charakterisiert sie dabei üblicherweise durch eine Rekombinationsrate, die zur Zahl der Zusatzladungsträger $n - n_0$ proportional ist

$$c_s = s(n - n_0).$$ (3.2/3)

Dieser Rekombinationsstrom muß gleich sein der Normalkomponente des Diffusionsstroms $\vec{i}_{Diff} = - D \, grad \, n$, d.h.

$$D \, grad_n \, n = - s(n - n_0).$$ (3.2/4)

Der dabei eingeführte Proportionalitätskoeffizient s wird entsprechend seiner Dimension als Oberflächenrekombinationsgeschwindigkeit bezeichnet.

Volumen- und Oberflächenrekombination wirken nun in der Weise zusammen, daß letztlich eine durch beide bestimmte effektive Trägerlebensdauer gemessen wird. Sie ist z.B. bei einer ebenen Platte der Dicke d gegeben durch den genäherten Zusammenhang

$$\frac{1}{\tau_{eff}} = \frac{1}{\tau_v} + \frac{1}{d/2s + d^2/D\pi^2}.$$ (3.2/5)

Dieser läßt sich analog zu unseren Überlegungen bei einer Diode anschaulich durch ein Schaltungsnetzwerk interpretieren, bei dem die Ladungsträger entweder durch den "Volumen-Rekombinationswiderstand" τ_v/d direkt oder über die Reihenschaltung von "Diffusionswiderstand" $d/D\pi^2$ und "Rekombinationswiderstand" an der Oberfläche 1/2s rekombinieren (vgl. Abb.3.2/2). Eine Trennung von Oberflächen- und Volumenrekombination gelingt entweder präparativ durch Messung gedünnter Proben oder Erhöhung der Rekombinationsgeschwindigkeit s auf quasi ∞ mittels Sandstrahlen oder auch meßtechnisch durch oberflächennahe Anregung. Bezüglich der Ableitung der entsprechenden Zusammenhänge muß aber auf Spezialliteratur [3.4] verwiesen werden. Hier sollte generell gezeigt werden, daß nur bei Verwendung mehrerer Methoden, z.B. bei der Materialcharakterisierung Fehlinterpretationen vermieden werden können.

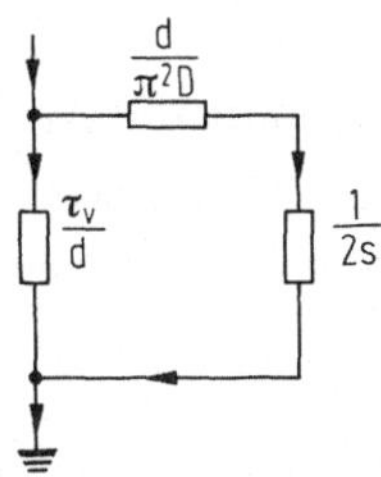

Abb.3.2/2. Zusammenwirken von Volumen- und Oberflächenrekombination bei einer ebenen Scheibe (nach [3.4]).

3.3 Band-Band-Rekombination

In Abschn.1.9 haben wir bereits die quantenmechanischen Voraussetzungen für einen optischen Band-Band-Übergang näher besprochen. Er ist der inverse Prozeß zum inneren Photoeffekt. Wegen des Impuls- bzw. $\vec{k}$-Erhaltungssatzes sind derartige Übergänge auf sog. direkte Halbleiter beschränkt.

Bei indirekten Halbleitern müßte zur Erfüllung des Impulssatzes noch zusätzlich ein Phonon mit einem Wellenvektor $\vec{k}$ am Rande der Brillouin-Zone emittiert werden. Dieser Prozeß ist sehr unwahrscheinlich, weswegen die Rekombination in indirekten Halbleitern bevorzugt über Störstellen verläuft. Auf diese Prozesse soll im Abschn.3.4 näher eingegangen werden.

Als wesentlicher weiterer Band-Band-Übergang ist jedoch der Auger-Prozeß zu nennen. Hier gibt das mit einem Loch rekombinierende Elektron Energie und Impuls an ein anderes Elektron bzw. Loch (das als Quasiteilchen durchaus einem Elektron äquivalent ist) ab. Dieses kommt damit zunächst in eine hohe Anregungsstufe innerhalb des entsprechenden Bandes, kann aber diese Energie in einem Mehrstufenprozeß - ohne Strahlung - wieder abgeben. Wegen der Beteiligung mehrerer Teilchen hat der Auger-Prozeß vor allem bei höherer Teilchendichte Bedeutung. Der inverse Vorgang zum Auger-Prozeß ist die Stoßionisation (vgl. Abschn.4.6.5), bei der z.B. durch ein äußeres Feld ein Teilchen auf hohe Energie angeregt wird und dann durch Stoß ein Elektron aus dem Valenz- ins Leitungsband anhebt.

3.3.1 Rekombinationskinetik bei schwacher Anregung

Als erstes soll im folgenden Abschnitt die Kinetik der direkten Rekombination zwischen Leitungs- und Valenzband näher betrachtet werden. Hierfür gilt, wenn man mit n und p Elektronen- und Löcherkonzentration bezeichnet,

$$\frac{\partial n}{\partial t} = \frac{\partial p}{\partial t} = -\, r\,n\,p + G; \qquad\qquad (3.3/1)$$

denn die Anzahl der rekombinierenden Teilchen ist proportional sowohl der Dichte der Elektronen als auch der Dichte der Löcher. Der Proportionalitätsfaktor wird als Rekombinationskoeffizient r bezeichnet. Daneben verläuft selbstverständlich der inverse Prozeß, der durch die Generationsrate G beschrieben wird. Diese ist unabhängig von n und p, da die Anzahl der Elektronen im Valenzband und der freien Plätze im Leitungsband groß ist gegen n und p und damit angenähert konstant bleibt.

Im Gleichgewicht gilt $\partial n/\partial t = \partial p/\partial t = 0$. Somit erhält man zwischen G und r folgenden Zusammenhang:

$$G = r\,n_o p_o \,, \qquad\qquad (3.3/2)$$

wobei mit n_o und p_o die Gleichgewichtswerte für n und p bezeichnet sind. Wegen der aus Gl.(3.1/2a und b) folgenden bekannten Relation

$$n_o p_o = n_i^2 = N_C N_V \exp\left(-\,\frac{E_c - E_v}{k_B T} \right) \qquad\qquad (3.3/3)$$

ist

$$G = r\,n_i^2 \qquad\qquad (3.3/2a)$$

nicht von der Dotierung, sondern nur von der Temperatur abhängig. Der Rekombinationskoeffizient r ist im wesentlichen bestimmt durch den Wirkungsquerschnitt q und die mittlere relative thermische Geschwindigkeit v_{th}

$$r = v_{th}\,q; \qquad\qquad (3.3/4)$$

denn innerhalb einer Sekunde können nur die in diesem Volumen enthaltenen Elektronen mit einem Loch rekombinieren. Für v_{th} erhält

128

man wegen

$$\frac{1}{2}\, m^*_{eff}\, v^2_{th} = \frac{3}{2}\, k_B T \qquad\qquad (3.3/5)$$

nur eine geringe Temperaturabhängigkeit. Gegenüber der geringen Temperaturabhängigkeit von r zeigt G gemäß Gl.(3.3/3) einen starken exponentiellen Temperaturgang.

Setzt man Gl.(3.3/2) in Gl.(3.3/1) ein und beachtet außerdem, daß wegen der Neutralitätsbedingung die Anzahl der zusätzlichen Elektronen n' gleich der der zusätzlichen Löcher p' sein muß, so ergibt sich für kleine n':

$$\frac{\partial n'}{\partial t} = - r(n_o + p_o)n' \ . \qquad\qquad (3.3/6)$$

Die Zusatzträgerdichte n' klingt also nach einem Exponentialgesetz

$$n' \sim \exp(-\,t/\tau) \qquad\qquad (3.3/7)$$

ab mit einer mittleren Trägerlebensdauer

$$\tau = \frac{1}{r(n_o + p_o)}\ . \qquad\qquad (3.3/8)$$

Die Trägerlebensdauer fällt also mit zunehmender n- oder p-Dotierung und hat bei $n_o = p_o = n_i$ ein Maximum, wie dies Abb.3.3/1 schematisch zeigt.

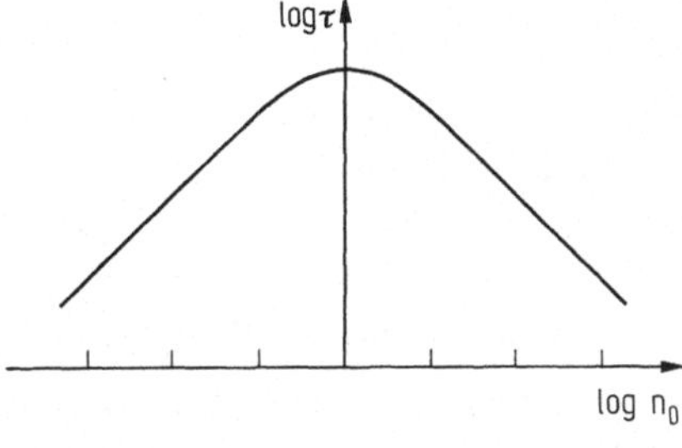

Abb.3.3/1. Abhängigkeit der Band-Band-Rekombination von der Dotierung.

Wegen der geringen Temperaturabhängigkeit von r wird der Temperaturgang der Trägerlebensdauer durch den von n_o bzw. p_o bestimmt und zeigt etwa den zur Leitfähigkeit inversen Verlauf.

3.3.2 Rekombinationskinetik bei starker Anregung

Bisher haben wir uns auf kleine Störungen beschränkt und dabei einen exponentiellen Abfall der Zusatzträgerdichte mit einer dadurch definierten Lebensdauer τ erhalten. Bei hohen Störungen gilt dies nicht mehr; denn nehmen wir an, die Zusatzträgerdichte sei groß gegen die Dotierung, d.h. $n' = p' \gg n_o, p_o$, dann ergibt sich aus Gln. (3.3/1) und (3.3/2) in erster Näherung

$$\frac{dn'}{dt} = - r\, n'^2 , \qquad\qquad (3.3/9)$$

und es folgt ein hyperbolisches Abklinggesetz

$$n' = \frac{1}{r(t - t_o)} , \qquad\qquad (3.3/10)$$

das natürlich nach genügender Zeit in das Exponentialgesetz bei geringer Anregung übergeht.

Die hier abgeleiteten allgemeinen Zusammenhänge gelten für die Band-Band-Rekombination aber nur so lange, als keine weiteren Rückwirkungen der einzelnen Rekombinationsprozesse untereinander auftreten. Derartige Rückwirkungen können bei der strahlenden Rekombination, die technisch große Bedeutung gewonnen hat, besonders wichtig werden. Bei geringen Anregungen darf das ausgesandte Photon als Partner in erster Näherung vernachlässigt werden, so daß die oben gegebenen Gesetzmäßigkeiten gelten. Bei hohen ausgestrahlten Lichtintensitäten ist jedoch die Wechselwirkung mit dem sich aufbauenden Strahlungsfeld zu berücksichtigen.

Hierbei ergibt sich als erstes durch Reabsorption emittierter Photonen eine erhöhte Generationsrate. Dies ist aber nicht die einzige Rückwirkung; denn - wie Einstein gezeigt hat [3.6] - würde die ausschließliche Rückwirkung auf die Generation gegen den zweiten Hauptsatz verstoßen: der Halbleiter könnte sich in seinem Leitungs-Valenzbandsystem auf Kosten eines ihn umgebenden Strahlungsfeldes über dessen Temperatur hinaus aufheizen. Neben der Energieaufnahme durch induzierte Absorption von Photonen muß daher generell Energie durch eine vom Strahlungsfeld induzierte Emission von Photonen abgegeben werden können. Die so emittierten Photonen passen sich sowohl nach Richtung als auch Phase in das anregende Strahlungsfeld ein und führen damit zu einer Verstärkung der Lichtwelle. Die induzierte Emission überwiegt gegenüber der Absorption, wenn mehr Übergänge vom Leitungsband ins Valenzband möglich sind als umgekehrt. Dies setzt ein, sowie an den Bandrändern gilt

$$W_n W_p > (1 - W_n)(1 - W_p), \qquad (3.3/11)$$

wobei $W_{n,p}$ die relative Besetzungswahrscheinlichkeit mit Elektronen bzw. Löchern im Leitungs- bzw. Valenzband bedeutet. Gl. (3.3/11) läßt sich noch unter Verwendung der Gl. (3.1/4a und b) umformen. Man erhält schließlich nach einfacher Umrechnung:

$$E_{Fn} - E_{Fp} > E_c - E_v , \qquad (3.3/11a)$$

d.h. der Abstand der Quasi-Fermi-Niveaus muß größer sein als der Bandabstand. Am einfachsten wird dieser "Inversionsbedingung" Genüge getan, wenn durch Injektion von Ladungsträgern im Übergang zwischen p- und n-leitenden Bereichen Trägerdichten im Leitungs- und Valenzband erreicht werden, die höher sind, als es der Entartungsgrenze entspricht.

Die dafür notwendige Stromdichte bei GaAs-Laserdioden läßt sich mit Hilfe der für den direkten Übergang maßgeblichen Trägerlebensdauer τ von etwa 1 ns abschätzen. Unterhalb der Laserschwelle erhält man bei Injektion bis zur Entartungsdichte n_e einen Rekombinationsteilchenstrom je Raumeinheit

$$n_e/\tau \approx 5 \cdot 10^{17} \mathrm{cm}^{-3}/10^{-9}\mathrm{s} = 5 \cdot 10^{26} \mathrm{cm}^{-3}\mathrm{s}^{-1} \qquad (3.3/12)$$

entsprechend $7 \cdot 10^7$ A cm^{-3}. Um nicht zu untragbar hohen Strömen für den Lasereinsatz zu kommen, muß man das laseraktive Volumen

der Diode möglichst beschränken. Dies erreicht man zunächst durch
eine Beschränkung des Diodenquerschnitts, z.B. durch einen Mesa-
aufbau, wie er in Abb.3.3/2 skizziert ist. Es ist dabei nur in Rich-

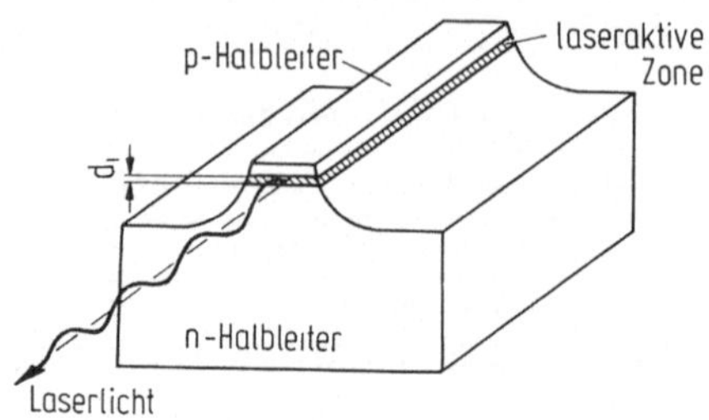

Abb.3.3/2. Mesa-Aufbau einer Laserdiode.

tung der gewünschten Lichtausbreitung bzw. -verstärkung eine größere Dimension vorgesehen. Desweiteren begrenzt man die Tiefe d_i
in Richtung des Stromflusses dadurch, daß man die Ladungsträger
aus Halbleiterbereichen mit höherem Bandabstand injiziert, wie dies
Abb.3.3/3 schematisch im Bänderschema zeigt [3.7]. Hierdurch können sich die injizierten Ladungsträger nur in einer durch d_i gegebenen
Tiefe ausbreiten. Gelingt es z.B., d_i bei einer GaAs-Heterolaserdiode
auf etwa 0,2 μm einzustellen, so errechnet sich aus Gl.(3.3/12) eine
Schwellenstromdichte i_s für den Lasereinsatz von

$$i_s = e\,n_e \cdot d_i/\tau \approx 10^3\,\mathrm{A\,cm^{-2}}. \qquad (3.3/12a)$$

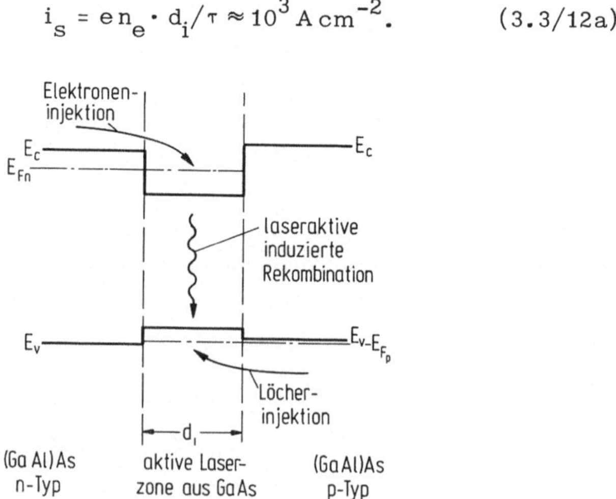

Abb.3.3/3. Laserdiode mit Heterostruktur, Verlauf der Bandkanten
und der Quasi-Fermi-Niveaus bei Stromdurchgang.

132

Wie die in Abb.3.3/4 wiedergegebene Charakteristik einer solchen
Heterolaserdiode zeigt, wird dieser Wert auch experimentell erreicht.
Man erkennt deutlich den Steilanstieg der Lichtausbeute oberhalb von
0,2 A entsprechend ca. 1000 A/cm^2.

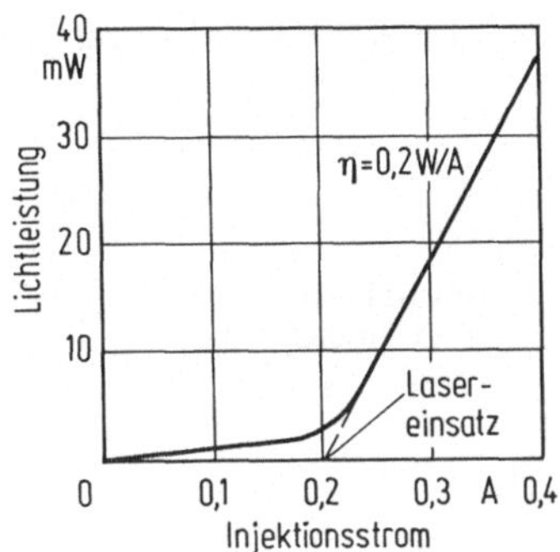

Abb.3.3/4. Licht-Strom-Kennlinie einer Heterolaserdiode mit ca.
40μm × 500μm wirksamer Kontaktfläche.

Ohne Begrenzung der Injektionstiefe d_i durch die Heteroübergänge
wäre an die Stelle von d_i die Diffusionslänge getreten, so daß i_s dann
mehr als eine Zehnerpotenz höher liegt. Wegen der Eigenerwärmung
kann in diesem Fall Laserwirkung bei Zimmertemperatur nur im Im-
pulsbetrieb erreicht werden.

Eine genauere Untersuchung [3.8] zeigt, daß die Trägerlebensdauer
oberhalb der Laserschwelle stark abfällt (Abb.3.3/5). Dies beruht
auf der Tatsache, daß - begünstigt durch die Reflexion an den Halb-
leiteroberflächen - die Photonendichte im laseraktiven Volumen stark
ansteigt, so daß die Rekombination mehr und mehr von der stimulier-
ten Photonenemission beherrscht wird. Diese wird nach unten begrenzt durch die Lebens- bzw. Aufenthaltsdauer der Photonen im
Resonator der Laserdiode, wie sie sich aus den geometrischen Daten, den inneren Verlusten und der Abstrahlung nach außen ergibt.
Während die Lebensdauer für spontane Rekombination i.a. über 1 ns
liegt, können bei höherer Trägerinjektion durch den Einfluß der in-
duzierten Emission Modulationsfrequenzen von einigen GHz erreicht
werden. Wegen der einfachen Modulierbarkeit über den Injektions-
strom ist die Laserdiode zum entscheidenden Sendewandler für die

optische Nachrichtentechnik geworden. Hinzu kommt, daß die
Emissionslinie durch Materialwahl (z.B. (GaAl)As oder
(GaIn)(AsP) sowie durch entsprechende Schichtstrukturen an die
Absorptions- und Übertragungseigenschaften der Glasfaser angepaßt
werden kann (vgl. hierzu die Abschnitte 1.9 und 2.6.1 dieses Bandes). Bezüglich der detaillierten Eigenschaften und der entsprechenden Bauelementestrukturen sei auf Band 10 dieser Reihe verwiesen.

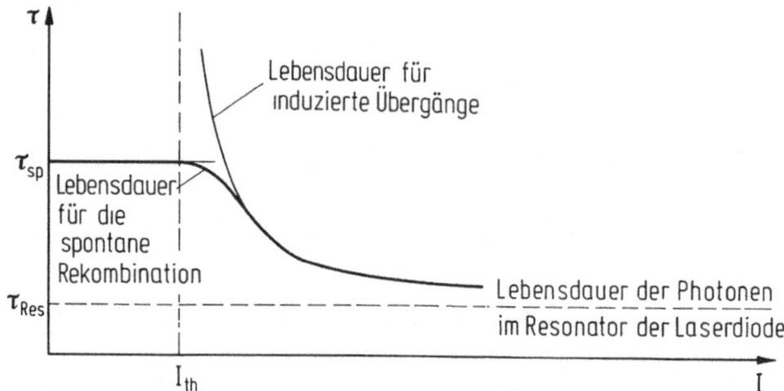

Abb.3.3/5. Abnehmende Trägerlebensdauer mit zunehmender Injektion in einer Laserdiode.

3.3.3 Auger-Effekt

Bei der näheren Betrachtung der Band-Band-Übergänge infolge des
Auger-Effektes können wir uns zunächst ohne Beschränkung der All-
gemeinheit auf den Fall a des Schemas der Abb.3.3/6 beziehen, bei

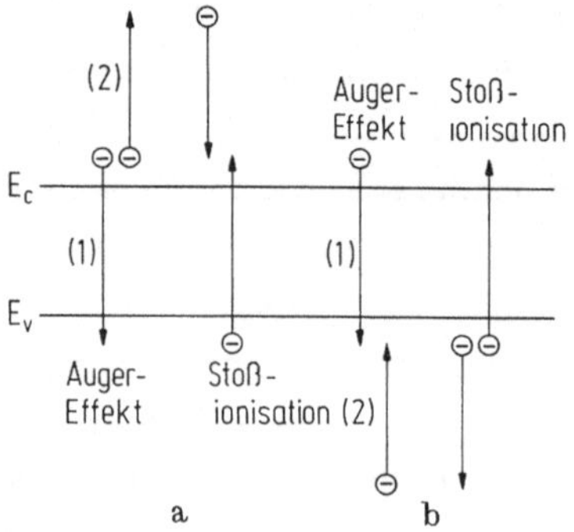

Abb.3.3/6. Auger-Effekt und Stoßionisation (Pfeilrichtung entspricht
den Elektronenübergängen). a) Bei Stoß zweier Elektronen; b) bei
Stoß zweier Löcher.

134

welchem die bei der Rekombination eines Elektron-Loch-Paares freiwerdende Energie an ein weiteres Elektron im Leitungsband abgegeben
wird. Es sind dann zwei Elektronen und ein Loch am Zustandekommen
des Prozesses beteiligt. Der dazu inverse Prozeß ist die Stoßionisation, bei der ein angeregtes Elektron des Leitungsbandes mit einem
Elektron des Valenzbandes stößt und dieses zusätzlich ins Leitungsband anhebt (vgl. hierzu auch Abschn. 4.6.5).

Da im Valenzband immer ausreichend Elektronen und im Leitungsband
immer ausreichend freie Plätze vorhanden sind, sind für die Stoßionisation die Leitungselektronen mit ausreichend hoher kinetischer Energie maßgeblich. Ihre Anzahl wird proportional zur Gesamtzahl·der
Elektronen im Leitungsband angesetzt. Wenn wir somit alle konstanten Faktoren mit der Stoßwahrscheinlichkeit selbst in einem Proportionalitätsfaktor g_a zusammenfassen, kommen wir zu einer durch
Stoßionisation bedingten Generationsrate $g_a n$. Für die Rekombinationsrate ergibt sich entsprechend der Beteiligung zweier Elektronen
und eines Loches ein Ausdruck 3. Grades, multipliziert mit dem Au-
ger-Rekombinationskoeffizienten r_a. Bei Vorherrschen dieser beiden
Prozesse erhalten wir dann die Bilanzgleichung

$$\frac{\partial n}{\partial t} = g_a n - r_a n^2 p .\qquad (3.3/13)$$

Ebenso wie g und r in Gl. (3.3/2a), so sind auch g_a und r_a nicht
voneinander unabhängig. Im Falle thermischen Gleichgewichts ergibt
sich wegen des Verschwindens von $\partial n/\partial t$

$$g_a = r_a n_i^2 .\qquad (3.3/14)$$

und man erhält durch Einsetzen in Gl. (3.3/13)

$$\frac{\partial n}{\partial t} = r_a n (n_i^2 - np).\qquad (3.3/15)$$

Hieraus können wir wie im vorigen Kapitel die beiden Extromfälle ableiten: Im Falle schwacher Anregung ergibt sich ein exponentielles

Abklingen mit einer Zeitkonstante

$$\tau_a = \frac{1}{r_a n_o (n_o + p_o)} \, .$$

$$(3.3/16)$$

Im Falle sehr hoher Anregung folgt aus Gl. (3.3/15)

$$\frac{\partial n}{\partial t} \approx - r_a n^3 \, .$$

$$(3.3/17)$$

Ein Vergleich mit den entsprechenden Gln. (3.3/8) und (3.3/9) zeigt, daß sowohl bei hoher Anregung als auch bei hoher Dotierung - im betrachteten Fall n-Dotierung[1] - die Auger-Rekombination rascher ansteigt als die optisch aktive Rekombination.

Bis jetzt haben wir den Auger-Effekt nur rein pauschal als "Dreierstoß" betrachtet, ohne näher auf den eigentlichen Mechanismus einzugehen. Aus diesem ergeben sich jedoch noch wesentliche weitere Bedingungen für Elektronenstöße, die mit hoher Wahrscheinlichkeit zu einem Auger-Effekt führen. Zur Ableitung beziehen wir uns auf das Schema der Abb. 3.3/7 und beschränken uns dabei der Einfachheit

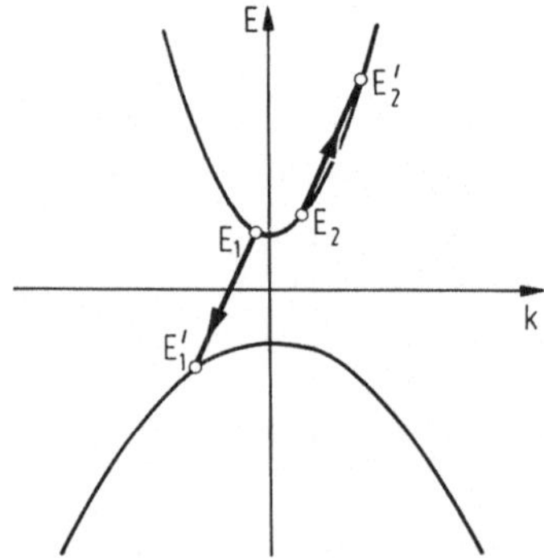

Abb. 3.3/7. Energie- und Impulssatz bei Auger-Elektronenstoß im Bändermodell.

---

[1] Bei einer hohen p-Dotierung würde entsprechend der Auger-Effekt unter Beteiligung zweier Löcher ablaufen und n_o und p_o in Gl. (3.3/16) die Rollen vertauschen.

halber auf eine Richtung für die stoßenden Teilchen. Ein Elektron 1 der Energie E_1 stößt mit einem Elektron 2 der Energie E_2 zusammen. Elektron 1 wechselt dabei über in ein Loch im Valenzband der Energie E_1', während Elektron 2 auf die Energie E_2' angehoben wird. Es gilt zunächst der Energiesatz

$$E_1 + E_2 = E_1' + E_2' \, . \qquad (3.3/18)$$

Die Wahrscheinlichkeit, daß ein solcher Prozeß stattfindet, ist naturgemäß bestimmt durch die Wahrscheinlichkeit, daß vor dem Stoß die Zustände E_1 und E_2 besetzt sind und der Zustand E_1' frei ist. Der Zustand E_2' wird praktisch immer frei sein. Damit ergibt sich gemäß Gl.(3.1/1a und b) für schwache Anregung

$$r_a n_o^2 p_o \sim \exp\left(-\frac{E_1 + E_2 - E_1' - E_F}{k_B T}\right) = \exp\left(-\frac{E_2' - E_F}{k_B T}\right) \, . \quad (3.3/19)$$

Dies bedeutet, daß der Auger-Prozeß am wahrscheinlichsten ist, wenn das Elektron 2 auf der niedrigsten möglichen Energiestufe endet.

Um diese zu ermitteln, müssen wir auch noch den Impulssatz berücksichtigen:

$$\vec{p}_1 + \vec{p}_2 = \vec{p}_1' + \vec{p}_2' \, . \qquad (3.3/20)$$

In Gl.(3.3/18) setzen wir des weiteren die parabolische Näherung für Leitungs- und Valenzband ein und erhalten

$$2m_n^*(E_c - E_v) + p_1^2 + p_2^2 = -\gamma p_1'^2 + p_2'^2 \, , \qquad (3.3/21)$$

wenn das Verhältnis der effektiven Massen

$$m_n^*/m_p^* = \gamma \qquad (3.3/22)$$

gesetzt wird. Durch Elimination von p_1' aus Gl.(3.3/20) und Gl.(3.3/21) erhält man schließlich für p_2'

$$2m_n^*(E_c - E_v) + \left(p_1^2 + p_2^2\right)(1 + \gamma) + 2\gamma p_1 p_2 = 2\gamma p_2'(p_1 + p_2) + (1 - \gamma)p_2'^2 \, .$$

$$(3.3/23)$$

Die höchste Augerwahrscheinlichkeit besteht für den kleinstmöglichen Wert von E_2' und damit von p_2'. Für diesen erhält man aus

$$\frac{\delta p_2'}{\delta p_1} = \frac{\delta p_2'}{\delta p_2} = 0,$$

$$p_1(1 + \gamma) + \gamma p_2 = \gamma p_2', \quad p_2(1 + \gamma) + \gamma p_1 = \gamma p_2'. \qquad (3.3/24)$$

Maximale Auger-Wahrscheinlichkeit ergibt sich also, wenn

$$p_1 = p_2. \qquad (3.3/25)$$

ist, wenn also beide Elektronen sich vor dem Stoß angenähert im gleichen Zustand befinden. Damit kommt man zu der in Abb.3.3/8a gezeichneten einfachen Konstruktion für den wahrscheinlichsten Auger-Effekt. Wegen Energie- und Impulserhaltungssatz müssen die Pfeile 1 und 2 gleich lang sein.

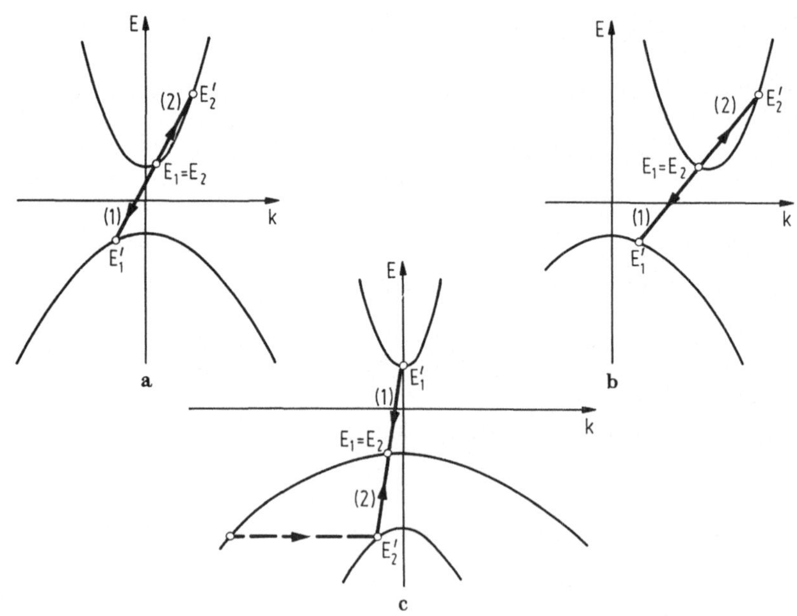

Abb.3.3/8. Wirksamste Auger-Übergänge, Konstruktionsprinzip (Pfeile geben die Richtung des Elektronenübergangs an). a) Direkter Halbleiter; b) indirekter Halbleiter; c) bei Beteiligung eines Valenz-Subbandes.

Aus den Gl. (3.3/23), (3.3/24) und (3.3/25) läßt sich schließlich
E_2' direkt ermitteln:

$$E_2' = E_c + \frac{p_2'^2}{2m_n} = E_c + (E_c - E_v)\,\frac{1 + 2\gamma}{1 + \gamma} \ . \qquad (3.3/26)$$

Einsetzen in Gl. (3.3/19) ergibt schließlich mit den Temperaturgängen von n_o und p_o

$$r_a \sim \exp\left(-\,\frac{E_c - E_v}{k_B T}\ \frac{\gamma}{1 + \gamma}\right) \ . \qquad (3.3/27)$$

Im Gegensatz zu Gl. (3.3/4) ergibt sich also für r_a eine zusätzliche
exponentielle Temperaturabhängigkeit. Dies erklärt sich daraus, daß
die reagierenden Teilchen sich nicht am Bandrand befinden können.
Man erhält analog (3.3/26)

$$E_1 = E_2 = E_c + (E_c - E_v)\,\frac{\gamma^2}{(1 + \gamma)(1 + 2\gamma)} \qquad (3.3/28a)$$

und

$$E_1' = E_v - (E_c - E_v)\,\frac{\gamma}{(1 + \gamma)(1 + 2\gamma)} \ . \qquad (3.3/28b)$$

Im Sonderfall eines sehr kleinen Massenverhältnisses $\gamma \ll 1$ werden
$E_1 = E_2 \approx E_c$ und $E_1' \approx E_v$, so daß sich die reagierenden Teilchen sehr
nahe an den Bandrändern befinden. Dies läßt sich auch unmittelbar aus
dem Konstruktionsschema der Abb. 3.3/8a für den Fall hoher Bandkrümmung im Leitungsband erkennen. In diesem Sonderfall wird also
der Temperaturgang von r_a unerheblich.

Das Konstruktionsschema der Abb. 3.3/8a läßt sich selbstverständlich
auch auf indirekte Halbleiter ausweiten, wie dies Abb. 3.3/8b zeigt[1].

---

[1] Gegebenenfalls ist dabei das Bänderschema über die erste Brillouin-
Zone hinaus zu erweitern. Überschreitet der k-Vektor eines Elek-
trons hierbei die Grenze einer Brillouin-Zone, so muß er anschlie-
ßend wieder auf den entsprechenden k-Wert in der ersten Brillouin-
Zone zurücktransformiert werden (entsprechend einem Peierlsschen
Umklapprozeß [3.9]).

Auch dort gelten im Prinzip ähnliche Gesetzmäßigkeiten. Für die entsprechenden Zusammenhänge sei jedoch auf die einschlägige Literatur
verwiesen [3.12]. Bedeutend ist jedoch, daß bei indirekten Halbleitern der Auger-Effekt den wichtigsten Rekombinationsmechanismus
ohne Termbeteiligung darstellt. Er verläuft, was hier nochmals betont sei, ohne Abgabe elektromagnetischer Strahlung, da das ange-
regte Elektron seine Energie anschließend leicht an Gitterschwingungen in einem Mehrstufenprozeß abgeben kann.

Schließlich sei darauf hingewiesen, daß beim Auger-Prozeß auch Teilbänder mitwirken können, die sonst mangels beweglicher Ladungsträger
am Leitungsmechanismus praktisch nicht teilnehmen. Interessant ist der
Fall, daß in einem p-Halbleiter ein Loch in ein tieferliegendes Teilband des Valenzbandes gestreut wird (Abb.3.3/8c). Von diesem kann
es durch einen äquienergetischen Übergang entsprechend dem gestri-
chelten Pfeil in das obere Teilband zurückkehren und anschließend seine Energie in kleinen Schritten ans Gitter abgeben. Der hier beschriebene Band-Band-Auger-Prozeß ist in p-GaSb besonders begünstigt,
weil in GaSb das tiefe Löcherband gleichen Abstand hat von der Valenzbandkante wie das Leitungsband.

Am Ende dieses Abschnittes soll noch auf die entsprechenden Verhältnisse für den Auger-Effekt bei Wechselwirkungen mit Störstellen eingegangen werden. So zeigt Abb.3.3/9a den Fall, daß beim Stoß zweier
Leitungsbandelektronen sich eines an eine Störstelle anlagert, während
das andere im Leitungsband angehoben wird. Vor dem Stoß befinden
sich beide Leitungselektronen nahe der unteren Bandkante. Die Energieaufnahme des im Leitungsband verbleibenden Elektrons ist mit einer entsprechenden Impulsänderung verknüpft, die durch die Termak-
tivierungsenergie eindeutig bestimmt ist. Wegen des Impulserhaltungs-
satzes ändert das in den Störterm übergegangene Elektron seinen Impuls entsprechend in umgekehrter Richtung.

Entscheidend ist daher, inwieweit ein solcher Impuls von der Störstelle
direkt aufgenommen werden kann. Dies wird bestimmt durch die Amplitude A, die sich bei der Entwicklung der Störstellen-Eigenfunktion nach
den Bloch-Funktionen des ungestörten Gitters für die Eigenfunktionen
mit dem entsprechenden $\vec{k}$-Wert ergibt (vgl. hierzu Abb.3.3/9b). Handelt es sich um einen flachen Donator, so liegen bei einem direkten Halb-

leiter die $\vec{k}$-Werte mit nicht verschwindender Amplitude nahe Null und
eine Erfüllung des Impulssatzes ist praktisch unmöglich. Bei einem tiefen Trap, dessen Eigenfunktion auf eine Gitterzelle konzentriert ist,
wird zwar der gesamte $\vec{k}$-Bereich erfaßt, aber mit geringer Wahrschein-
lichkeitsamplitude[1].

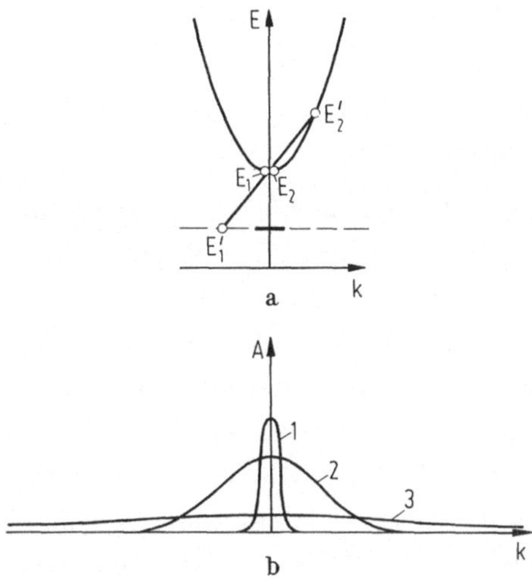

Abb.3.3/9. Auger-Effekt bei Stoß zweier Leitungsbandelektronen mit
einer Störstelle. a) Konstruktionsprinzip; b) Amplitudenverteilung
A (k) bei Entwicklung der Termeigenfunktionen nach Bloch-Funktionen.
1 Flacher Trap: geringe Auger-Wahrscheinlichkeit; 2 mitteltiefer Trap:
hohe Auger-Wahrscheinlichkeit; 3 tiefer Trap: geringe Auger-Wahrscheinlichkeit.

Am effizientesten für einen Auger-Übergang ist also ein mitteltiefer
Trap, bei dem gerade noch die benötigten k-Werte mit hoher Amplitude
auftreten. Analoge Überlegungen kann man naturgemäß auch bei indirekten Halbleitern anstellen, wo bei flachen Störstellen primär die
$\vec{k}$-Werte der entsprechenden Minima verteten sind. Generell sind die
Variationsmöglichkeiten von Band-Term-Auger-Übergängen sehr groß,
da nicht nur eine Trägerart, wie im Beispiel der Abb.3.3/9, sondern
auch Elektronen und Löcher und diese in Wechselwirkung mit den ver-
schiedensten Teilbändern im Spiel sein können.

---

[1] Dieser Zusammenhang ergibt sich, wie schon in Abschn.2.2.2 besprochen, direkt aus der Unschärferelation.

Es ist daher sinnvoll, die Frage der wesentlichen Term-Auger-Effekte jeweils direkt zu untersuchen unter Bezugnahme auf das generelle Konstruktionsschema der Abb. 3.3/7. Generell handelt es sich auch beim Term-Auger-Effekt um einen Dreierstoß; denn es sind immer zwei freie Ladungsträger und eine Störstelle beteiligt. Auch der Term-Auger-Effekt wird daher, wie der einfache Auger-Effekt, erst bei höherer Dotierung oder Anregung wirksam.

3.4 Kinetik der Termübergänge

Im Gegensatz zu dem erst bei höherer Anregung wirksamen Term-Auger-Effekt wollen wir uns im folgenden Kapitel mit den Termübergängen befassen, bei denen nur Zweierstöße maßgeblich sind; das sind alle jene Fälle, bei denen ein Elektron oder Loch zeitweilig von einer Störstelle eingefangen wird. Energie- und Impulssatz werden dabei durch Photonen- und Phononenemission erfüllt. Letzteres ist deshalb begünstigt, weil die Störstelle selbst als stoßender Partner zeitweilig den Impuls übernehmen kann. Dies ist von besonders hoher Bedeutung bei den indirekten Halbleitern, wo die Ladungsträgerrekombination in den meisten Fällen von diesen Prozessen beherrscht wird.

Hinsichtlich der Kinetik derartiger Übergänge gelten im Prinzip die gleichen Gesetzmäßigkeiten wie im Abschn. 3.3.1 unter entsprechender Erweiterung. Dementsprechend erhält man für den Fall einer Art von Störtermen, wenn man die Generations- und Rekombinationskoeffizienten zwischen Term und Leitungs- bzw. Valenzband mit $g_{c,v}$ und $r_{c,v}$ bezeichnet,

$$\frac{\partial n}{\partial t} = g_c N_b - r_c n N_1 \, ,$$

$$\frac{\partial p}{\partial t} = g_v N_1 - r_v p N_b \, .$$

$$(3.4/1)$$

Dabei bedeuten N die Gesamt-Termdichte und $N_{b,1}$ die Anzahl der besetzten bzw. freien Terme. Hinzu kommt noch die Neutralitätsbedingung, die besagt, daß sich die Gesamtzahl der Elektronen am Orte während des Rekombinationsvorganges nicht ändert. Wir geben ihr die Form

$$n + N_b - p = \text{konst.} \qquad (3.4/2)$$

142

Der Wert der Konstanten selbst hängt ab von der jeweiligen Dotierung.
Aus dem Gleichgewicht, das wir wieder mit o indizieren, erhält man
den Zusammenhang zwischen Generations- und Rekombinationskoeffizient:

$$g_c = r_c n_o \frac{N_{lo}}{N_{bo}} = r_c n_o \exp\left(\frac{E_T - E_F}{k_B T}\right) = r_c N_c \exp\left(-\frac{E_c - E_T}{k_B T}\right) = r_c n_T,$$

$$(3.4/3a)$$

wobei n_T die Elektronendichte bedeutet, die im Leitungsband herrscht,
wenn das Fermi-Niveau auf der Höhe E_T des Störterms liegt. Analog
ergibt sich

$$g_v = r_v p_T \cdot \qquad\qquad (3.4/3b)[1]$$

Beschränken wir uns wieder auf kleine Abweichungen vom Gleichgewicht, die wir mit einem ' bezeichnen, so ergibt sich aus den Gl.
(3.4/1) und (3.4/2) wegen $N_l' = - N_b'$

$$\frac{\partial n'}{\partial t} = g_c N_b' - r_c n' N_{lo} + r_c n_o N_b' ,$$

$$\frac{\partial p'}{\partial t} = - g_v N_b' - r_v p' N_{bo} - r_v p_o N_b' , \qquad (3.4/4)$$

$$0 = n' + N_b' - p' .$$

Mit dem Ansatz eines einheitlichen exponentiellen Abklingens der Störung

$$n' \sim p' \sim N_b' \sim \exp(- t/\tau) \qquad\qquad (3.4/5)$$

folgt hieraus unter Verwendung der Gl. (3.4/3a und b) das homogene

---

[1] In Ergänzung zu Gl. (3.4/3a und b) sei darauf hingewiesen, daß,
ähnlich wie beim Auger-Effekt, auch im Falle einer Rekombination über Störterme u. U. ein exponentieller Gang von $r_{c,v}$ auftreten kann, wenn die Rekombinationszentren (z.B. an einer Versetzungslinie) nur über einen Potentialberg zu erreichen sind (vgl.
z.B. [3.10]).

lineare Gleichungssystem

$$\left(\frac{1}{\tau} - r_c N_{lo}\right) n' + \qquad\qquad r_c(n_o + n_T)N_b' = 0,$$

$$\left(\frac{1}{\tau} - r_v N_{bo}\right)p' - r_v(p_o + p_T)N_b' = 0, \qquad (3.4/6)$$

$$n' - \qquad\qquad p' + \qquad\qquad N_b' = 0.$$

Dieses hat nur dann nicht triviale Lösungen, wenn die Determinante verschwindet. Unter Berücksichtigung der aus Gl.(3.4/3a und b) folgenden Identitäten

$$N_{bo}(n_o + n_T) = Nn_o, \quad N_{lo}(p_o + p_T) = Np_o$$

gelangt man so zu folgender Gleichung zweiten Grades in τ:

$$\tau^2 r_c r_v [N(n_o + p_o) + N_{lo}N_{bo}] -$$

$$\tau[r_v(p_o + p_T + N_{bo}) + r_c(n_o + n_T + N_{lo})] + 1 = 0 . \qquad (3.4/7)$$

Wir erhalten demnach zwei Zeitkonstanten, deren Bedeutung wir an Hand folgender beiden - i.a. erfüllten - Annahmen diskutieren wollen: 1. Die Trapdichte N sei klein gegen die Dotierung; 2. die beiden Zeitkonstanten seien stark unterschiedlich. Dann erhält man genähert für die kurze Zeitkonstante

$$\tau_1 = \frac{1}{r_v(p_o + p_T) + r_c(n_o + n_T)} \qquad (3.4/8)$$

und für die lange Zeitkonstante

$$\tau_2 = \frac{1}{N(n_0 + p_o)}\left[\frac{1}{r_c}(p_o + p_T) + \frac{1}{r_v}(n_o + n_T)\right] . \qquad (3.4/9)$$

Für eine Interpretation dieser beiden Abklingkonstanten nehmen wir als Beispiel an, daß der Rekombinationskoeffizient r_c zwischen Leitungsband und Term groß ist gegen den Rekombinationskoeffizienten r_v zwischen Valenzband und Term; dann vereinfachen sich obige Gleichungen zu

$$\tau_1 = \frac{1}{r_c(n_0 + n_T)} \, , \qquad\qquad (3.4/9a)$$

$$\tau_2 = \frac{n_0 + n_T}{r_v N(n_0 + p_0)} \, . \qquad\qquad (3.4/9b)$$

τ_1 ist in diesem Fall ausschließlich durch r_c bestimmt, d.h. die Rekombinationszentren setzen sich zunächst mit dem Leitungsband ins Gleichgewicht. Erst in der zweiten Stufe erfolgt dann der Ausgleich mit dem Valenzband, wodurch der Rekombinationsvorgang abgeschlossen wird. Im allgemeinen Fall bedeutet dies, daß τ_1 die Umbesetzung der Rekombinationszentren auf einen Zustand optimalen Durchgangs beschreibt. Ist dieser erreicht, so wird die Übergangsrate der Elektronen vom Leitungsband in die Terme ebenso groß wie die Übergangsrate aus den Termen ins Valenzband. Die Leitfähigkeit klingt mit der hierfür maßgeblichen Zeitkonstante τ_2 auf ihren Ausgangswert ab.

Für die elektrotechnische Anwendung ist die Zeitkonstante τ_2 die entscheidende. Man bezeichnet sie kurz als Trägerlebensdauer. Sie wird generell umso länger, je weniger Rekombinationszentren N vorhanden sind. Ihr Temperaturverlauf ist für das auch der Gl.(3.4/9b) zugrundeliegende Beispiel $r_c \gg r_v$ und für eine Lage der Rekombinationszentren oberhalb der Bandmitte in Abb.3.4/1 wiedergegeben.

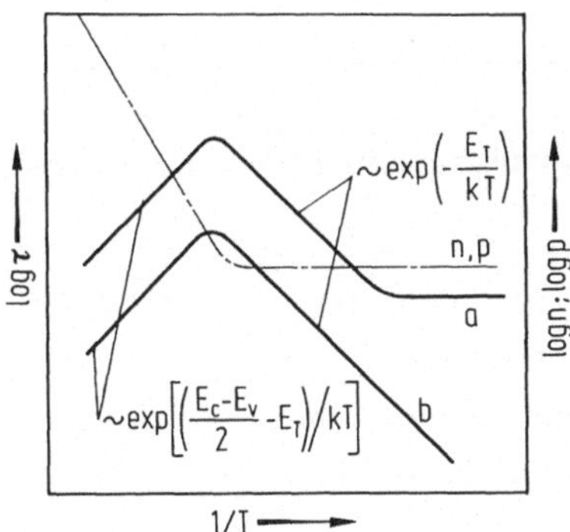

Abb.3.4/1. Temperaturgang der Trägerlebensdauer bei Termübergängen im Fall $r_c \gg r_v$, verglichen mit dem Gang der Trägerdichte n,p. a n-Typ-Halbleiter; b p-Typ-Halbleiter. Rekombinationszentren oberhalb der Bandmitte, E_T' Termabstand vom Leitungsband.

Im Falle einer n-Dotierung ist τ_2 bei tiefer Temperatur konstant, solange $n_T < n_o$ ist, d.h. solange die Fermi-Kante oberhalb der Rekombinationszentren liegt. Sowie n_T größer wird als n_o, steigt τ_2 mit der Aktivierungsenergie der Traps an, um dann im Eigenleitungsbereich, wo $n_o = p_o = n_i$ wird, entsprechend der Differenz zwischen halbem Bandabstand und Aktivierungsenergie der Traps wieder abzufallen. Im Falle einer gleichhohen p-Dotierung erhält man im betrachteten Fall $r_c \gg r_v$ im Prinzip den gleichen Verlauf, nur daß der konstante Ast bei tiefen Temperaturen entfällt, da dann immer $n_o \ll n_T$ ist. Durch eine entsprechende Kurvendiskussion im gesamten Temperaturbereich läßt sich somit die energetische Lage der Störstellen ermitteln.

Den prinzipiellen Gang mit der Dotierung gewinnen wir wieder aus Gl.(3.4/9). Er ist in Abb.3.4/2 wiedergegeben. Bei hoher n-Dotierung überwiegt in Zähler und Nenner n_o, und τ_2 wird gleich $1/r_v N$. Analoges gilt bei hoher p-Dotierung mit $\tau_2 = 1/r_c N$. Dazwischen gibt es einen Bereich, wo entweder der dotierungsunabhängige Wert p_T/r_c oder n_T/r_v im Zähler überwiegt, so daß der Gang mit der Dotierung ein Maximum im Bereich der Eigenleitung zeigt.

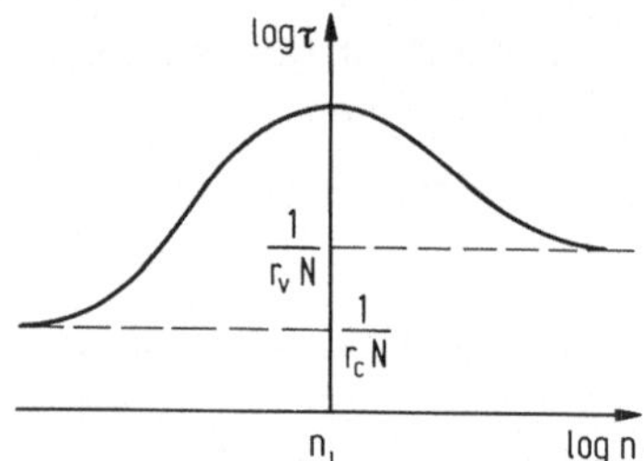

Abb.3.4/2. Dotierungsabhängigkeit der Trägerlebensdauer.

Für den Extremfall sehr hoher Abweichungen vom Gleichgewicht, wo also n und p groß sind gegen n_o und p_o, lassen sich die Gleichungen (3.4/1) ebenfalls leicht lösen. Man erhält dann wegen der vereinfachten Neutralitätsbedingung (3.4/2) n = p:

$$\frac{\partial n}{\partial t} = \frac{\partial p}{\partial t} = -r_c n N_1 = -r_v p N_b \qquad (3.4/10)$$

mit der Trägerlebensdauer τ_h für hohe Anregung

146

$$\tau_h = \frac{1}{r_c N_l} = \frac{1}{r_v N_b} \quad,$$

aus der man wegen $N_l + N_b = N$ erhält

$$\tau_h = \frac{1}{N}\left(\frac{1}{r_c} + \frac{1}{r_v}\right) . \qquad\qquad (3.4/11)$$

τ_h errechnet sich damit formal aus einer einfachen Addition der Übergangszeiten zwischen den Rekombinationszentren und den beiden Bändern. Sie entspricht damit der Summe aus den Trägerlebensdauern für niedrige Anregung bei hoher p- und hoher n-Dotierung. τ_h liegt also in weiten Dotierungsbereichen über der Trägerlebensdauer bei kleiner Anregung. Es ergibt sich damit eine gewisse Ähnlichkeit zu einem Verkehrsfluß durch eine Engstelle, wo bei hoher Verkehrsdichte Zustrom und Abfluß unkorreliert erfolgen und leicht ein Stau eintritt.

3.5 Wechselwirkung mehrerer Termsysteme

Oft ist in einem Halbleiter nicht nur eine Art von Termen an Rekombinationsmechanismen beteiligt, sondern mehrere. Dies kann man meist an der Art der Abklingkurven erkennen, die sich aus mehreren Exponentialfunktionen zusammensetzen, deren Zeitkonstanten auseinanderliegen (vgl. Abb. 3.5/1). Im Falle eines im wesentlichen exponentiellen Abklingens kann es sich lohnen, den Temperaturgang des Abklingvorgangs zu untersuchen; denn bei der Beteiligung mehrere Terme unterschiedlicher Aktivierungsenergie können sich dann nahe beieinanderliegende Rekombinationszeiten trennen lassen.

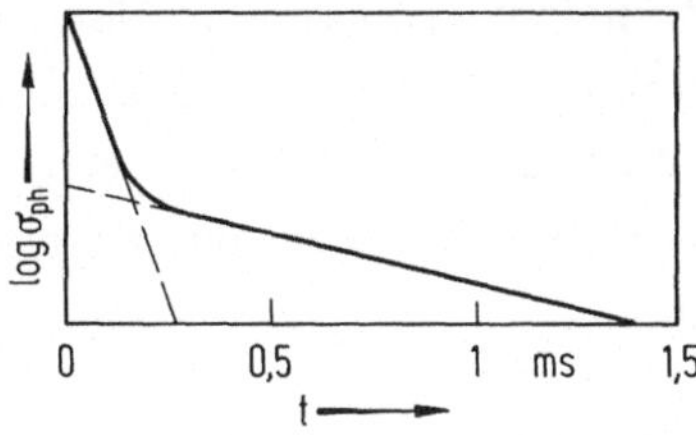

Abb. 3.5/1. Abklingkurve bei gleichzeitiger Anwesenheit von Rekombinationszentren und Haftstellen (nach [3.11]). σ_{ph} = Photoleitfähigkeit nach Lichtblitz).

Näher diskutiert werden soll nun der Fall zweier Termsysteme mit
stark unterschiedlicher Rekombinationszeit. Nach der Anregung erhält man zunächst ein Abklingen der Leitfähigkeit gemäß dem rascher
ablaufenden Vorgang, da beide Rekombinationsprozesse (vgl. Abb.
3.5/2) parallelgeschaltet sind. Haben sich nun aber die Terme des
langsamen Systems infolge der Anregung teilweise umgeladen, so
müssen wegen der Neutralitätsbedingung ebensoviel freie Ladungsträger im Leitungs- oder Valenzband übrigbleiben. Diese können erst
verschwinden, wenn auch die Terme des zweiten Systems wieder in
den Gleichgewichtszustand gekommen sind. Hierfür stehen im Prinzip
zwei Wege zur Verfügung, erstens die direkte Rekombination oder die
Reemission von Elektronen ins Leitungs- bzw. Löchern ins Valenzband
und anschließende Rekombination über die Zentren des ersten Systems.
Diese beiden Wege sind für den Fall einer Aufladung der langsamen
Terme mit Elektronen in Abb. 3.5/2 eingezeichnet.

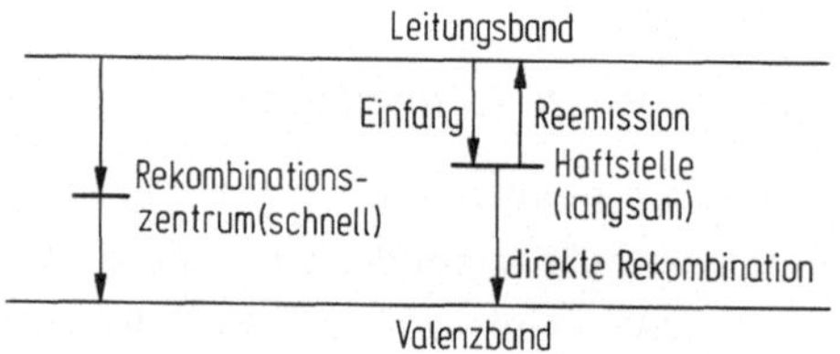

Abb. 3.5/2. Entladungsmechanismen von Elektronenhaftstellen.

Die Wirkung der langsamen Terme beruht nicht bevorzugt auf der Rekombination der Ladungsträger, sondern auf deren zeitweiliger Speicherung. Man spricht daher von Haftstellen. Sind z.B. nach einer Anregung mehr Elektronen in diesen Haftstellen, als dem thermodynamischen Gleichgewicht entspricht, so kann die Neutralitätsbedingung nur
erfüllt werden, wenn gleichzeitig eine entsprechende zusätzliche Anzahl von Löchern im Valenzband sind. Die hierdurch hervorgerufene
zusätzliche p-Leitfähigkeit verschwindet nur nach Maßgabe der Ent-
leerung der Haftstellen.

Dieser Wirkungsmechanismus kann auch experimentell direkt nachgewiesen werden: Füllt man die Haftstellen durch eine optische Anregung
mit überlagertem Gleichlicht, so werden diese für den zusätzlichen

Lichtimpuls unwirksam, und es verschwindet der langsame Ausläufer
in der Photoabklingkurve (Abb. 3.5/3a). Verwendet man andererseits
sehr hohe Felder für die Photowiderstandsmessung, so werden die

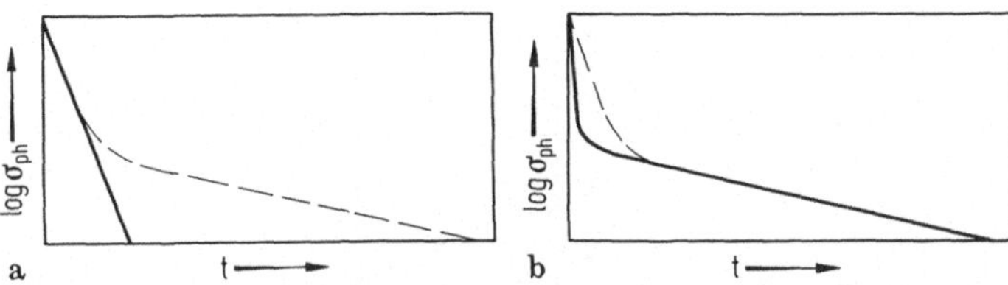

Abb. 3.5/3. Veränderung der Photoabklingkurven bei Haftstellenmechanismen. a) Bei überlagertem Gleichlicht; b) bei hohen Driftfel-
dern.

freien Ladungsträger über die Kontakte herausgezogen: Der Anfangs-
abfall der Photoleitfähigkeit verläuft rascher, der durch die Haftstellen bedingte Ausläufer bleibt jedoch unverändert (Abb. 3.5/3b). Extrem hohe Photowiderstandseffekte in Halbleitern, wie bei CdS, beruhen auf derartigen Haftstellenmechanismen.

Schließlich sei darauf verwiesen, daß die Verhältnisse natürlich komplizierter werden, wenn durch die Umladung des einen Termsystems
sich die energetische Lage des anderen Termsystems ändert. Dies
ist dann der Fall, wenn beide Terme gleichen Störstellen zuzuordnen
sind.

3.6 Vergleich der Rekombinationsmechanismen

Zum Schluß scheint es angebracht, nochmals die wesentlichen Übergänge von Band zu Band miteinander zu vergleichen, da alle parallel
zueinander ablaufen können, wobei die Rekombination selbst jeweils
vom schnellsten Vorgang bestimmt wird.

In einer Übersichtsbetrachtung kann selbstverständlich nicht vorher-
gesagt werden, welcher Mechanismus in einer bestimmten Halbleiterprobe vorherrschen wird; dies muß einer speziellen Betrachtung die-

ser Probe vorbehalten bleiben. Trotzdem sind allgemeine Aussagen möglich, über die Abb.3.6/1 einen Überblick geben möge.

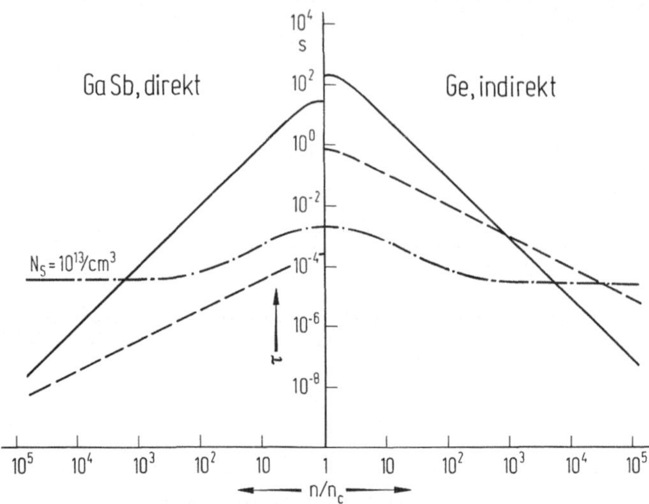

Abb.3.6/1. Vergleichender Überblick über die Dotierungsabhängigkeit verschiedener Rekombinationsmechanismen.
—— Band-Band-Auger-Effekt; ---- Strahlende Band-Band-Übergänge; —·— Multiphononenprozesse über Terme nahe Bandmitte.

Es sind hier zusammengestellt die Größenordnungen der Zeitkonstanten über der Dotierung, wie sie sich unter plausiblen Annahmen für die verschiedenen Rekombinationsmechanismen erfahrungsgemäß bei Zimmertemperatur und geringer Anregung ergeben. Wegen des prinzipiellen Unterschiedes beziehen sich die Kurven auf einen direkten und einen indirekten Halbleiter, für die die entsprechenden Abhängigkeiten nach links bzw. nach rechts von der Ordinatenachse aufgetragen sind. Die Unterschiede zwischen n- und p-Dotierung wurden dabei als weniger wichtig vernachlässigt, so daß n immer die Anzahl der vorhandenen Träger bedeuten soll. Als Repräsentant für einen direkten Halbleiter wurde GaSb gewählt, das nahezu den gleichen Bandabstand aufweist wie der indirekte Halbleiter Germanium, dessen Eigenschaften recht genau bekannt sind.

Beginnen wir mit dem strahlenden Band-Band-Übergang (gestrichelt). Es handelt sich hier um einen Zwei-Teilchen-Prozeß zwischen einem Elektron und einem Loch. Die Lebensdauer sinkt umgekehrt proportional der Dotierung. Hinsichtlich des Absolutwertes ergibt sich ein Unter-

150

schied von über drei Größenordnungen zwischen direktem und indirektem Halbleiter im vorliegenden Fall.

Als zweiter Mechanismus für einen Übergang von Band zu Band ohne Termbeteiligung kommt der Auger-Effekt in Betracht. Hier liegt die Übergangswahrscheinlichkeit für GaSb über der von Ge; dies ist aber, wie bereits erwähnt, nicht als Unterschied zwischen indirektem und direktem Halbleiter zu werten. Er beruht auf der bereits in Abschn. 3.3 erwähnten speziellen Struktur des Valenzbandes von GaSb. Da es sich beim Auger-Effekt um einen Dreierstoß handelt, ist er im Fall der Eigenleitung praktisch uninteressant; seine Wahrscheinlichkeit steigt aber proportional n^2, so daß bei fehlenden Termübergängen die Lebensdauer bei Ge oberhalb $n/n_i = 10^3$ und GaSb ober $n/n_i = 10^6$ durch ihn bestimmt wird.

Besonders interessant ist die Grenze zwischen optischer und Auger-Rekombination in direkten Halbleitern. Da der Auger-Effekt mit abnehmendem Bandabstand stärker ansteigt als die strahlende Rekombination, ist es nicht mehr möglich, effiziente Halbleiterlichtquellen (z.B. Lumineszenzdioden) zu bauen, die unter Ausnützung eines Band-Band-Überganges Licht mit einer Wellenlänge größer ca. 5 μm erzeugen.

Gehen wir nun über zu den Band-Term-Übergängen. Hier stellen die Übergänge von bandnahen Termen zum anderen Band einschließlich der Übergänge über Excitonenzustände mit den Band-Band-Übergängen einen einheitlichen Komplex dar. Sie sind als optisch aktive Übergänge vor allem in direkten Halbleitern bedeutsam. In indirekten Halbleitern interessiert vor allem die Rekombination über tiefere Störstellen. Unter ihnen hat vor allem die strahlende Rekombination über isoelektrische Störstellen in GaP technische Bedeutung gewonnen. Ebenso ist bei Übergängen über Cu-Störstellen in Germanium Lichtemission nachgewiesen worden; doch ist bei vielen Störstellen der Übergangsmechanismus noch offen. Für den Fall, daß keine Energie über Photonen abgeführt wird, muß letztlich die freiwerdende Energie von der Störstelle an Gitterschwingungen abgegeben werden. Man spricht in diesem Fall von Multiphononübergängen.

Selbstverständlich steigt für alle Termübergänge die Übergangswahrscheinlichkeit direkt proportional mit der Anzahl der vorhandenen Ter-

me. Trotzdem ist es nicht möglich, beliebig kurze Trägerlebensdauern
zu erzielen, da die Löslichkeitsgrenzen für tiefe Störstellen i.a. gering
sind. Rekombinationszeiten im Bereich von Nanosekunden werden nur
mit den Schwermetallen Cu, Ni, Au erreicht.

Die Abhängigkeit derartiger Prozesse von der Trägerkonzentration zeigt
bei allen Halbleitern prinzipiell den gleichen Verlauf, wie er in Abb.
3.6/1 für eine Termkonzentration $N_s \approx 10^{13}\,cm^{-3}$ und mittlere Rekom-
binationsraten repräsentativ wiedergegeben ist. Man erkennt zwei Kur-
venäste: Bei hohen Majoritätsträger-Konzentrationen ist nur der Übergang vom Minoritätsträgerband in den Term geschwindigkeitsbestimmend, d.h. die Rekombinationswahrscheinlichkeit über Terme ist konstant. Mit Annäherung an die Eigenleitung gehen die Re-Emissionswahr-
scheinlichkeiten aus dem Term zum Leitungs- bzw. Valenzband in die
Rekombinationsrate zunehmend ein. Die Trägerlebensdauer steigt mit
Annäherung an die Eigenleitung.

Der hier geschilderte Gang mit der Dotierung ist das normale Erscheinungsbild bei nicht entarteten indirekten Halbleitern, da hier der direkte Band-Band-Übergang nur sehr langsam verlaufen würde und somit
die Rekombination praktisch ausschließlich über Traps, die sog. Rekombinationszentren, erfolgt.

Allgemeine quantitative Aussagen über die Wahrscheinlichkeit von Term-
Auger-Prozessen sind nur schwer zu geben, z.T. fehlen auch noch die
entsprechenden experimentellen Daten, zumal es hier eine Vielfalt von
Möglichkeiten gibt: Es gehen nicht nur die Übergangswahrscheinlichkeiten zwischen Term und Bändern ein, sondern auch die Wechselwirkungen mit den verschiedenen Subbändern. Man kann nur analog zum
Vergleich zwischen den Band-Band-Übergängen sagen, daß Term-Auger-
Prozesse im Vergleich zu konkurrierenden anderen Termübergängen mit
zunehmender Trägerkonzentration an Bedeutung gewinnen, da es sich ja
um einen Mehrteilchenprozeß handelt. Die kritischen Grenzen für ein
Vorherrschen von Auger-Prozessen kann generell in der Nähe der Entartung gesucht werden. Für spezielle Fragen sei auf einschlägige Literatur verwiesen [3.12].

Schließlich gibt die Abb.3.6/2 einen schematischen Überblick über die
besprochenen Übergänge von Ladungsträgern zwischen Leitungs- und
Valenzband. Die Bänder sind entsprechend einem von außen angelegten

Feld schräg gelegt, da hierbei der enge Zusammenhang mit feldinduzierten Übergängen anschaulich wird. Prozesse ohne Phononenbeteiligung sind durch ausgezogene Striche, Prozesse mit Phononenbeteiligung durch unterbrochene Linien angedeutet.

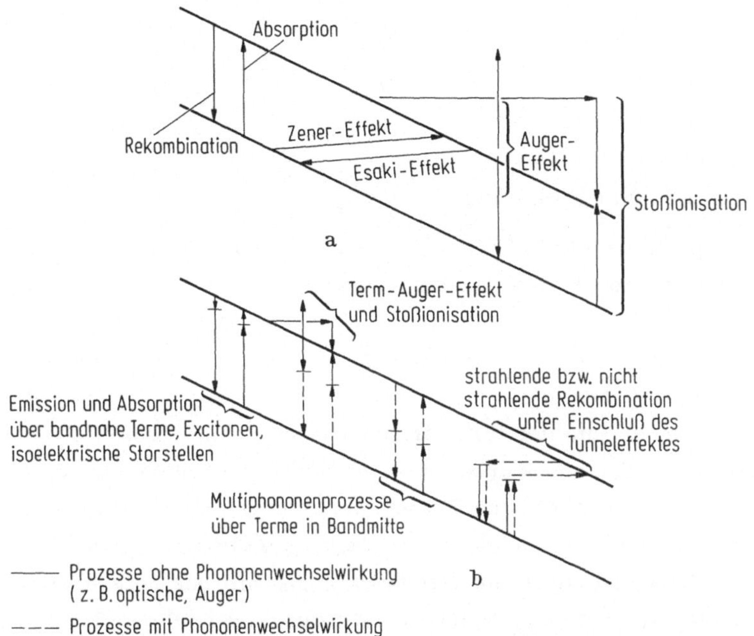

Abb.3.6/2. Schematischer Überblick über Ladungsträgerübergänge zwischen Leitungs- und Valenzband. a) Unmittelbare Band-Bandübergänge; b) Band-Term-Übergänge.

Bei den unmittelbaren Band-Band-Übergängen sind optische Emission und Absorption selbstverständlich reziproke Vorgänge; sie sind als Tunneleffekte durchs verbotene Band verwandt mit dem Zener-Strom bzw. Esaki-Strom bei anliegender Spannung. Analoge Reziprozität besteht zwischen Auger-Effekt und Stoßionisation.

Bei den Übergängen über Terme handelt es sich immer um zwei hintereinander geschaltete Schritte, von denen i. a. der größere geschwindigkeitsbestimmend ist. Es ist daher entscheidend, ob bei ihm ein Photonen-, ein Auger- oder auch ein Multiphononenprozeß überwiegt. Über den Mechanismus dieses letztgenannten Prozesses kann noch am wenigsten ausgesagt werden. Schließlich sind natürlich im Falle eines äußeren Feldes noch Tunnelmechanismen mit einzubeziehen.

4 Stromtransport

4.1 Die Boltzmann-Gleichung

Der im Kap. 1 abgeleitete Zusammenhang zwischen Energie E und Ausbreitungsvektor $\vec{k}$ eines Ladungsträgers

$$E = E(\vec{k}) \qquad (4.1/1)$$

genügt noch nicht, um den Stromtransport unter dem Einfluß eines Feldes zu beschreiben. Werden nämlich durch von außen angelegte elektrische oder magnetische Felder die Ladungsträger in einer speziellen Richtung beschleunigt, so verlieren sie diesen Impuls wieder ganz oder teilweise durch die Wechselwirkung mit den Störungen des Gitters. Man spricht dabei von Gitterstreuung, wenn diese durch die thermischen Gitterschwingungen hervorgerufen werden, und von Störstellenstreuung, wenn sie durch Fremdatome oder andere Gitterfehler bedingt sind.

Unter dieser Wechselwirkung stellt sich eine mittlere Geschwindigkeit $\langle \vec{v} \rangle$ der Ladungsträger ein, die die Konvektionsstromdichte bestimmt:

$$\vec{i} = e\,(p\langle \vec{v}_p \rangle - n\langle \vec{v}_n \rangle). \qquad (4.1/2)$$

Da sich die mittlere Geschwindigkeit aus der Überlagerung der Bewegung einer großen Anzahl thermisch bewegter Teilchen ergibt, läßt sich ihre Abhängigkeit von den äußeren Feldern $\vec{E}$, $\vec{B}$ und der Gittertemperatur T nur auf statistischer Grundlage berechnen.

Im idealen Kristall bewirkt die von außen angelegte Kraft (wir stellen im folgenden alle Betrachtungen für Leitungselektronen an)

$$\vec{F} = - e(\vec{E} + \vec{v} \times \vec{B}) \qquad\qquad (4.1/3)$$

analog zu dem klassischen Impulssatz eine Änderung des elektronischen Ausbreitungsvektors

$$\hbar \dot{\vec{k}} = \vec{F} . \qquad\qquad (4.1/4)$$

So führt z.B. ein räumlich und zeitlich konstantes elektrisches Feld zu einer gleichförmigen Bewegung des hier zunächst behandelten einzelnen Elektrons im k-Raum:

$$\vec{k} = \vec{k}_o - e\vec{E}(t - t_o)/\hbar . \qquad\qquad (4.1/5)$$

Die Streuprozesse verhindern diesen Ablauf, indem sie eine diskontinuierliche Änderung von $\vec{k}$ herbeiführen. Man kann sie durch eine Streurate $S(\vec{k},\vec{k}')$ beschreiben; $S\,d^3k'$ ist die Wahrscheinlichkeit pro Zeiteinheit dafür, daß ein Elektron von der Stelle $\vec{k}$ des k-Raumes durch einen Stoß in das Volumenelement d^3k' bei $\vec{k}'$ befördert wird.

Kennt man die von außen wirkenden Kräfte $\vec{F}$ und die Streuraten für alle wirksamen Streumechanismen, dann lassen sich alle makroskopischen Transportphänomene berechnen. Dazu bedient man sich der Boltzmann-Gleichung. Sie geht zunächst von der Tatsache aus, daß Ladungsträger- unter Vernachlässigung von Erzeugungs- und Rekombinationsvorgängen - weder entstehen noch verschwinden können. Diese Aussage betrifft nicht nur den dreidimensionalen Konfigurationsraum $\vec{r}$, sondern vielmehr den sechsdimensionalen Phasenraum, der vom Ortsvektor $\vec{r}$ und vom Impulsvektor $\hbar\vec{k}$ aufgespannt wird [4.1]. Beschränken wir uns auf den homogenen Halbleiter, in dem keine Abhängigkeit von $\vec{r}$ vorliegt, dann lassen sich die Vorgänge im dreidimensionalen k-Raum allein beschreiben. Nur wenn Gradienten im Ortsraum auftreten, muß der sechsdimensionale Phasenraum herangezogen werden.

Die Boltzmann-Gleichung dient der Bestimmung der Verteilungsfunktion der Elektronen im k-Raum. Man definiert die im folgenden als Vf bezeichnete Verteilungsfunktion $f(\vec{k}, \vec{r})$ so, daß

$$f(\vec{k}, \vec{r}) \cdot z(\vec{k}) \cdot d^3k\, d^3r$$

die Zahl der Elektronen angibt, die sich im Volumenelement $d^3k\,d^3r$ des Phasenraumes um den Punkt $(\vec{k},\vec{r})$ befinden. Dabei gibt $z(\vec{k})\cdot d^3k\,d^3r$ die Anzahl der Zustände an, die gemäß der Pauli'schen Ausschließungsregel für Elektronen im betrachteten Volumenelement zur Verfügung stehen. Im Spezialfall des thermodynamischen Gleichgewichtes hängt die Vf nur von der Energie E ab, weshalb wir sie mit $f_{oo}(E)$ bezeichnen wollen. Sie stimmt mit der Besetzungswahrscheinlichkeit gemäß Gl. (3.1/1) überein:

$$f_{oo}(E) \equiv f_{oo}\{E(\vec{k})\} \equiv W(E).$$

Die Ermittlung der Zustandsdichte $z(\vec{k})$ erfolgt durch die bekannte Überlegung, daß der Phasenraum aus Elementarzellen aufgebaut zu denken ist, von denen jede genau einem der unterscheidbaren Zustände entspricht [4.2]. Das Volumen der Zellen ist durch das Plancksche Wirkungsquantum h bestimmt und beträgt h^3. Daher ist die Anzahl unterscheidbarer Zustände im Volumen $\hbar^3 d^3k\,d^3r$ des sechsdimensionalen Orts-Impulsraumes, der von $\vec{r}$ und $\hbar\vec{k}$ aufgespannt wird, durch $\hbar^3 d^3k\,d^3r/h^3 = d^3k\,d^3r/(2\pi)^3$ gegeben. Das Pauliprinzip gestattet die Besetzung jedes dieser Zustände mit maximal zwei Elektronen entgegengesetzter Spinrichtung, woraus wir

$$z(\vec{k}) = 2(2\pi)^{-3} \tag{4.1/6}$$

erhalten. Die Zustandsdichte $N(E)$ bezüglich der Energie ist durch

$$N(E)dE = \int_{E(k)}^{E(k)+dE} z(\vec{k})d^3k \tag{4.1/7}$$

definiert, wobei die Integration über ein Volumen im k-Raum auszuführen ist, das durch zwei infinitesimal benachbarte Flächen konstanter Energie begrenzt wird.

Die Gesamtzahl der im thermischen Gleichgewicht im Leitungs- bzw. Valenzband vorhandenen Ladungsträger erhielten wir gemäß Gl.(3.1/2a und b) aus der Zustandsdichte $N(E)$ und der Besetzungswahrscheinlichkeit. Die dabei auftretenden Bandgewichte N_c, N_v ergaben sich durch die einer thermischen Gleichgewichtsverteilung entsprechende Gewichtung der Zustände zu

156

$$N_c = \int_{E_c}^{\infty} N(E) \exp\left\{ -\frac{E - E_c}{k_B T} \right\} dE, \qquad (4.1/8a)$$

$$N_v = \int_{-\infty}^{E_v} N(E) \exp\left\{ -\frac{E_v - E}{k_B T} \right\} dE. \qquad (4.1/8b)$$

Für parabolische und sphärisch symmetrische Bänder führt dies auf Gl.(3.1/3), im Fall anisotroper Bänder hingegen auf Gl.(3.1/3b). Deshalb bezeichnet man den dort auftretenden geometrischen Mittelwert der effektiven Masse

$$m_D^* = (m_l^* \, m_t^{*2})^{1/3} \qquad (4.1/9)$$

als Zustandsdichtenmasse im Gegensatz zu der später einzuführenden Leitfähigkeitsmasse anisotroper Bänder.

Nach diesen Vorbemerkungen wenden wir uns wieder dem Stromtransport und der Boltzmann-Gleichung selbst zu. Sie beinhaltet die Erhaltung der Teilchen im k-Raum und hat daher die Form einer Kontinuitätsgleichung für die Vf:

$$\frac{\partial f}{\partial t} + (\dot{\vec{k}} \cdot \vec{\nabla}_k) f = -\int \{ f(\vec{k}) S(\vec{k},\vec{k}') - f(\vec{k}') S(\vec{k}',\vec{k}) \} \, d^3 k' \qquad (4.1/10)$$

Das erste Glied der linken Seite gibt die lokale Änderung der Teilchendichte im k-Raum mit der Zeit an. Der zweite Term, auch als Feldterm bezeichnet, entsteht dadurch, daß die äußeren Felder den $\vec{k}$-Vektor aller Teilchen gemäß Gl.(4.1/4) verändern. Dadurch entsteht ein Teilchenstrom im $\vec{k}$-Raum, der die entsprechende Vf mit sich trägt. Wenn das Magnetfeld verschwindet, lautet der Feldterm in ausführlicher Schreibweise

$$\left(\frac{\partial f}{\partial t} \right)_F = -\frac{e}{\hbar} \left(E_x \frac{\partial f}{\partial k_x} + E_y \frac{\partial f}{\partial k_Y} + E_z \frac{\partial f}{\partial k_z} \right). \qquad (4.1/11)$$

Die rechte Seite der Boltzmann-Gleichung liefert die Änderung der Teilchendichte durch die Streuprozesse und wird als Kollisionsterm $(\partial f/\partial t)_c$ bezeichnet. Das erste Glied stellt gemäß der Definition der Streuraten S die Gesamtheit der pro Zeiteinheit aus dem Volumenele-

ment bei $\vec{k}$ hinausgestreuten Teilchen dar, während das zweite Glied
den Dichtezuwachs durch Teilchen angibt, die durch Stöße in dieses
Volumenelement hineingelangen. Die Boltzmann-Gleichung selbst besagt somit, daß Teilchen weder erzeugt noch vernichtet werden können,
sondern daß die Änderung der Vf mit der Zeit ausschließlich durch
die Bewegung der Teilchen in den äußeren Feldern (Feldterm) und
durch Stöße (Kollisionsterm) bewirkt wird. Stillschweigend wurde
bis jetzt vorausgesetzt, daß es sich um einen nichtentarteten Halbleiter
handelt, für den die Boltzmann-Statistik anwendbar ist. Für den Fall
der Entartung gewinnt jedoch die Tatsache Bedeutung, daß eine Streuung von $\vec{k}$ nach $\vec{k}'$ nur stattfindet, wenn in $\vec{k}'$ ein freier Platz vorhanden ist. Daher sind die Glieder des Kollisionsterms noch mit Faktoren zu multiplizieren, die verschwinden, wenn der k-Vektor nach
dem Stoß an einer vollständig besetzten Stelle des k-Raumes läge:

$$\left(\frac{\partial f}{\partial t}\right)_c = -\int \{f(\vec{k},t)[1 - f(\vec{k}',t)]S(\vec{k},\vec{k}') - $$
$$- f(\vec{k}',t)[1 - f(\vec{k},t)]S(\vec{k}',\vec{k})\}d^3k' \ .$$

Im nichtentarteten Fall ist in den eckigen Klammern f gegen 1 vernachlässigbar, so daß sich die rechte Seite von Gl.(4.1/10) ergibt.
Die Boltzmann-Gleichung ist eine Integrodifferentialgleichung zur Bestimmung der Vf. Eine Schwierigkeit liegt natürlich darin, daß in das
2. Glied des Kollisionsterms die Vf im gesamten k-Raum eingeht.
Um zu wissen, wieviel Teilchen in das betrachtete Volumenelement
bei $\vec{k}$ hineingestreut werden, muß man $f(\vec{k}')$ für alle $\vec{k}'$, von denen
Beiträge zu erwarten sind, kennen und über diese integrieren. Um zu
sehen, wie man dieser Schwierigkeit begegnen kann, wollen wir einige
Lösungsmethoden einführend erläutern und beginnen mit dem Fall eines
schwachen elektrischen Feldes.

Machen wir uns seine Wirkung zunächst anschaulich klar: Der Teilchenstrom im k-Raum in Richtung des negativen elektrischen Feldes $-\vec{E}$
(z-Richtung) bewirkt gemäß Abb. 4.1/1, daß die Vf überall dort ansteigt,
wo $\partial f_{oo}/\partial k_z$ negativ ist, hingegen dort abfällt, wo f_{oo} mit k_z ansteigt. Dieser Tendenz wirken die Streuprozesse entgegen und führen
zur Einstellung der durch das elektrische Feld veränderten Gleichgewichtsverteilung $f(\vec{k})$. Im unteren Teil der Abb. 4.1/1 wird dies durch

158

die Kurven veranschaulicht, die jene Punkte im k-Raum verbinden,
in denen, die Vf einen konstanten Wert hat. Dabei bedeutet k_ρ eine

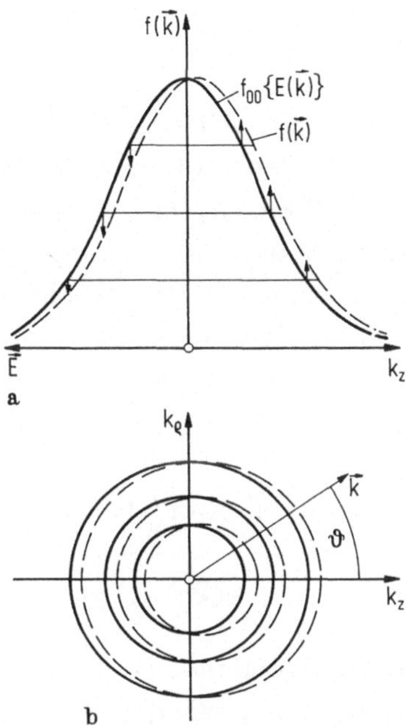

Abb. 4. 1/1. Änderung der Vf im schwachen elektrischen Feld (sche-
matisch). a) Die Vf in Abhängigkeit von der Komponente k_z des $\vec{k}$-
Vektors in Richtung des elektrischen Feldes; b) Kurven konstanter
Vf im k-Raum.

willkürlich herausgegriffene Komponente senkrecht zu k_z. Die Abhän-
gigkeit der Vf vom Winkel $\vartheta = \measuredangle(\vec{k}, k_z)$ zwischen $\vec{k}$ und k_z ist durch
$\partial f_{00}/\partial k_z \sim \cos\vartheta$ bestimmt. Daher kommen wir für die Abweichung der
Vf $f(\vec{k})$ von ihrem Verlauf f_{00} im Fall des thermischen Gleichgewichtes
zu dem Ansatz

$$f(\vec{k}) - f_{00} = f_1(E)\cos\vartheta. \qquad (4.1/12)$$

Dieses anschaulich gewonnene Ergebnis ist der Grenzfall einer für beliebig starkes elektrisches Feld gültigen Reihenentwicklung

159

$$f(\vec{k}) = \sum_{i=0}^{\infty} f_i(E) P_i(\cos \vartheta), \qquad\qquad (4.1/13)$$

wobei P_i die Legendre-Polynome bedeuten [4.3]; wegen $P_o(x) = 1$ und $P_1(x) = x$ stimmen die ersten beiden Glieder von Gl. (4.1/13) mit Gl. (4.1/12) überein.

Durch Gl. (4.1/12) ist die Winkelabhängigkeit der Vf für schwaches elektrisches Feld festgelegt. Gehen wir mit diesem Ansatz in den Kollisionsterm der Boltzmann-Gleichung ein, dann verschwindet generell der Beitrag der Gleichgewichtsverteilung, weil im thermodynamischen Gleichgewicht für jedes Volumen des Phasenraumes die Zahl der hinaus- und hereingestreuten Teilchen genau übereinstimmen muß. Formal folgt dies auch aus der Tatsache, daß f_{oo} eine Lösung der feldfreien, stationären Boltzmann-Gleichung

$$0 = \int \{f_{oo}(E)S(\vec{k},\vec{k}') - f_{oo}(E')S(\vec{k}',\vec{k})\}d^3k'$$

sein muß, wobei $E = E(\vec{k})$, $E' = E(\vec{k}')$ eingeführt wurde.

Der für schwache Felder maßgebliche Teil f_1 der Vf bewirkt dann einen besonders einfachen Kollisionsterm, wenn es sich um elastische Streuprozesse handelt, die die Teilchenenergie nicht verändern. Dann ist nämlich die Streurate nur für $E' = E$ und damit $k' = k$ (einfache parabolische Bandstruktur) von Null verschieden, so daß $f_1(E)$ vor das Integral gezogen werden kann. Der gesamte Kollisionsterm wird damit der Abweichung von der Gleichgewichtsverteilung proportional:

$$\left(\frac{\partial f}{\partial t}\right)_c = -f_1(E) \int \{S(\vec{k},\vec{k}')\cos \vartheta - S(\vec{k}',\vec{k})\cos \vartheta'\}d^3k',$$

$$\left(\frac{\partial f}{\partial t}\right)_c = -f_1(E) \int S(\vec{k},\vec{k}')(\cos \vartheta - \cos \vartheta')d^3k'. \qquad (4.1/14)$$

Dabei wurde die Symmetriebedingung für die elastischen Streuraten $S(\vec{k},\vec{k}') = S(\vec{k}',\vec{k})$ verwendet. Für elastische Streuung hängt S nur vom Absolutbetrag des Ausbreitungsvektors $k = k'$ und vom Streuwinkel

$$\chi = \measuredangle(\vec{k},\vec{k}') \qquad\qquad (4.1/15)$$

ab.

160

Um Gl.(4.1/14) weiter zu vereinfachen, betrachten wir das sphärische Dreieck, das von den drei Vektoren $\vec{k},\vec{k}'$ und dem elektrischen Feld $\vec{E}$ gebildet wird. In Abb.4.1/2 sind die Durchstoßpunkte dieser

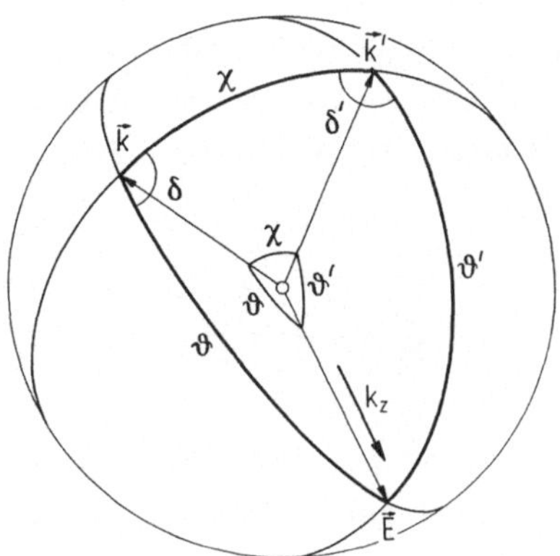

Abb.4.1/2. Das von den Ausbreitungsvektoren $\vec{k},\vec{k}'$ und dem elektrischen Feld $\vec{E}$ aufgespannte sphärische Dreieck.

3 Vektoren auf der Einheitskugel einfachheitshalber mit $\vec{k}$, $\vec{k}'$ und $\vec{E}$ bezeichnet. Die Seiten des sphärischen Dreiecks sind ϑ, ϑ' und der Streuwinkel χ; außerdem benötigen wir noch den der Seite ϑ' gegenüberliegenden Winkel δ, um aus dem Seitenkosinussatz die Beziehung

$$\cos \vartheta' = \cos \chi \cos \vartheta + \sin \chi \sin \vartheta \cos \delta \qquad (4.1/16)$$

zu erhalten. Da die Streurate S, wie bereits gesagt, nur vom Streuwinkel χ abhängt, hingegen von der Richtung des elektrischen Feldes und damit auch vom Winkel δ unabhängig ist, liefert das zweite Glied von Gl.(4.1/16) beim Einsetzen in Gl.(4.1/14) und Integration über d^3k' keinen Beitrag und wir erhalten

$$\left(\frac{\partial f}{\partial t}\right)_c = - f_1(E)\cos \vartheta \int S(\vec{k},\vec{k}')(1 - \cos \chi)d^3k' \ . \qquad (4.1/17)$$

Durch Vergleich mit Gl.(4.1/12) sehen wir, daß unser Ergebnis in dor Form

$$\left(\frac{\partial f}{\partial t}\right)_c = - \frac{f(\vec{k}) - f_{oo}(E)}{\tau_m(E)} \qquad (4.1/18)$$

161

geschrieben werden kann, wobei die nur noch von der Energie abhängige Größe

$$\tau_m(E) = \left\{ \int S(\vec{k},\vec{k}')(1 - \cos \chi)d^3k' \right\}^{-1} \qquad (4.1/19)$$

als Impulsrelaxationszeit bezeichnet wird. Sie stellt die Zeitkonstante dar, mit der sich innerhalb des Teilchenensembles der Energie E nach Abschalten eines schwachen elektrischen Feldes die Gleichgewichtsverteilung einstellt:

$$\frac{\partial f}{\partial t} = - \frac{f - f_{oo}}{\tau_m(E)} \; .$$

In Abschn. 4.4 werden wir sehen, daß sich die Boltzmann-Gleichung unter Verwendung der Impulsrelaxationszeit gemäß Gl. (4.1/18) für schwaches Feld sofort lösen läßt und die Beweglichkeit der Teilchen ergibt, die einem statistischen Mittelwert $\langle \tau_m \rangle$ über $\tau_m(E)$ proportional ist.

Die Impulsrelaxationszeit gibt an, wie schnell die Richtung des makroskopischen Impulses des betrachteten Ensembles zufolge der Streuprozesse verloren geht. Denken wir uns zur Erläuterung eine große Zahl von Elektronen, die alle den gleichen Impuls $\hbar\vec{k}$ besitzen und auf die der elastische Streuprozeß $S(\vec{k},\vec{k}')$ einwirkt. Welcher Bruchteil des gerichteten Impulses $\hbar\vec{k}$ geht durch die Streuung pro Zeiteinheit verloren? Die Wahrscheinlichkeit pro Zeiteinheit für eine Streuung von $\vec{k}$ in den Bereich d^3k' um $\vec{k}'$ ist $S\,d^3k'$. Dabei ändert sich der Impuls um $\hbar\vec{k}' - \hbar\vec{k}$. Also ist die mittlere Änderung des Impulses pro Zeiteinheit

$$\left(\frac{\partial}{\partial t} \hbar\vec{k} \right)_c = \int (\hbar\vec{k}' - \hbar\vec{k})S(\vec{k},\vec{k}')d^3k' = - \hbar\vec{k} \int (1 - \cos \chi)S(\vec{k},\vec{k}')d^3k',$$

$$\left(\frac{\partial}{\partial t} \hbar\vec{k} \right)_c = - \frac{\hbar\vec{k}}{\tau_m(E)} \; . \qquad (4.1/20)$$

Sie ist somit durch $\tau_m(E)$ bestimmt. (Die Umformung des Integrals wird sofort verständlich, wenn man beachtet, daß das Integral eine nichtverschwindende Komponente nur in Richtung von $\vec{k}$ haben kann, weil die Streurate als Funktion von $\vec{k}'$ Zylindersymmetrie bezüglich der Achse $\vec{k}$ aufweist; gerade deshalb ist ja die Streurate vom Winkel δ in Abb. 4.1/2 unabhängig.)

Es ist wichtig den Unterschied zwischen $1/\tau_m(E)$ und der totalen
Streurate $\lambda(E)$, die die Gesamtzahl der Streuprozesse pro Zeiteinheit angibt, die ein Elektron mit der Energie E im Mittel erfährt,
hervorzuheben. Definitionsgemäß ist λ durch

$$\lambda(E) = \int S(\vec{k},\vec{k}')d^3k' \qquad (4.1/21)$$

gegeben. Der Vergleich mit Gl.(4.1/19) lehrt, daß nur dann die
Beziehung

$$\frac{1}{\tau_m(E)} = \lambda(E) \qquad (4.1/22)$$

gelten wird, wenn die Streurate S vom Streuwinkel unabhängig ist.
In diesem Spezialfall der sogenannten isotropen Streuung sind die
Streuprozesse für die Richtung des Impulses völlig "erinnerungslö-
schend". Das heißt, daß die Richtung des Impulses $\hbar\vec{k}'$ nach jedem
Stoß völlig unabhängig von der vor dem Stoß ist und daß alle Richtun-
gen von $\hbar\vec{k}'$ gleich wahrscheinlich sind.

Bisher haben wir uns auf elastische Streuung beschränkt. Für unelastische Streuung läßt sich eine Impulsrelaxationszeit nur dann sinnvoll definieren, wenn die Streuung isotrop ist. Wir wollen uns nun klarmachen, daß in diesem Fall Gl.(4.1/22) gültig bleibt. Wenn nämlich
bei jedem Streuprozeß die Richtung des Impulses "verlorengeht", dann
ist der statistische Mittelwert des Impulses $\hbar\vec{k}'$ nach dem Stoß Null.
Daher geht im statistischen Mittel pro Stoß der gesamte Impuls verloren und deshalb stimmt die totale Streurate mit der Rate des Im-
pulsverlustes $1/\tau_m$ überein. Aus diesem Grund hat für alle isotropen
Streuprozesse und schwaches elektrisches Feld der Kollisionsterm
der Boltzmann-Gleichung die einfache Form

$$\left(\frac{\partial f}{\partial t}\right)_c = -\lambda\{f(\vec{k}) - f_{oo}(E)\} . \qquad (4.1/23)$$

Formal überzeugt man sich davon durch Betrachtung des Gliedes

$$\int f_1(E')\cos\vartheta'S(\vec{k}',\vec{k})d^3k' ,$$

das für isotrope Streuprozesse bei der Integration über die Richtung
von $\vec{k}'$ verschwindet.

Für sowohl unelastische als auch anisotrope Streuprozesse kann eine Impulsrelaxationszeit $\tau_m(E)$ wie gesagt nicht sinnvoll definiert werden. Überlegen wir uns das mit Hilfe eines extremen Beispiels: Das Elektron verliere bei jeder Streuung die konstante Energie ΔE, ohne daß sich die Richtung seines Impulses ändert, d.h. $\vec{k}'$ ist parallel $\vec{k}$ und $k' < k$. Dann geht bei der Streuung der Impuls $\hbar(\vec{k} - \vec{k}')$ verloren. Der verbleibende Impuls $\hbar\vec{k}'$ gehört aber nicht mehr zu der Elektronenklasse mit der Energie $E(k)$, sondern zu einem anderen Elektronenensemble, das der Energie $E' = E(k') = E(k) - \Delta E$ zuzuordnen ist. Andererseits kommen Elektronen der Energieklasse $E(k) + \Delta E$ durch die Streuung in die Klasse $E(k)$ und führen der letzteren pro Streuprozeß den Impuls $\hbar\vec{k}$ zu. Wir erkennen, daß die Änderung des Impulses mit der Zeit für die Elektronen der Energie E davon abhängt, wieviele Elektronen sich bei der Energie $E + \Delta E$ befinden. Anders ausgedrückt: Die Impulsrelaxation hängt von der Vf ab; eine Impulsrelaxationszeit als eindeutige Funktion der Energie E kann nicht existieren! Verfolgen wir unser Beispiel noch weiter und bilden den Kollisionsterm der Boltzmann-Gleichung für schwaches elektrisches Feld. Unter Verwendung von Gl. (4.1/12) und Gl. (4.1/21) erhalten wir als Gegenstück zu Gl. (4.1/14)

$$\left(\frac{\partial f}{\partial t}\right)_c = -\lambda(E)f_1(E)\cos\vartheta + f_1(E + \Delta E)\int \cos\vartheta' S(k',k)d^3k' \cdot$$

$$(4.1/24)$$

Der erste Term betrifft die hinausgestreuten Teilchen und hängt dementsprechend nur von der totalen Streurate λ ab. Der zweite Term berücksichtigt alle in die Stelle $\vec{k}$ hineingestreuten Elektronen. Sie besaßen vor der Streuung die Energie $E(k) + \Delta E$. Die Boltzmann-Gleichung vereinfacht sich also auf die Form einer Differenzengleichung für $f_1(E)$, durch die die Werte der Vf zu bestimmten Energiewerten, die sich um Vielfache von ΔE unterscheiden, miteinander verkoppelt sind. Dieser Fall tritt immer dann auf, wenn bei jedem Streuprozeß ein ganz bestimmter vom Streuwinkel unabhängiger Energiebetrag aufgenommen oder abgegeben wird. Dies ist nun bei der praktisch wichtigsten anisotrop-unelastischen Streuung der sogenannten polar optischen Streuung, wirklich der Fall. Deswegen hat die "Differenzengleichungsmethode" [4.4] großen Wert für die Bestimmung der Beweglichkeit und der galvanomagnetischen Eigenschaften

164

von Verbindungshalbleitern, für die die polar optische Streuung vielfach dominiert (vgl. Abschn. 4.4 und 4.5).

Wir lassen nun die Beschränkung auf schwache elektrische Feldstärke fallen und wenden uns damit den heißen Elektronen zu, deren mittlere Energie größer ist als die thermische Gitterenergie. Die Elektronen nehmen nämlich zwischen zwei aufeinander folgenden Streuprozessen Energie aus dem Feld auf und müssen sie durch unelastische Streuung wieder an das Gitter abgeben. In einem starken Feld wird dabei die mittlere Energie der Elektronen größer als die thermische Energie des Gitters, was andererseits eine verstärkte Energieabgabe an das Gitter zur Folge hat. Solche hochenergetische Ladungsträger bezeichnet man als heiße oder warme Elektronen, je nachdem sich ihre mittlere Energie stark oder nur wenig von der des Gitters unterscheidet. Dabei muß entweder der Kristall gekühlt oder das Feld nur kurzzeitig angelegt werden, um die Aufheizung des Gitters klein zu halten.

Die Eigenschaften der Vf heißer Elektronen werden wir in Abschn. 4.6 diskutieren. Im folgenden beschränken wir uns auf die zugehörigen Methoden zur Lösung der Boltzmann-Gleichung. Beginnen wir mit dem Fall, in dem gleichzeitig starke elastische und schwache unelastische Streumechanismen wirken. Dann wird durch erstere die Beweglichkeit begrenzt, während letztere die Energieabgabe der Elektronen an das Gitter bewirken. Je stärker die elastischen Streuprozesse wirken, desto kleiner ist die Beweglichkeit und die Driftgeschwindigkeit, umso geringfügiger ist die Verschiebung des Maximums der Vf aus der Nulllage in die Richtung des negativen elektrischen Feldes; anders ausgedrückt, die Vf weist eine umso geringere Anisotropie auf. Andererseits bewirkt eine schwache unelastische Streuung eine geringe Energieabgabe an das Gitter und damit eine gegen die thermische Energie des Gitters stark überhöhte mittlere Elektronenenergie. Abb. 4.1/3 zeigt schematisch ein Beispiel. Ohne elektrisches Feld ist die Vf durch

$$f_{oo}(E) = \exp\{-(E - E_F)/k_B T\}$$

gegeben. Die Vf $f(\vec{k})$ im starken elektrischen Feld setzt sich aus dem kugelsymmetrischen Anteil $f_o(E)$ und dem kleinen, schraffiert angedeuteten Anteil $f(\vec{k}) - f_o(E)$ zusammen; letzterer hat näherungsweise wieder eine Winkelabhängigkeit gemäß cos ϑ, weshalb auch für diesen Fall der Ansatz Gl. (4.1/12) für die Vf verwendet wird, wobei aber die Gleichgewichtsverteilung $f_{oo}(E)$ durch den kugelsymmetrischen Anteil $f_o(E)$ der Vf zu ersetzen ist:

$$f(\vec{k}) = f_o(E) + f_1(E) \cos \vartheta.$$

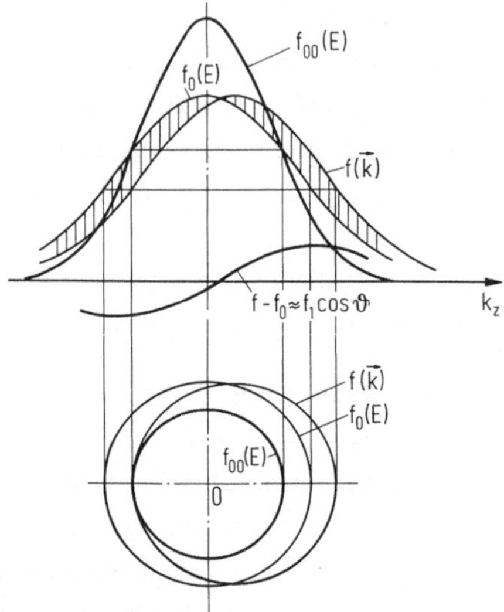

Abb. 4.1/3. Vf im thermischen Gleichgewicht $[f_{oo}(E)]$ und nach Anlegen eines starken elektrischen Feldes $[f(\vec{k})]$ für den Fall starker elastischer und schwacher unelastischer Streuung. Der kugelsymmetrische Anteil von $f(\vec{k})$ ist $f_o(E)$. Der untere Teil des Bildes zeigt die Kurven, in denen die angegebene Vf die Hälfte ihres Maximalwertes annimmt.

Formal läßt sich dieser Sachverhalt sehr einfach ausdrücken:

Wenn die Vf nur schwache Anisotropie aufweist, dann konvergiert die Entwicklung nach Legendre-Polynomen Gl. (4.1/13) so gut, daß man sich auf die ersten beiden Glieder beschränken kann. Damit ist die Winkelabhängigkeit der Vf bekannt und man muß nur mehr die beiden unbekannten Funktionen der Energie $f_o(E)$, $f_1(E)$ aus der Boltzmann-Gleichung bestimmen. Bezüglich der Einzelheiten dieser viel verwendeten Methode, die als Diffusionsnäherung bezeichnet wird, müssen wir auf die Literatur verweisen [4.3, 4.5]. Im unteren Teil

der Abb. 4.1/3 sind die Kurven im k-Raum skizziert, in denen die Vf
die Hälfte ihres Maximalwertes annimmt. Die Kurven für $f_{oo}(E)$ und
$f_o(E)$ sind exakt kreisförmig, für $f(\vec{k})$ näherungsweise kreisförmig.
Der im Vergleich zu $f_{oo}(E)$ vergrößerte Radius der zu $f_o(E)$ und
$f(\vec{k})$ gehörigen Kreise entspricht der durch das elektrische Feld ver-
größerten mittleren Energie der Elektronen; die kleine Verschiebung
des zu $f(\vec{k})$ gehörigen Kreises gegen den zu $f_o(E)$ gehörigen entspricht der Driftgeschwindigkeit.

Ein im Vergleich zur Diffusionsnäherung noch einfacheres Verfahren
berüht darauf, daß die Form der Vf auch hinsichtlich der Energieabhängigkeit vorgegeben wird, jedoch unbestimmte Parameter enthält,
die aus der Boltzmann-Gleichung bestimmt werden. Meist wählt man
die Form einer gedrifteten, d.h. verschobenen Maxwell-Verteilung

$$f(\vec{k}) = \frac{h^3}{2} \frac{n}{(2\pi m^* k_B T_e)^{3/2}} \exp\left\{-\frac{E(\vec{k} - \langle\vec{k}\rangle)}{k_B T_e}\right\} , \qquad (4.1/25)$$

in der $E(\vec{k})$ die Bedeutung nach Gl. (4.1/1) hat und der Driftimpuls
$\hbar\langle\vec{k}\rangle$ und die Elektronentemperatur T_e die unbestimmten Parameter
sind, die aus der Boltzmann-Gleichung ermittelt werden sollen. Selbstverständlich ist eine exakte Lösung der letzteren mit diesem Ansatz
nicht möglich. Man hilft sich durch Bildung von 2 Integralen über die
Boltzmann-Gleichung, die physikalisch die Bedeutung eines Impuls-
erhaltungssatzes und eines Energieerhaltungssatzes haben und als
Bilanzgleichungen bezeichnet werden. Sie lassen sich durch Wahl der
Parameter $\langle\vec{k}\rangle$ und T_e erfüllen. Der Nachteil dieser Methode, die durch
ihre Einfachheit besticht, ist die Unmöglichkeit einer verläßlichen
Fehlerabschätzung. Heute weiß man, daß der Ansatz Gl. (4.1/25) nur
in wenigen Fällen gute Resultate liefert, weil die Vf meist einen von
der gedrifteten Maxwell-Verteilung grundsätzlich verschiedenen Charakter aufweist. Nur im Falle hoher Elektronendichte, wenn die Wechselwirkung der Elektronen untereinander stark genug ist, um ein Teilgleichgewicht des Elektronenensembles für sich einzustellen, ist diese Form der Vf eine gute Näherung. Trotzdem werden wir die qualitative Diskussion heißer Elektronen im Abschn. 4.6.2 der Übersichtlichkeit halber mit den Bilanzgleichungen durchführen.

In den letzten Jahren haben Methoden zur numerischen Berechnung der Vf heißer Elektronen eine enorme Bedeutung erlangt, die den Einsatz großer Computer erfordern. Sie besitzen den Vorteil, daß sie ohne Vernachlässigungen und Näherungen auskommen. Die mit ihrer Hilfe gewonnenen Resultate haben gezeigt, daß die analytischen Methoden vielfach unzureichend sind. Ein wichtiges numerisches Verfahren, die Monte Carlo-Methode [4.6], besteht in der Simulation der Elektronenbewegung im k-Raum. Abb. 4.1/4 zeigt diese Bewegung schematisch. Zwischen zwei Streuungen bewegt sich das Elektron gleichförmig gemäß den Gl. (4.1/4) und (4.1/5) z.B. von 1 nach 2, von 3 nach 4 usw. Durch jeden Stoß erfolgt eine diskontinuierliche Änderung des k-Vektors, z.B. durch einen elastischen Stoß von 2 nach 3, durch einen unelastischen Stoß unter Energieabgabe von 4 nach 5 usw. Das Verfahren beruht nun auf der Erzeugung von Zufallszahlen, die eine vorgegebene Wahrscheinlichkeitsverteilung haben. Die Zufallszahlen bestimmen die Zeitpunkte der Streuprozesse (z.B. 2 und 4 in der Abb. 4.1/4) und die Position $\vec{k}'$ des Elektrons nach jedem Stoß (die Punkte 3, 5 usw.). Der k-Raum wird in Zellen zerlegt und die Aufenthaltsdauer des Elektrons in jeder Zelle ermittelt. Diese ist proportional dem Wert der Vf in der betreffenden Zelle, so daß sich die Elektronenverteilung berechnen läßt. Dabei wird von der Übereinstimmung der Scharmittelwerte mit den zeitlichen Mittelwerten in stationären Systemen Gebrauch gemacht.

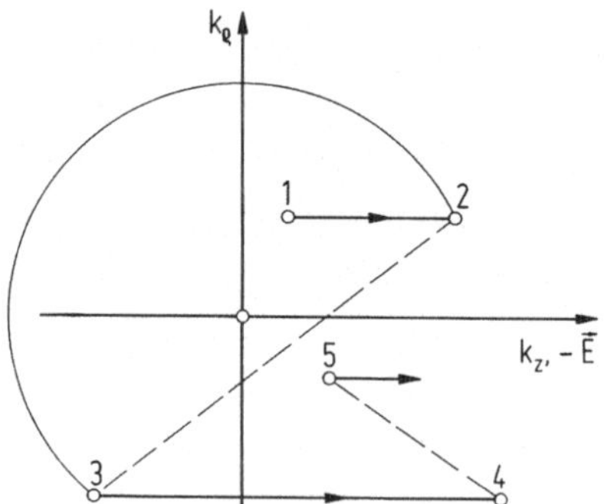

Abb. 4.1/4. Bewegung eines Elektrons durch den $\vec{k}$-Raum. Das Elektron bewegt sich von 1 nach 2 und von 3 nach 4 unter dem Einfluß eines negativen elektrischen Feldes in k_z-Richtung. Es wird durch einen elastischen Stoß von 2 nach 3 und durch einen unelastischen Stoß unter Energieabgabe von 4 nach 5 befördert.

Ein weiteres wichtiges numerisches Verfahren ist die iterative Methode [4.4, 4.7], deren Prinzip darin besteht, die durch das zweite Glied
des Stoßterms hervorgerufene Schwierigkeit zu umgehen. Beschränken
wir uns, wie schon oben bei der Monte Carlo-Rechnung, auf den stationären Fall und nehmen an, daß $f_n(\vec{k})$ das Ergebnis von n Schritten
der Iteration sei. Dann läßt sich die zugehörige Änderung der Dichte
an der Stelle $\vec{k}$ durch die hineingestreuten Teilchen aus

$$\int f_n(\vec{k}')S(\vec{k}',\vec{k})d^3k'$$

berechnen. Man kann nun die inhomogene Differentialgleichung

$$-\frac{e}{\hbar}(\vec{E}\cdot\nabla_k)f_{n+1}(\vec{k}) = -f_{n+1}(\vec{k})\lambda(k) + \int f_n(\vec{k}')S(\vec{k}',\vec{k})d^3k' \qquad (4.1/26)$$

lösen und erhält die (n + 1)-te Näherung. Die Integrodifferentialgleichung (4.1/10) wird somit auf eine Differentialgleichung zurückge-
führt.

Ist die Boltzmann-Gleichung gelöst und die Vf $f(\vec{k})$ bekannt, dann
lassen sich alle makroskopischen Größen berechnen. Aus der Definition der Vf und aus Gl.(4.1/6) folgt für die Elektronendichte

$$n = \frac{2}{(2\pi)^3} \int f(\vec{k})d^3k \ . \qquad (4.1/27)$$

Zur Berechnung der Stromdichte $- en\langle\vec{v}\rangle$ benötigen wir die Teilchen-
geschwindigkeit, die gemäß Gl.(1.3/11) mit der Gruppengeschwindigkeit des Wellenbildes übereinstimmt und in vektorieller Schreibweise
lautet:

$$\vec{v} = \frac{1}{\hbar} \vec{\nabla}_k E(\vec{k}) \qquad (1.3/11a)$$

Erwähnt sei, daß $\vec{v}$ in dieser Form auch im Lorentz-Term der Kraftgleichung (4.1/3) auftritt. Aus Gl.(1.3/11a) erhält man die makro-
skopische Stromdichte

$$\vec{i} = -\frac{2e}{(2\pi)^3\hbar} \int d^3k f(\vec{k}) \vec{\nabla}_k E(\vec{k}) \ . \qquad (4.1/28)$$

Die mittlere Energie der Elektronen erhält man aus

$$\langle E \rangle = \frac{2}{(2\pi)^3 n} \int d^3k\, f(\vec{k})\, E(\vec{k}) \, , \qquad (4.1/29)$$

und die Energiestromdichte wird

$$\vec{w} = \frac{2}{(2\pi)^3 \hbar} \int d^3k\, f(\vec{k})\, E(\vec{k})\, \vec{\nabla}_k E(\vec{k}) \, .$$

Die bereits in Gl. (4.1/25) eingeführte Elektronentemperatur T_e definiert man allgemein mit Hilfe der mittleren Energie:

$$T_e = \frac{2}{3 k_B} \langle E \rangle \, . \qquad (4.1/30)$$

Jedoch ist dieser Begriff mit Vorsicht zu gebrauchen, da es sich nicht um eine thermodynamische Temperaturdefinition sondern um die Angabe des Energieinhaltes handelt. Man hat also zu berücksichtigen, daß die Vf von einer Maxwellverteilung häufig stark abweicht und die Elektronentemperatur diese Abweichung nicht beschreibt. Sie ist aber ein bequemes Maß für die "Aufheizung" des Elektronengases.

Zum Abschluß dieser Einführung wollen wir kurz auf den Inhalt der folgenden Abschnitte eingehen. Zunächst müssen wir uns mit der Natur der Gitterschwingungen befassen, die als Stoßpartner der Elektronen eine entscheidende Rolle für die Transportphänomene spielen. Im darauffolgenden Abschnitt geben wir eine Übersicht über die wichtigsten Streuprozesse, deren physikalische Eigenschaften wir an Hand der zugehörigen Streuraten studieren und klassifizieren wollen. Dabei spielen die Bandstruktur und die Bindungsverhältnisse im Halbleiter eine wichtige Rolle. Die beiden anschließenden Abschnitte sind dem Stromtransport im elektrischen und magnetischen Feld gewidmet (Beweglichkeit und galvanomagnetische Effekte). Abschließend kommen wir zum Transport im starken elektrischen Feld (heiße Elektronen, Durchbruch), der von besonders großer Bedeutung für die Halbleiterbauelemente ist.

4.2 Gitterschwingungen

Ähnlich wie bei der Bandstruktur wollen wir auch hier mit dem eindimensionalen Fall beginnen; dann läßt sich die Schallausbreitung im
Kontinuum durch die Verschiebung $u(x,t)$ an der Stelle x zur Zeit
t beschreiben. Ändert sich die Verschiebung mit dem Ort, dann
kommt es zu einer Verformung, die durch die Dehnung

$$S(x,t) = \frac{\partial u}{\partial x} \qquad (4.2/1)$$

gekennzeichnet ist. Nach dem Hookeschen Gesetz entsteht dadurch
eine der Dehnung proportionale Spannung

$$T(x,t) = c\,S(x,t) \qquad (4.2/2)$$

mit c als Elastizitätskonstante. Die auf die Volumeneinheit bezogene
Kraft ist

$$F(x,t) = \frac{\partial T}{\partial x}\,, \qquad (4.2/3)$$

so daß die Newtonsche Kraftgleichung für die Volumeneinheit die
Form

$$\rho_m \frac{\partial^2 u}{\partial t^2} = \frac{\partial T}{\partial x} = c\,\frac{\partial^2 u}{\partial x^2} \qquad (4.2/4)$$

annimmt, wobei ρ_m die Dichte bezeichnet. Somit erhält man die eindimensionale Wellengleichung und die Phasengeschwindigkeit der
Schallwellen

$$v_s = \sqrt{\frac{c}{\rho_m}}\,. \qquad (4.2/5)$$

Sie stimmt mit der Gruppengeschwindigkeit überein, da sie konstant
und die Wellenausbreitung demnach dispersionsfrei ist.

Diese einfachen Ergebnisse müssen modifiziert werden, wenn der
Abstand der Atome im Medium gegen die Wellenlänge nicht mehr vernachlässigt werden kann, so daß die Welle durch die atomare Struktur
beeinflußt wird. Einfachheitshalber wollen wir diese Verhältnisse an

einem eindimensionalen Kristallmodell studieren, das aus einer Kette
von Atomen besteht, in der nur nächste Nachbarn durch elastische
Kräfte aufeinander wirken (Abb. 4.2/1); die Kraft, die zwei benachbarte Atome aufeinander ausüben, sei der Änderung ihres Abstandes
proportional. Wenn wir die Proportionalitätskonstante mit γ bezeichnen, dann erhalten wir für die Kraft auf das n-te Atom

$$f_n = \gamma(u_{n+1} - u_n) + \gamma(u_{n-1} - u_n). \qquad (4.2/6)$$

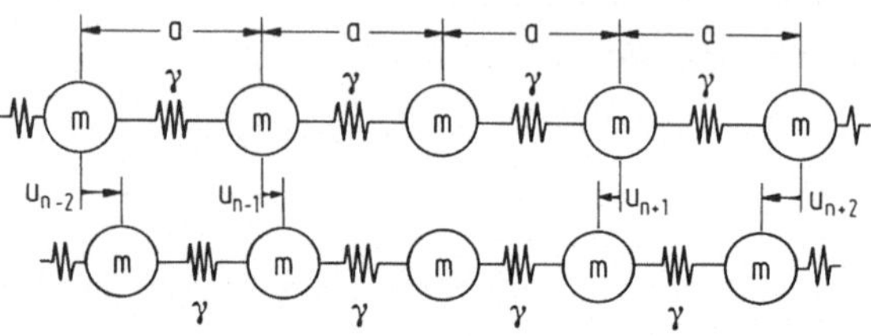

Abb. 4.2/1. Eindimensionale Kette von gleichen Atomen mit Masse
m und Abstand a, in der nur nächste Nachbarn über die Federkonstante γ aufeinander wirken. Für die schwingende Kette bezeichnet
u_i die Verschiebung des i-ten Atoms aus der Ruhelage.

Die Newtonsche Kraftgleichung

$$m \frac{d^2 u_n}{dt^2} = f_n \qquad (4.2/7)$$

wird unter Annahme harmonischer Zeitabhängigkeit

$$u_n = \mathrm{Re}\left\{ U_n e^{-j\omega t} \right\}$$

zu einer linearen Differenzengleichung

$$U_{n+1} - \left(2 - \frac{m\omega^2}{\gamma} \right) U_n + U_{n-1} = 0, \qquad (4.2/8)$$

die sich durch den Ansatz

$$U_n = \hat{U} z^n$$

172

lösen läßt. Die charakteristische Gleichung

$$z^2 - \left(2 - \frac{m\omega^2}{\gamma}\right) z + 1 = 0 \qquad (4.2/9)$$

ist quadratisch und ihre beiden Lösungen erfüllen

$$z_1 z_2 = 1. \qquad (4.2/10)$$

Weicht der Absolutbetrag einer Lösung von Eins ab, dann gilt somit immer eine exponentiell anklingende Lösung, die im unbegrenzten Halbleiter nicht sinnvoll ist. Nur Lösungen mit dem Betrag Eins haben physikalische Bedeutung, weshalb der Ansatz $z = \exp(j\alpha)$ gemacht werden kann. Dies entspricht dem Ansatz Gl. (1.2/3) für Elektronenwellen, wo wegen der Translationsinvarianz α ebenfalls reell sein mußte.

$$\cos \alpha = 1 - \frac{m\omega^2}{2\gamma}, \qquad \omega = 2 \sqrt{\frac{\gamma}{m}} \left|\sin \frac{\alpha}{2}\right|,$$

$$u_n = \mathrm{Re}\{\hat{U} \exp(jn\alpha - j\omega t)\}.$$

Somit bedeutet α die Phasendifferenz der Schwingung von zwei Nachbaratomen. Entsprechend dem Ausbreitungsvektor $\vec{k}$ bei den Bloch-Wellen führen wir hier die Ausbreitungskonstante $q = \alpha/a$ mit der Gitterkonstante a ein, so daß man die übliche Darstellung der Welle

$$u(x,t) = \mathrm{Re}\{\hat{U} \exp(jqx - j\omega t)\} \qquad (4.2/11)$$

erhält. Die zugehörige Dispersionsgleichung lautet

$$\omega = \omega_{max} \left|\sin \frac{qa}{2}\right|, \qquad \omega_{max} = 2 \sqrt{\frac{\gamma}{m}}. \qquad (4.2/12)$$

Sie ist in Abb. 4.2/2 dargestellt. Wie bei den Bloch-Wellen können wir uns wegen der Periodizität auf die erste Brillouin-Zone $-\pi/a < q < \pi/a$ beschränken.

Betrachten wir den Grenzfall kleiner Phasenverschiebungen $\alpha \ll \pi$, so wird die Phasengeschwindigkeit frequenzunabhängig und wir erhal-

ten eine dispersionsfreie Welle wie für das kontinuierliche Medium
mit

$$v_s = a \sqrt{\gamma/m}. \qquad (4.2/13)$$

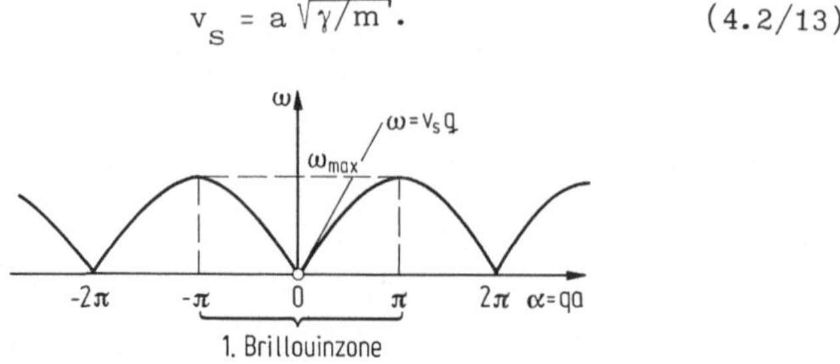

Abb. 4.2/2. Dispersionsdiagramm elastischer Wellen für die in Abb.
4.2/1 gezeigte eindimensionale Kette gleichartiger Atome.

Da m/a der Dichte ρ_m entspricht und – wegen $(u_n - u_{n-1})/a \to \partial u/\partial x$ –
in diesem Grenzfall γa in die elastische Konstante c übergeht, stimmt
Gl. (4.2/13) mit Gl. (4.2/5) überein.

Das bisher verwendete Modell entspricht einem reinen Translationsgitter oder Bravais-Gitter [4.8], in dem alle Atome zueinander äquivalent sind. Schon im Abschn. 1.5 wurde aber betont, daß die Basiszelle des Diamant- und Zinkblendegitters zwei nicht äquivalente Atome
enthält. Ein entsprechendes eindimensionales Modell ist in Abb. 4.2/3

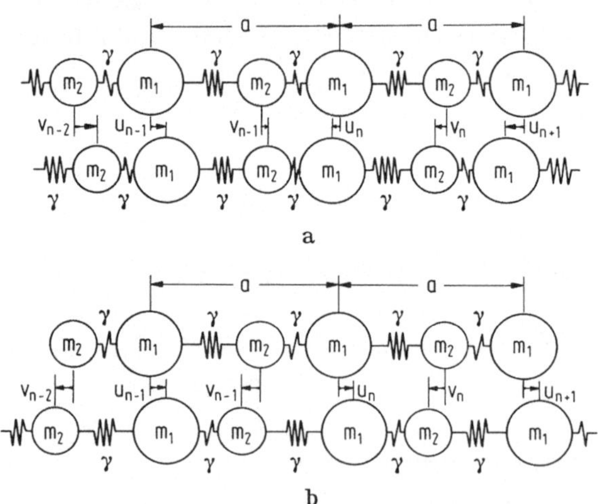

Abb. 4.2/3. Eindimensionale Kette von Atomen. Sie wird von Basiszellen mit je 2 ungleichen Atomen der Massen m_1, m_2 aufgebaut. Die
Basiszellen folgen periodisch im Abstand a aufeinander. Für die
schwingende Kette bezeichnen u_i, v_i die Verschiebungen der Atome
m_1, m_2 in der i-ten Basiszelle. a) akustische Schwingung; b) optische
Schwingung.

174

skizziert. Unter der Annahme, daß elastische Kräfte nur zwischen
nächsten Nachbarn mit der Federkonstante $\gamma_1 = \gamma_2 = \gamma$ wirken, erhalten wir die Kraftgleichungen

$$m_1 \frac{d^2 u_n}{dt^2} = \gamma(v_n + v_{n-1} - 2u_n), \quad m_2 \frac{d^2 v_n}{dt^2} = \gamma(u_{n+1} + u_n - 2v_n),$$

die durch den Ansatz

$$u_n = \mathrm{Re}\{\hat{U} \exp(jn\alpha - j\omega t)\}, \quad v_n = \mathrm{Re}\{\hat{V} \exp(jn\alpha - j\omega t)\}$$

auf die Form

$$\frac{\hat{V}}{\hat{U}} = \frac{e^{j\alpha} + 1}{2 - m_2\omega^2/\gamma} = \frac{2 - m_1\omega^2/\gamma}{1 + e^{-j\alpha}} \qquad (4.2/14)$$

gebracht werden können. Hieraus ergibt sich mit $\alpha = qa$ die Dispersionsgleichung

$$2\left(\frac{\omega}{\omega_o}\right)^2 = 1 \pm \sqrt{1 - \left(\frac{4}{a}\frac{v_s}{\omega_o} \sin\frac{qa}{2}\right)^2}, \qquad (4.2/15)$$

in der die Abkürzungen

$$\omega_o^2 = 2\gamma\left(\frac{1}{m_1} + \frac{1}{m_2}\right), \quad v_s^2 = \frac{a^2}{\omega_o^2} \frac{\gamma^2}{m_1 m_2} \qquad (4.2/16)$$

eingeführt wurden. Das Ergebnis zeigt Abb. 4.2/4. Es treten nun zwei
voneinander getrennte Äste des Dispersionsdiagramms auf. Beim

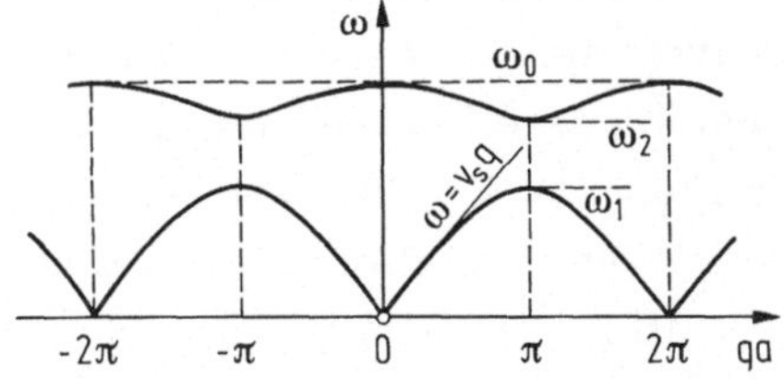

Abb. 4.2/4. Dispersionsdiagramm elastischer Wellen für die in Abb.
4.2/3 gezeigte eindimensionale Kette mit zwei ungleichen Atomen in
jeder Basiszelle.

einen (negatives Vorzeichen in Gl. (4.2/15)) verschwindet ω bei
$q = 0$, er wird als akustischer Ast bezeichnet. Beim optischen Ast
ist dem Wellenvektor 0 die Frequenz ω_o zugeordnet. Um die Bedeutung dieser Äste besser zu verstehen, untersuchen wir für kleine Ausbreitungskonstante q das Verhältnis der Schwingungsamplituden der
beiden Atome einer Basis gemäß Gl. (4.2/14). Für den akustischen
Ast ergibt sich $\hat{V}/\hat{U} = + 1$ für $q \to 0$: die Nachbaratome schwingen
gleichphasig und mit gleicher Amplitude, wie dies im oberen Teil
von Abb. 4.2/3 angedeutet ist. Wir gelangen also hier ganz ähnlich
wie im Fall des Translationsgitters zum Grenzfall der elastischen Wellen im Kontinuum und man überzeugt sich leicht, daß die durch Gl.
(4.2/16) eingeführte Größe v_s wieder die Schallgeschwindigkeit für
diesen Grenzfall ist. Die Bezeichnung "akustischer Ast" bedeutet also, daß dieser Schwingungstyp für den Grenzfall großer Wellenlängen
die Schallausbreitung im Quasikontinuum beschreibt.

Für den optischen Ast ergibt sich hingegen

$$\frac{\hat{V}}{\hat{U}} = - \frac{m_1}{m_2} \quad \text{für} \quad q \to 0 \; . \qquad\qquad (4.2/17)$$

Benachbarte Atome schwingen also in Gegenphase ähnlich wie für das
reine Translationsgitter am Rand der Brillouin-Zone. Dieser Fall ist
im unteren Teil von Abb. 4.2/3 dargestellt. Analog zu den in Abschn.
1.5 für Elektronenwellen angestellten Überlegungen ist es zweckmäßig,
auch die Ausbreitungskonstante q der Gitterschwingungen durch die
Phasenverschiebung zwischen äquivalenten Atomen, also in unserem
Fall zwischen übernächsten Nachbaratomen zu definieren. Da die Phasenverschiebung für diese kleiner als für benachbarte ist, muß dem
optischen Ast, ebenso wie dem akustischen, eine Welle mit kleiner
Ausbreitungskonstante zugeordnet werden. Die Gegenschwingung benachbarter nicht äquivalenter Atome wird dabei als ein zusätzlicher
Vorgang innerhalb der Basiszelle behandelt. Durch die Verschieden-
artigkeit der beiden Atome in der Basiszelle des eindimensionalen
Kristalls entsteht somit ein zusätzlicher langwelliger Ast im Dispersionsdiagramm der Gitterschwingungen, der sich durch seine hohe
Frequenz vom akustischen Ast unterscheidet.

Am Rande der Brillouin-Zone wird $qa = \pi$ und man erhält nach einfachen Umformungen die beiden Frequenzen

$$\omega_1^{\,2} = 2\,\frac{\gamma}{m_1} \; , \quad \omega_2^{\,2} = 2\,\frac{\gamma}{m_2} \; , \qquad (4.2/18)$$

so daß mit Gl. (4.2/14) $\hat{V}$ für ω_1 verschwindet, hingegen $\hat{U}$ für ω_2. Für ω_1 schwingen somit nur die Atome m_1 im Einklang mit den frequenzbestimmenden Größen. Ist beispielsweise m_1 größer als m_2, so gehört offensichtlich ω_1 zum akustischen, ω_2 zum optischen Ast. Für den Rand der Brillouin-Zone bleiben also bei der akustischen Schwingung die leichten, bei der optischen Schwingung die schweren Atome in ihrer Ruhelage.

Wenn die beiden ungleichen Atome der Basiszelle unterschiedliche Ladungen haben, dann schwingen diese bei der Anregung optischer Gitterschwingungen in Gegenphase wie bei Hertzschen Dipolen. Es wird daher elektromagnetische Energie abgestrahlt. Umgekehrt absorbieren die Dipole elektromagnetische Energie, wobei optische Gitterschwingungen erzeugt werden. Diese Wechselwirkung ist der Grund dafür, daß man von optischen Gitterschwingungen spricht. Das zugehörige schmale Absorptionsband ("Reststrahlenband") liegt meist im fernen Infrarot zwischen 10 μm und 100 μm Wellenlänge.

Den Gitterschwingungen mit einer Ausbreitungskonstante q und der zugehörigen Kreisfrequenz $\omega(q)$ entsprechen Quanten mit dem Impuls $\hbar q$ und der Energie $\hbar\omega(q)$, die als Phononen oder Schallquanten bekannt sind. Der Zusammenhang $\omega = \omega(q)$, der die Dispersion der Gitterschwingungen beschreibt, wird daher auch Phononenspektrum genannt.

Da die Phononen keinen Spin besitzen, gehorchen sie der Bose-Einstein-Statistik [4.8]. Daher ist die mittlere Zahl n_q von Phononen in einem Schwingungsmodus der Wellenzahl q im thermischen Gleichgewicht

$$n_q = \left\{ \exp\frac{\hbar\omega(q)}{k_B T} - 1 \right\}^{-1} \; , \quad \frac{n_q}{n_q + 1} = \exp\left\{ -\frac{\hbar\omega(q)}{k_B T} \right\} \; . \quad (4.2/19)$$

Für kleine Wellenzahl wird die Energie akustischer Phononen $\hbar v_s q$ sehr klein und man erhält durch Entwicklung der Exponentialfunktion in (4.2/19)

$$(n_q)_{ac} \approx \frac{k_B T}{\hbar v_s q} \gg 1. \tag{4.2/20}$$

Für optische Phononen hingegen wird die Energie $\hbar \omega_o$ für kleine Wellenzahl von dieser unabhängig. Man drückt diese Energie gemäß $\hbar \omega_o = k_B \Theta$ zweckmäßig durch die charakteristische Temperatur (Debye-Temperatur) der optischen Gitterschwingungen aus, die für die wichtigsten Halbleiter zwischen 250 K (CdTe) und 700 K (Si) liegt. Die mittlere Phononenzahl pro Schwingungsmodus wird damit zu

$$(n_q)_o = \left\{ \exp \frac{\Theta}{T} - 1 \right\}^{-1}. \tag{4.2/21}$$

Die optischen Phononen "frieren" also bei tiefen Kristalltemperaturen "aus". Wenn sie auf die Beweglichkeit der Ladungsträger einen überwiegenden Einfluß haben, dann wächst die Beweglichkeit bei tiefen Temperaturen mit $\exp(\Theta/T)$ bis schließlich andere Einflüsse die Beweglichkeit bestimmen.

Nun wenden wir uns dem Phononenspektrum in realen dreidimensionalen Kristallen zu, wobei wir uns auf die Diskussion der Ergebnisse beschränken. Da die Atome nicht nur parallel zur Ausbreitungsrichtung der Schallwelle sondern auch in zwei aufeinander senkrechten Richtungen transversal schwingen können, hat man prinzipiell für gegebenen Ausbreitungsvektor $\vec{q}$ für jeden Schwingungstyp einen longitudinalen und zwei transversale Äste im Dispersionsdiagramm zu unterscheiden. Für ein reines Translationsgitter mit nur einem Atom in der Basis gibt es daher höchstens drei Äste. Als Beispiel ist das Phononenspektrum des kubisch flächenzentrierten Gitters von Cu in Abb. 4.2/5 dargestellt [4.9]. Das Spektrum wird längs des Weges $\Gamma X K \Gamma L$ in der Brillouin-Zone gezeigt (vgl. Abb. 1.6/1). In den Richtungen hoher Symmetrie $\Delta(\Gamma X)$ und $\Lambda(\Gamma L)$ sind die Transversalschwingungen entartet. Für geringere Symmetrie gibt es Mischformen (I, II), die weder rein longitudinal, noch rein transversal sind.

Die technisch wichtigsten Halbleiter kristallisieren im Diamant- und
Zinkblendegitter mit zwei Atomen in der Basiszelle. Damit treten

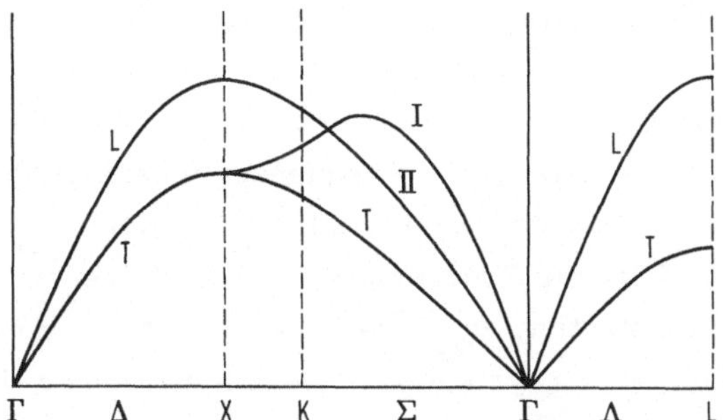

Abb. 4.2/5. Phononenstruktur von Kupfer (kubisch flächenzentriertes
Gitter); Darstellung längs des Weges $\Gamma\Delta X K \Sigma \Gamma\Lambda L$ in der Brillouin-
Zone. L: longitudinal, T: transversal, I und II: Polarisation parallel
zu der $\Gamma\Sigma\Lambda$-Ebene (Abb. 4.4 in [4.9]).

zusätzlich drei Äste auf, die optische Gitterschwingungen darstellen.
Abb. 4.2/6 zeigt als Beispiel GaAs [4.10]. In den Richtungen hoher
Symmetrie Δ und Λ tritt je ein einfacher longitudinaler und ein zweifach entarteter transversaler Ast der akustischen und der optischen
Gitterschwingungen auf. In den Richtungen geringerer Symmetrie erscheinen wieder die Mischformen (I, II). Im allgemeinen Fall von r
nicht äquivalenten Atomen in der Basiszelle liegen 3 akustische und
3 (r-1) optische Äste vor. Das akustische Spektrum entspricht, bis
auf quantitative Unterschiede, dem des Kupfers.

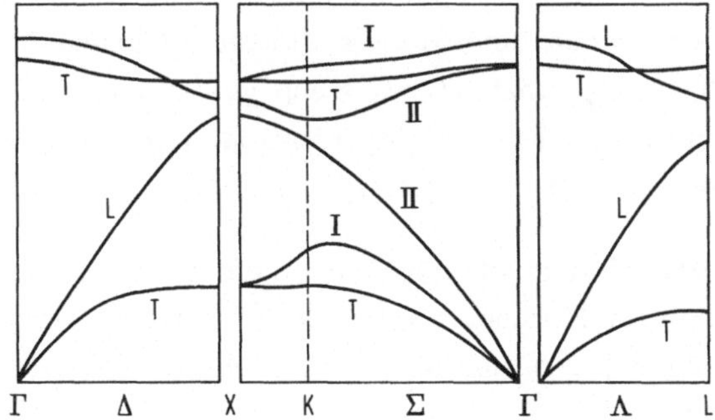

Abb. 4.2/6. Phononenspektrum von GaAs (Zinkblendegitter); L: longitudinal, T: transversal, I und II: Polarisation parallel zu der $\Gamma\Sigma\Lambda$-
Ebene (Abb. 1 in [4.10]).

Bekanntlich tritt in Frequenzbereichen, in denen der Kristall elektromagnetische Strahlung absorbiert, anomale Dispersion auf. Der Brechungsindex und die Dielektrizitätskonstante ε sind an der hochfre-
quenten Grenze des Absorptionsbereiches kleiner als an der nieder-
frequenten. Der Absorptionsbereich der optischen Gitterschwingungen
polarer Halbleiter wird "Reststrahlenband" genannt. Der größere Wert
der Dielektrizitätskonstante für Frequenzen unterhalb des Reststrahlenbandes heißt "statische Dielektrizitätskonstante" ε_{stat}, während
man im Bereich höherer Frequenzen mit der kleineren "optischen
Dielektrizitätskonstanten" ε_{opt} (fälschlich auch ε_∞ genannt) rechnen muß. Die einfache physikalische Bedeutung dieses Unterschiedes
ergibt sich aus der Unfähigkeit der schweren Ionen, Schwingungen
mit Frequenzen oberhalb des Reststrahlenbandes zu folgen. Zwischen
den beiden Werten der Dielektrizitätskonstanten und den Frequenzen
ω_{oL} und ω_{oT} der longitudinalen und transversalen optischen Phononen
im Γ-Punkt gilt die Lyddane-Sachs-Teller-Relation [4.8]

$$\frac{\varepsilon_{stat}}{\varepsilon_{opt}} = \frac{\omega_{oL}^2}{\omega_{oT}^2} \ . \tag{4.2/22}$$

Die Abweichung dieser Größe von Eins ist charakteristisch für die
Stärke des durch langwellige optische Phononen erzeugten elektrischen
Feldes und daher auch für ihre Wechselwirkung mit den Elektronen
und Löchern, die als polar optische Streuung bezeichnet wird. Diese
Größe geht daher entscheidend in die Streuraten (Abschn. 4.3) und
die Beweglichkeit (Abschn. 4.4) polarer Halbleiter ein [vgl. z.B.
Gl. (4.3/22)]. Auch für die im Abschn. 2.2 behandelten lokalisierten
Terme ist obige Betrachtung wichtig. Im Mott-Gurney-Modell ist [z.B.
in Gl. (2.2/3)] ε_{stat} einzusetzen, wenn $\omega < \omega_{oT}$ ist, was für flache
Störstellen erfüllt ist. Für tiefe Störstellen, deren Ionisierungsener-
gie $\hbar\omega_{oL}$ übertrifft, ist hingegen ε_{opt} maßgeblich.

Daß eine direkte Wechselwirkung mit einem Photon nur für ein lang-
welliges Phonon im Γ-Punkt möglich ist, folgt auf Grund des kleinen
Photonenimpulses $\hbar\omega/c$ aus dem Impulserhaltungssatz (c Lichtge-
schwindigkeit).

Die hier angeschnittene Absorption durch Gitterschwingungen muß
streng unterschieden werden von den vielfältigen Absorptionsprozessen

180

durch die Kristallelektronen. Alle zugehörigen Absorptionsbereiche sind von Änderungen der Dielektrizitätskonstanten begleitet, so daß sich die statische Dielektrizitätskonstante ε_{stat} aus der Dielektrizitätskonstante des Vakuums ε_o sowie den Beiträgen aus allen Absorptionsbereichen zusammensetzt. Insbesondere gehören zu diesen Absorptionsmechanismen die in Abschn. 1.9 und Kap. 3 behandelten optischen Band-Band- und Termübergänge. Oftmals sind bei Übergängen von Kristallelektronen auch Gitterschwingungen mit im Spiel, d.h. Phononen werden gleichzeitig emittiert oder absorbiert. Dies führt dazu, daß die zugehörigen Spektrallinien stark verbreitert sind und oftmals um die entsprechenden optischen Phononenenergien verschobene Satellitenlinien aufweisen. Diese Andeutungen sollen zeigen, daß man durch optische Untersuchungen wichtige Informationen über die Gitterschwingungen erhalten kann; wegen der im folgenden behandelten Wechselwirkung der Gitterschwingungen mit den Ladungsträgern gehen derartige Resultate unmittelbar in die Theorie der Beweglichkeit ein.

4.3 Wechselwirkung von Ladungsträgern mit Störstellen und Phononen (Streumechanismen)

Bei der Wechselwirkung von Elektron und Phonon sind zwei Fälle möglich, die als Innertalstreuung und Zwischentalstreuung bezeichnet werden. Bei der Innertalstreuung befindet sich das Elektron vor und nach der Wechselwirkung mit den Gitterschwingungen in demselben Minimum des Leitungsbandes, sein $\vec{k}$-Vektor hat sich nur geringfügig verändert. Aus dem Impulserhaltungssatz

$$\hbar \vec{k}' - \hbar \vec{k} = \pm \hbar \vec{q} \qquad (4.3/1)$$

($\vec{k}, \vec{k}'$ Anfangs- bzw. Endwert des $\vec{k}$-Vektors, $\vec{q}$ Wellenvektor des Phonons) ergibt sich, daß nur langwellige Phononen für die Innertalstreuung in Frage kommen. Daher gibt es zwei Möglichkeiten:

Die akustische Innertalstreuung erfolgt unter geringfügiger Änderung der Elektronenenergie

$$E' - E = \pm \hbar \omega_a(q) = \pm \hbar v_s q ; \qquad (4.3/2)$$

181

sie kann als quasi-elastisch behandelt werden, wenn die Gittertemperatur nicht sehr niedrig ist (etwa für $T > 50$ K).

Die optische Innertalstreuung bewirkt eine viel stärkere Energieänderung

$$E' - E = \pm \hbar \omega_o(q) \approx \pm k_B \Theta \, . \qquad (4.3/3)$$

Hier ist Θ die im vorigen Abschnitt eingeführte Debye-Temperatur. Da sie einige hundert K beträgt, kann man die optische Innertalstreuung praktisch nie als elastisch ansehen.

Im Gegensatz zur Innertalstreuung führt die Zwischentalstreuung zum Übergang des Elektrons von einem Minimum des Leitungsbandes in ein anderes. Dazu ist im allgemeinen eine beträchtliche Änderung des $\vec{k}$-Vektors und damit eine große Wellenzahl q des "Zwischental-phonons" erforderlich, das dem akustischen oder dem optischen Ast angehören kann. Seine Energie ist im allgemeinen kleiner, aber doch in der gleichen Größenordnung wie für optische "Innertalphononen"; sie wird ebenfalls durch eine charakteristische Temperatur gekennzeichnet.

Einen anderen Gesichtspunkt für die Einteilung der Streuprozesse gewinnt man aus der Frage, in welcher Weise eine Gitterschwingung auf ein Elektron wirkt. Im vorigen Abschnitt wurde ausgeführt, daß für polare Halbleiter (z.B. GaAs), die mindestens zwei verschiedene Atome in der Einheitszelle haben, ein Dipolmoment vorhanden ist. Bei Anregung von Gitterschwingungen entsteht ein elektromagnetisches Feld, das in Wechselwirkung mit den Ladungsträgern tritt und eine Streuung der letzteren bewirkt. Man spricht in diesem Fall von polarer Streuung und je nach der Art der beteiligten Phononen von polar optischer oder polar akustischer Streuung; letztere wird meist als piezoelektrische Streuung bezeichnet.

Jedoch gibt es auch in nichtpolaren Halbleitern, wie z.B. Si, eine Wechselwirkung zwischen Ladungsträgern und Phononen, die als Deformationspotentialstreuung bekannt ist. Um ihr Zustandekommen zu verstehen, betrachten wir longitudinale akustische Gitterschwingungen. Sie führen über das in Gl. (1.10/10) eingeführte Deformationspotential zu einer mit der Wellenlänge periodischen Verformung

der Energiebänder, wie in Abb. 4.3/1 schematisch für die Leitungsbandkante E_c angedeutet. Ein Leitungselektron der Energie E hat

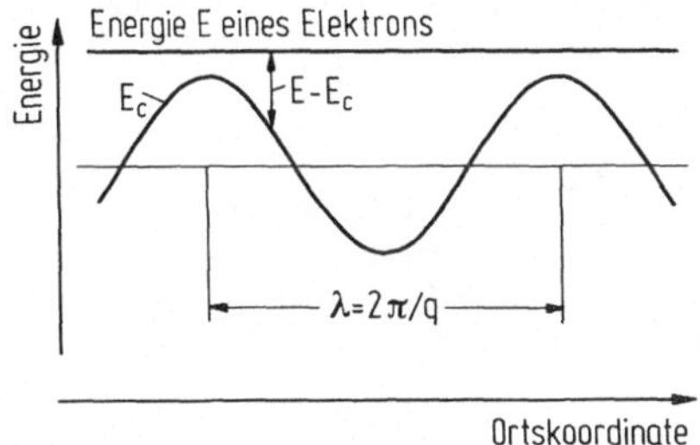

Abb. 4.3/1. Verformung der Leitungsbandkante E_c durch eine longitudinale akustische Welle der Wellenlänge $\lambda = 2\pi/q$ (schematisch).
Vollausgezogen (schwach gezeichnet) der Verlauf von E_c mit (ohne)
akustische Welle.

daher einen örtlich veränderlichen Abstand $E - E_c$ von der Leitungsbandkante, der gemäß Gl. (1.6/1) eine örtlich veränderliche Ausbreitungskonstante k der zugehörigen Bloch-Welle bedeutet. Da jede
Änderung der Ausbreitungskonstante einer Welle Reflexionen hervorruft, muß die Bloch-Welle des Ladungsträgers teilweise reflektiert
werden. Dieser Vorgang entspricht der Reflexion elektromagnetischer
Wellen an den Inhomogenitäten einer Leitung oder der Reflexion optischer Wellen an Änderungen des Brechungsindex. Da die Streuung
durch Phononen auf der Wellennatur der Elektronen beruht, ist eine
quantenmechanische Behandlung notwendig. Auch die Streuung an un-
geladenen Störstellen muß als Beugung von Materiewellen berechnet
werden.

Für die Streuung an geladenen Störstellen (Coulomb-Streuung) ergibt hingegen auch eine klassische Rechnung das richtige Ergebnis[1].
Zur Einführung wollen wir daher diesen Fall etwas genauer untersuchen. Gemäß Abb. 4.3/2 bewege sich ein Elektron $-e$ im Feld einer

[1] Die Übereinstimmung ist allerdings auf das Coulombpotential
$V \sim r^{-1}$ beschränkt, das den Grenzfall der größten Reichweite von
Wechselwirkungen darstellt.

Störstelle mit der positiven Ladung Ze auf einer Hyperbelbahn, deren Asymptoten die Impulsrichtung des Elektrons vor und nach der Streuung ($\hbar\vec{k}$ bzw. $\hbar\vec{k}'$) kennzeichnen. Der Streuwinkel χ stellt die Richtungsänderung der Elektronenbahn dar, deren Größe außer von der

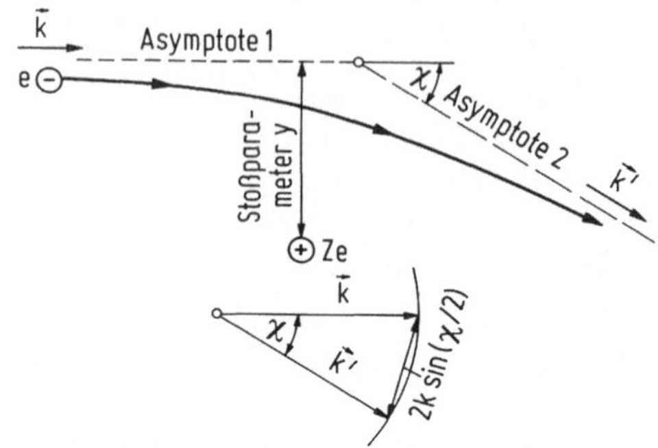

Abb.4.3/2. Bewegung eines Elektrons der Ladung $-e$ im Felde einer positiv geladenen Störstelle der Ladung $+$ Ze. Die Bahn ist eine Hyperbel, deren Asymptoten die Richtungen des Impulses vor ($\vec{k}$, Asymptote 1) und nach ($\vec{k}'$, Asymptote 2) dem Stoß kennzeichnen. Zwischen diesen Richtungen liegt der Streuwinkel χ. Der Stoßparameter y ist der Abstand der Störstelle von der Asymptote 1. Im unteren Teil des Bildes ist angedeutet, daß wegen der Elastizität der Störstellenstreuung der Betrag des Impulses vor und nach dem Stoß gleich ist (k'=k) und der Betrag der Impulsänderung $|\vec{k}' - \vec{k}| = 2k \sin(\chi/2)$ ist.

Energie nur vom "Parameter" y, dem Abstand zwischen der Störstelle und der ungestörten geradlinigen Bahn des Elektrons abhängt. Die klassische Mechanik ergibt den Zusammenhang

$$\cot\frac{\chi}{2} = \frac{8\pi\varepsilon}{Ze^2} \; Ey, \qquad (4.3/4)$$

wobei $E = \hbar^2 k^2/(2m^*)$ die Gesamtenergie des Elektrons ist.

Wir berechnen nun zunächst die Anzahl der Streuprozesse pro Zeiteinheit, die einen Streuwinkel zwischen χ und $\chi + d\chi$ ergeben. Das Elektron legt pro Zeiteinheit die Strecke v zurück. Gemäß Abb.4.3/3 befinden sich alle Streuzentren, die zu einem Streuwinkel zwischen χ und $\chi + d\chi$ führen, in einer Zylinderschale, deren Achse die ungestreute Elektronenbahn ist und deren Radien y, y + dy gemäß Gl. (4.3/4) vom Streuwinkel χ, $\chi + d\chi$ abhängen. Das Volumen der Zy-

linderschale ist $2\pi y\, dy\, v$ und die Zahl der positiven Ionen bei einer Störstellendichte N_i beträgt in diesem Volumen

$$v N_i 2\pi y\, dy = \frac{Z^2 e^4 m^* N_i}{16\pi\, \varepsilon^2\, \hbar^3 k^3}\; \frac{\cos(\chi/2)}{\sin^3(\chi/2)}\; d\chi\;. \qquad (4.3/5)$$

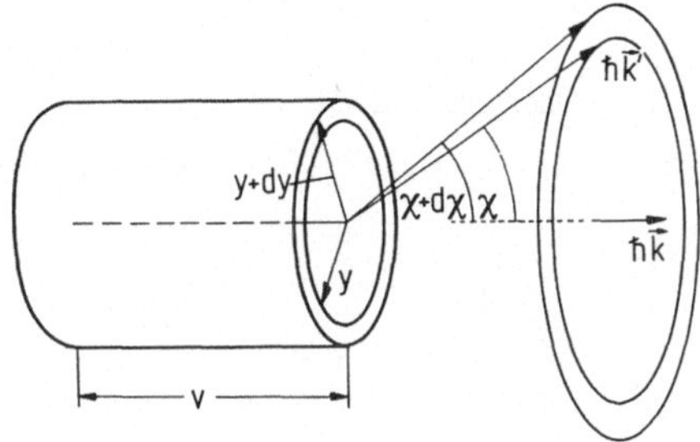

Abb. 4.3/3. Alle Streuzentren, die pro Zeiteinheit zu einem Streuwinkel
zwischen χ und $\chi + d\chi$ führen, liegen innerhalb einer Zylinderschale
der Höhe v (Elektronengeschwindigkeit) und mit den Radien y, y + dy,
die gemäß Gl. (4.3/4) zu den Streuwinkeln χ, $\chi + d\chi$ gehören.

Um die so ermittelte Anzahl der Streuprozesse eines Teilchens der
Energie E um den Winkel χ mit der Streurate $S(\vec{k},\vec{k}')$ in Beziehung
zu setzen, müssen wir zusätzlich zur Berechnung des Streuwinkels
auch berücksichtigen, daß sich die Energie bei diesem Streuprozeß
nicht ändert. Erst durch Energie und Streuwinkel ist der Impuls des
gestreuten Teilchens festgelegt, d.h. eine vollständige Beschreibung
der Streuung gewährleistet. Die Streurate $S(\vec{k},\vec{k}')$ muß beide Informationen enthalten, was sich mathematisch durch den Ansatz

$$S(\vec{k},\vec{k}') = B(\vec{k},\vec{k}') \cdot \delta(E' - E) \qquad (4.3/6)$$

ausdrücken läßt. Die Diracsche Deltafunktion ist Ausdruck der Ener-
gieerhaltung E' = E, die übrige Information über die Streuung steckt
in der Funktion B. Die Gestalt von Gl. (4.3/6) hat insofern allgemeine
Bedeutung, als bei jedem Streuprozeß eine Beziehung zwischen E' und
E gilt, die den Energieerhaltungssatz zum Ausdruck bringt; diese Beziehung tritt in Form einer Deltafunktion in der Streurate auf. Die Zahl
der Streuprozesse pro Zeiteinheit, die einen Streuwinkel zwischen χ
und $\chi + d\chi$ ergeben, erhält man aus dem Ansatz Gl. (4.3/6) in der fol-

genden Form

$$\int_0^\infty dk' \int_0^{2\pi} d\delta \int_\chi^{\chi+d\chi} d\chi\, B\, \delta(E' - E)k'^2 \sin\chi =$$

$$= \left\{ \frac{2\pi B k'^2}{dE'/dk'} \right\}_{E'=E} \sin\chi\, d\chi = \frac{4\pi k m^*}{\hbar^2} B \sin\frac{\chi}{2} \cos\frac{\chi}{2}\, d\chi\ .$$

Da dieser Ausdruck mit dem durch Gl.(4.3/5) berechneten übereinstimmen muß, erhalten wir B durch Gleichsetzen dieser beiden Aus-
drücke

$$B = \frac{Z^2 e^4 N_i}{64\pi^2 \varepsilon^2 \hbar} \left(k \sin\frac{\chi}{2} \right)^{-4} .$$

Es ist üblich, den Streuwinkel χ durch $\vec{k}$ und $\vec{k}'$ auszudrücken, wozu
die durch den unteren Teil der Abb.4.3/2 veranschaulichte Beziehung

$$|\vec{k} - \vec{k}'| = 2k \sin\frac{\chi}{2}$$

verwendet wird. So erhält Gl.(4.3/6) schließlich die Form

$$S_{im}(\vec{k},\vec{k}') = \frac{Z^2 e^4 N_i}{4\pi^2 \varepsilon^2 \hbar} (\vec{k} - \vec{k}')^{-4}\, \delta(E - E') .\qquad (4.3/7)$$

Der Index "im" steht für Störstellenstreuung (impurity-scattering).
Wir erkennen aus dem Auftreten von $(\vec{k} - \vec{k}')^{-4} \sim \sin^{-4}(\chi/2)$ in der
Streurate und anhand des unteren Teiles von Abb.4.3/2, daß bei der
Coulomb-Streuung kleine Streuwinkel stark bevorzugt werden; sie er-
weist sich als stark anisotrop. Für einen isotropen Streuprozeß wäre
$\vec{k}'$ über den gesamten Raumwinkel 4π gleichverteilt.

Die Streurate Gl.(4.3/7) hat die zunächst verblüffende Eigenschaft
für $\chi \to 0$ wie χ^{-4} gegen unendlich zu gehen. Dieses physikalisch nicht
sinnvolle Ergebnis, das mit der großen Reichweite der Coulomb-Wechselwirkung zusammenhängt, rührt daher, daß Gl.(4.3/4) nur für eine
einzelne, isolierte Störstellenladung ohne Berücksichtigung der übrigen
im Halbleiter befindlichen Ladungen (sowohl andere Störstellen als auch

Leitungselektronen) gilt. Die Divergenz rührt von der Berücksichtigung unendlich weit entfernter Störstellen ($y \rightarrow \infty$) her, deren Wirkung in Wirklichkeit durch Leitungselektronen und/oder entgegengesetzt geladene Störstellen kompensiert sein muß, weil der Halbleiter makroskopisch gesehen elektrisch neutral ist. Eine einfache Methode zur Berücksichtigung dieses Sachverhaltes besteht darin, daß man jeweils nur der Wirkung jener Störstelle Rechnung trägt, die dem Elektron gerade am nächsten ist. Praktisch bedeutet das die Begrenzung der Coulomb-Wechselwirkung auf eine Kugel, deren Radius der mittlere Abstand zwischen zwei Störstellen ist. Diese "Zellularmethode" ist für stark gegendotierte (kompensierte) Halbleiter mit kleiner Elektronendichte n sinnvoll. Bei hoher Elektronendichte hingegen erfolgt die Abschirmung des Coulomb-Potentials durch die Polarisation des freien Elektronengases gemäß Gl.(2.4/3), so daß die Debye-Länge $L_D = 1/\varkappa$ gemäß Gl.(2.4/4) die Rolle des "Zellradius" übernimmt. Die quantenmechanische Durchführung der Rechnung [4.2] liefert die gegenüber Gl.(4.3/7) modifizierte Streurate

$$S_{im}(\bar{k},\bar{k}') = \frac{Z^2 e^4 N_i}{4\pi^2 \varepsilon^2 \hbar} \; \frac{\delta(E - E')}{\{(\vec{k} - \vec{k}')^2 + \varkappa^2\}^2} \; . \qquad (4.3/8)$$

Für die in Halbleitern üblichen Elektronendichten ist $\varkappa$ klein gegen das mittlere k thermischer Elektronen, so daß die Bevorzugung der Kleinwinkelstreuung auch für das geschirmte Coulombpotential erhalten bleibt.

Die Energieabhängigkeit der Streuprozesse läßt sich durch Berechnung der totalen Streurate mittels Integration gemäß Gl.(4.1/21) übersichtlich darstellen. Als Beispiel zeigt Abb.4.3/4 das Ergebnis für die wichtigsten Streumechanismen von Leitungselektronen in GaAs bei einer Gittertemperatur T = 300 K. Wir befassen uns zunächst nur mit der Coulomb-Streuung, für die man die totale Streurate

$$\lambda_{im} = \frac{Z^2 e^4 N_i m^* 2k}{2\pi \varepsilon^2 \hbar^3 \varkappa^2 (4k^2 + \varkappa^2)}$$

erhält; ihre Darstellung in Abb.4.3/4 zeigt, daß dieser Streuprozeß mit abnehmender Energie, d.h. kleinen Werten von k, stärker wird.

Die totale Streurate erreicht ihr Maximum bei $2k = \varkappa$ und würde ohne
Abschirmung für $k \to 0$ divergieren. Bemerkenswert ist auch, daß für
$k \gg \varkappa$ nur das Verhältnis der Störstellendichte zur Elektronendichte
N_i/n auftritt, weil $\varkappa^2$ proportional zu n ist. Somit wird für alle Proben ohne Gegendotierung $N_i = n$ die totale Streurate in diesem Bereich
unabhängig von N_i und n. Der Grund liegt darin, daß mit wachsendem
$N_i = n$ zwar die Zahl der streuenden Zentren zunimmt, aber gleichzeitig durch die Abschirmung die Reichweite der Wechselwirkung mit den
Elektronen abnimmt. Hier zeigt sich deutlich, daß die totale Streurate
nur ein Maß für die Anzahl der Stöße, aber nicht für die Stärke ihrer
Wirkung ist. Es werden die Stöße durch nahe gelegene und durch weit
entfernte Störstellen gleich gewichtet, obwohl erstere den Impuls des
Elektrons stärker beeinflussen. Dazu kommt, daß die große Zahl von
Störstellenstreuungen im Bereich kleiner Energien schon deshalb nur
eine geringe Wirkung hat, weil die Elektronen dieses Bereiches nur
wenig zur mittleren Driftgeschwindigkeit und damit zum Strom beitragen.

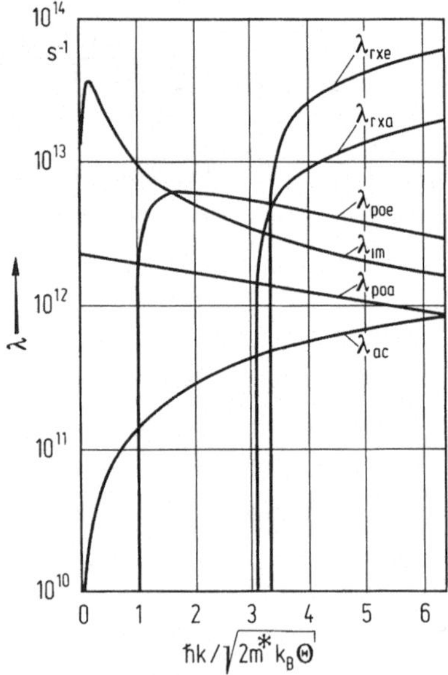

Abb.4.3/4. Totale Streurate der wichtigsten Streuprozesse für Lei-
tungselektronen in n-GaAs bei T = 300 K [4.4]. poa(poe): Polare
Streuung durch Absorption (Emission) optischer Phononen; ΓXa(ΓXe):
Zwischentalstreuung vom Zentraltal (Γ) in die Hochtäler (X) durch
Absorption (Emission) eines Zwischentalphonons; ac: Streuung durch
akustische Phononen; im: Streuung durch geladene Störstellen,
$n = N_i = 1{,}5 \cdot 10^{17} \mathrm{cm}^{-3}$.

Aus dem bisher gesagten wird verständlich, daß sich λ nicht unmittelbar experimentell erfassen läßt. Entscheidend für die dem Experiment zugänglichen Transportvorgänge ist hingegen die Impulsrelaxationszeit, für die sich nach Gl.(4.1/19)

$$\left\{ \frac{1}{\tau_m(E)} \right\}_{im} = \frac{Z^2 e^4 N_i m^*}{8\pi \varepsilon^2 \hbar^3 k^3} \left\{ \ln\left(1 + \frac{4k^2}{\varkappa^2} \right) - \frac{4k^2}{4k^2 + \varkappa^2} \right\} \qquad (4.3/9)$$

ergibt. Da sich das logarithmische Glied nur langsam ändert, ist es wegen $k^2 > \varkappa^2$ für die Diskussion der Beweglichkeit meist hinreichend, den Klammerausdruck als konstant anzusehen und mit der vereinfachten Formel

$$\left\{ \tau_m(E) \right\}_{im} \sim \frac{\varepsilon^2 (m^*)^{1/2} E^{3/2}}{Z^2 N_i} \qquad (4.3/10)$$

zu arbeiten. Im Vergleich zu λ tritt hier N_i an die Stelle von N_i/n, so daß sich auch ohne Gegendotierung die Beweglichkeit wie $1/N_i$ verhält. Andererseits zeigt auch Gl.(4.3/10), daß die Störstellenstreuung für Elektronen kleiner Energie am stärksten wirksam ist. Deshalb wird sie bei tiefer Gittertemperatur dominant. Das ist an Hand von Abb. 4.3/2 unmittelbar verständlich, da der Streuwinkel χ mit wachsender Elektronenenergie abnimmt. Je reiner die Halbleiterprobe ist, desto tiefer der Temperaturbereich mit überwiegender Störstellenstreuung. Bei sehr tiefen Temperaturen wird allerdings die thermische Energie $k_B T$ klein gegen die Aktivierungsenergie der Störstellen [Gl.(2.2/6)], so daß die freien Ladungsträger von den Störstellen eingefangen werden; man spricht vom Ausfrieren der Elektronen oder Löcher. Durch den Einfang wird die Störstelle elektrisch neutral und trägt nicht mehr zur Coulomb-Streuung bei. Darauf kommen wir im nächsten Abschnitt noch zurück.

Die Coulomb-Wechselwirkung führt auch zu einer gegenseitigen Streuung der beweglichen Ladungsträger (z.B. Elektron-Elektron-Streuung). Diese wurde bereits in Abschn. 4.1 als Voraussetzung für die Gültigkeit der verschobenen Maxwell-Verteilung Gl.(4.1/25) erwähnt. Der zugehörige Kollisionsterm der Boltzmann-Gleichung ist offensichtlich nichtlinear in der Vf, sodaß man eine Streurate $S(\vec{k}, \vec{k}')$ für diese Prozesse

nicht angeben kann. Die Elektron–Elektron–Streuung hat keinen Einfluß auf die Energie und den Impuls des Gesamtsystems der Leitungselektronen, weshalb sie bei der Aufstellung der Bilanzgleichungen (vgl.
auch Abschn. 4.6.2) nicht explizit berücksichtigt zu werden braucht.
Da wir uns vorwiegend für den Stromtransport in schwach dotierten
Halbleitern mit kleiner Ladungsträgerdichte interessieren, brauchen
wir auf diesen Streumechanismus nicht näher eingehen. Ebenso ist
auch die Streuung an elektrisch neutralen Störstellen für uns von untergeordneter Bedeutung, da sie nur bei sehr tiefen Temperaturen eine
Rolle spielt. Wie schon oben angedeutet, tritt sie besonders in unkompensierten Halbleiterproben auf, weil dort die geladenen Störstellen bei
tiefen Temperaturen durch Ausfrieren der Ladungsträger neutral werden. Sie läßt sich genauso behandeln wie die Streuung von Elektronen
an neutralen Wasserstoffatomen und führt zu einer Impulsrelaxationszeit, die von Energie und Temperatur unabhängig ist, jedoch von m^*,
von der Konzentration der neutralen Störstellen N_n und über den ersten Bohrschen Radius Gl. (2.2/5) auch von ε abhängt [4.2]:

$$\tau_m \sim (m^*)^2 \, \varepsilon^{-1} N_n^{-1} \, . \qquad (4.3/11)$$

Nun wenden wir uns der Deformationspotentialstreuung an akustischen
Phononen zu. Nehmen wir an, daß sich eine Schallwelle im Kristall
ausbreite, deren Verschiebungsvektor analog Gl. (4.2/11) durch

$$\vec{u}(\vec{r},t) = \mathrm{Re}\{\vec{U} \exp[j(\vec{q}.\vec{r} - \omega_a t)]\}$$

gegeben sei. Die relative Volumenänderung durch die Schallwelle ist

$$\frac{\Delta V}{V} = \mathrm{div}\,\vec{u} = \mathrm{Re}\{j\vec{q}.\vec{U} \exp[j(\vec{q}.\vec{r} - \omega_a t)]\} \, . \qquad (4.3/12)$$

Nur eine longitudinale Schallwelle ruft eine Volumenänderung hervor,
da für Transversalwellen $\vec{q} \cdot \vec{U}$ verschwindet. Diese Volumenänderung
ist bei einfacher isotroper Bandstruktur für die Änderung in der Lage
der Energiebandkanten maßgeblich, also gilt z.B. für das Leitungsband gemäß Gl. (1.10/10)

$$\Delta E_c = \Xi_a \frac{\Delta V}{V} = \Xi_a \, \mathrm{div}\,\vec{u} \, . \qquad (4.3/13)$$

Diese Störung der Elektronenenergie zufolge der Schallwelle kann man
als Störpotential in die zeitabhängige Schrödinger-Gleichung einführen,
und so die Wahrscheinlichkeit pro Zeiteinheit dafür berechnen, daß ein
Elektron unter Absorption (Emission) eines Phonons seinen Ausbreitungsvektor $\vec{k}$ auf den Wert $\vec{k}'$ verändert. Man erhält für die Wechselwirkung mit einem einzelnen longitudinalen Schwingungsmodus

$$S_1(\vec{k},\vec{k}') = \frac{\pi \Xi_a^2 q^2}{V \rho_m \omega_a} \begin{cases} n_q \delta(E' - E - \hbar\omega_a), & \text{Absorption } \vec{k}' = \vec{k} + \vec{q}, \\ (n_q + 1)\delta(E' - E + \hbar\omega_a), & \text{Emission } \vec{k}' = \vec{k} - \vec{q}, \end{cases}$$

$$(4.3/14)$$

wobei V das zugrundliegende Kristallvolumen, ρ_m die Massendichte
und n_q nach Gl. (4.2/19) die mittlere Phononenzahl pro Schwingungsmodus ist. Die Diracsche δ-Funktion ist wieder Ausdruck der Energie-
erhaltung: Bei der Absorption nimmt das Elektron die Energie eines
Phonons auf, weshalb $E' = E + \hbar\omega_a$ gelten muß; bei der Emission hingegen verringert sich die Elektronenenergie entsprechend $E' = E - \hbar\omega_a$.
Die Absorption ist nur möglich, wenn Gitterschwingungen angeregt sind;
ihre Wahrscheinlichkeit ist deshalb der Zahl der vorhandenen Phononen
n_q proportional. Die Emission kann hingegen als spontane und als stimulierte Emission erfolgen. Die stimulierte Emission setzt ebenso wie
die Absorption das Vorhandensein von Phononen voraus und ist daher proportional n_q. Die spontane Emission hingegen ist völlig unabhängig davon, ob Gitterschwingungen angeregt sind oder nicht. Ganz
allgemein ist die Übergangswahrscheinlichkeit zufolge Absorption immer gleich groß wie die zufolge stimulierter Emission [4.34]. Deshalb
berücksichtigt der erste Summand im Faktor $n_q + 1$ die stimulierte,
der zweite die spontane Emission. Das Vorhandensein der spontanen
Emission sorgt dafür, daß die Absorption um den Faktor $n_q/(n_q + 1)$
weniger wahrscheinlich und deshalb im Gleichgewichtsfall die Zustände
kleinerer Energie stärker besetzt sind. Diese allgemeinen Überlegungen sind vom Laser [4.62] her bekannt und müssen naturgemäß auch
in allen Streuraten unelastischer Streuprozesse zum Ausdruck kommen.

Die Störungsrechnung ergibt nur dann eine nicht verschwindende Übergangswahrscheinlichkeit, wenn für die Absorption $\vec{k}' = \vec{k} + \vec{q}$ und für
die Emission $\vec{k}' = \vec{k} - \vec{q}$ erfüllt ist, wie dies in Gl. (4.3/14) angemerkt
wurde. Dies ist mit dem Impulserhaltungssatz (4.3/1) identisch.

Zum Unterschied von der Coulombstreuung scheinen hier nicht kleine, sondern große Streuwinkel χ bevorzugt, weil $q^2 = |\vec{k}' - \vec{k}|^2$ im Zähler auftritt (vgl. Abb. 4.3/2). Wegen $q/\omega_a = 1/v_s$ bewirkt jedoch ein Faktor q keine Anisotropie. Dem zweiten Faktor q wirkt die Phononenzahl n_q entgegen, die mit wachsendem q abnimmt. Wenn die Verteilung der Phononen dem thermischen Gleichgewicht entspricht, dann gilt gemäß den Gl. (4.2/19) und (4.2/20)

$$n_q \approx n_q + 1 \approx \frac{k_B T}{\hbar v_s q} \; ,$$

so daß die Streurate von q und ω_a unabhängig und daher isotrop wird. Vernachlässigen wir die Phononenenergie $\hbar\omega_a$ gegen die Elektronenenergie E, E', dann können wir Emission und Absorption zusammenziehen und erhalten

$$S_1(\vec{k},\vec{k}') = \frac{2\pi \Xi_a^2 k_B T}{V\rho_m \hbar v_s^2} \; \delta(E' - E) \; . \qquad (4.3/15)$$

In dieser Näherung ist die akustische Streuung völlig isotrop und elastisch.

Um schließlich aus S_1 die Streurate S zufolge aller akustischer Moden zu erhalten, muß man mit ihrer Anzahl im Volumenelement des Phasenraumes

$$\frac{V d^3(\hbar q)}{h^3} = \frac{V d^3(\hbar k')}{h^3} = \frac{V d^3 k'}{(2\pi)^3} \qquad (4.3/16)$$

multiplizieren, wobei $\vec{k}' = \vec{k} \pm \vec{q}$ verwendet wurde. Dadurch ergibt sich für die akustische Defomationspotentialstreuung

$$S_{ac}(\vec{k},\vec{k}') \, d^3 k' = \frac{\Xi_a^2 k_B T}{4\pi^2 v_s^2 \rho_m \hbar} \; \delta(E' - E) d^3 k' \; . \qquad (4.3/17)$$

Für die totale Streurate erhält man

$$\lambda_{ac} = \int S(\vec{k},\vec{k}') d^3 k' = \frac{\Xi_a^2 k_B T m^*}{\pi v_s^2 \rho_m \hbar^3} \; k, \quad k = \sqrt{2m^* E/\hbar^2} \; . \qquad (4.3/18)$$

Ihren Verlauf für Elektronen in GaAs bei $T = 300$ K zeigt Abb. 4.3/4. Sie ist wegen der Isotropie der Streuung gleich der reziproken Impulsrelaxationszeit. Somit ist

$$\tau_{m\,ac} \sim \Xi_a^{-2}\,(m^*)^{-3/2}\,T^{-1}\,E^{-1/2}\ . \qquad (4.3/19)$$

Die Wirksamkeit der akustischen Streuung steigt mit zunehmender Gittertemperatur und wachsender Elektronenenergie, gerade umgekehrt zur Störstellenstreuung. Der Faktor $1/T$ berücksichtigt die proportional T wachsende Phononenzahl, während m^* und E die Zustandsdichte der für die Streuung zur Verfügung stehenden Endzustände $\vec{k}'$, E' zum Ausdruck bringt. Da das Produkt

$$v\,\tau_{m\,ac} = \frac{\hbar k}{m^*}\,\tau_{m\,ac} = \frac{\pi v_s^2\,\rho_m\,\hbar^4}{\Xi_a^2\,k_B T(m^*)^2} = l_{ac} \qquad (4.3/20)$$

von der Elektronenenergie unabhängig ist, wird diese für alle Elektronen gleich große "freie Weglänge" der akustischen Streuung häufig verwendet. Praktisch liegt sie bei Zimmertemperatur in der Größenordnung von etwa 10^{-6} cm.

Die bisher betrachteten Streuprozesse sind elastisch, tragen also nichts zur Energieabgabe der Elektronen bei. Für den Energieausgleich mit dem Kristallgitter ist somit die Wechselwirkung mit optischen Phononen maßgebend. Diese kann sowohl über das Deformationspotential als auch durch die polare Wechselwirkung erfolgen. Bei den Elementhalbleitern Ge und Si ist nur erstere vorhanden, während bei den Verbindungshalbleitern letztere meist überwiegt.

Wenden wir uns zunächst der polar optischen Streuung zu. Die quantenmechanische Rechnung ergibt für die Streuraten der Absorption S_{poa} und der Emission S_{poe} eines optischen Phonons durch die Wechselwirkung der Elektronen mit den elektrischen Dipolmomenten des Kristallgitters

$$\left.\begin{array}{l} S_{poa}(\vec{k},\vec{k}') \\[2em] S_{poe}(\vec{k},\vec{k}') \end{array}\right\} = \frac{\hbar}{2\pi m^*}\ \frac{eE_o}{(\vec{k}-\vec{k}')^2}\ \left\{\begin{array}{l} n_q\,\delta(E'-E-\hbar\omega_o),\ \vec{k}'=\vec{k}+\vec{q}, \\[2em] (n_q+1)\,\delta(E'-E+\hbar\omega_o),\ \vec{k}'=\vec{k}-\vec{q}, \end{array}\right.$$

$$(4.3/21)$$

wobei zur Abkürzung die Koppelfeldstärke E_0 (Dimension einer elektischen Feldstärke) eingeführt wurde:

$$E_0 = \frac{m^* e \hbar \omega_0}{4\pi \hbar^2} \left(\frac{1}{\varepsilon_{opt}} - \frac{1}{\varepsilon_{stat}} \right) . \qquad (4.3/22)$$

Dabei beruht das Auftreten des Klammerausdruckes $(1/\varepsilon_{opt} - 1/\varepsilon_{stat})$ auf dem im Anschluß an Gl.(4.2/22) näher erläuterten Zusammenhang zwischen dem Unterschied der Dielektrizitätskonstanten zu beiden Seiten des Reststrahlenbandes und der Dipolstärke der optischen Phononen, die für die Streuung maßgebend ist.

Wir erkennen durch Betrachtung des Nenners $(\vec{k} - \vec{k}')^2$ in Gl.(4.3/21), daß ähnlich der Störstellenstreuung die polar optische Streuung hochgradig anisotrop ist und Kleinwinkelstreuungen stark bevorzugt werden. Schwierigkeiten zufolge einer Divergenz für verschwindenden Streuwinkel treten hier natürlich nicht auf, weil die Streuung unelastisch ist und sich deshalb k' immer von k unterscheidet.

Durch Integration von Gl.(4.3/21) über d^3k' ergibt sich die totale Streurate für Absorption λ_{poa} und für Emission λ_{poe}:

$$\left.\begin{array}{c} \lambda_{poa} \\[2em] \lambda_{poe} \end{array}\right\} = \frac{eE_0}{\hbar k} \left\{\begin{array}{c} n_q \\[2em] n_q + 1 \end{array}\right\} \ln\left|\frac{\sqrt{E} + \sqrt{E'}}{\sqrt{E} - \sqrt{E'}}\right|_{E' = E \pm \hbar\omega_0} . \qquad (4.3/23)$$

Für den Emissionsprozeß muß $E > \hbar\omega_0$ sein, was man einfach dadurch berücksichtigt, daß λ für $E' < 0$ gleich Null gesetzt wird.

Abb.4.3/4 zeigt als Beispiel den Verlauf dieser totalen Streuraten für Elektronen in GaAs ($T = 300$ K) in Abhängigkeit von der Wellenzahl k, die auf den zur optischen Phononenenergie gehörigen Wert $\sqrt{2m^*\hbar\omega_0/\hbar^2}$ normiert ist. Für $E < \hbar\omega_0$ ist die polar optische Streuung schwach, weil nur Absorptionsprozesse möglich sind, also $\lambda_{poe} = 0$ ist. Für $E > \hbar\omega_0$ nimmt wegen des Einsetzens der Emission die Stärke der Streuung zunächst stark zu, wird aber dann mit zunehmender Energie wie $1/k$ kleiner, die Streuung ist also im Gegensatz zur akustischen Deformationspotentialstreuung λ_{ac} für sehr hochenergetische Elektronen unwirksam.

Dies führt zur Erscheinung des "inneren Durchbruchs" (intrinsic breakdown): Wäre die polar optische Streuung der einzige wirksame Streuprozeß, dann würden für Feldstärken oberhalb eines bestimmten kritischen Wertes in der Größenordnung der halben Koppelfeldstärke die Elektronen zu immer höheren Energien abwandern, wo sie dann noch schwächer gestreut werden und noch rascher Energie aus dem Feld aufnehmen usw. Somit gibt es dann keine stationäre Lösung für die Vf, das System ist instabil. Praktisch bedeutet das, daß unter diesen Bedingungen ein anderer Streuprozeß, der für hochenergetische Ladungsträger wirksam ist, die Begrenzung der Elektronenverteilung bei hohen Energien übernimmt. Ist dies die in Abb. 4.3/4 durch die totalen Streuraten $\lambda_{\Gamma Xe}$, $\lambda_{\Gamma Xa}$ für Emissions- und Absorptionsprozesse gekennzeichnete Zwischentalstreuung in energetisch hochgelegene Minima des Leitungsbandes mit großer effektiver Masse (z.B. die X-Täler bei GaAs), dann tritt der bereits in Abschn. 1.10 erwähnte Gunn-Effekt auf, und wir sehen, daß dieser Effekt durch das Verhalten der polar optischen Streuung begünstigt wird.

Ist die Energiedifferenz zwischen Leitungsbandkante und Hochtälern jedoch größer als die Energie, die zur Erzeugung eines Elektron-Loch-Paares benötigt wird, dann haben die Leitungselektronen schon vor der Umbesetzung in die Hochtäler genügend Energie, um durch Stoß ein Valenzbandelektron ins Leitungsband zu heben. Gemäß Abschn. 3.3.3 ist dieser als Stoßionisation bezeichnete Vorgang das Gegenstück zur Auger-Rekombination, so daß die erforderliche Ionisierungsenergie mit E_2' aus Gl. (3.3/26) übereinstimmt. Da die neu entstandenen Ladungsträger weitere Paare erzeugen, kommt es zum Lawinendurchbruch (avalanche), d.h. einem lawinenartigen Anwachsen der Trägerdichte. Somit wird auch dieser durch die speziellen Eigenschaften der polar optischen Streuung begünstigt. Auf Grund der Bandstruktur treffen die zuletzt geschilderten Verhältnisse für InSb und InAs zu, während es z.B. in GaAs und InP zum Gunn-Effekt kommt.

Da die polar optische Streuung stark anisotrop ist, kann man $1/\lambda_{po}$ nicht als Impulsrelaxationszeit deuten. Da sie überdies stark unelastisch ist, läßt sich, wie in Abschn. 4.1 ausgeführt, keine allgemein gültige Impulsrelaxationszeit als Funktion der Elektronenenergie definieren. Für Elektronen mit sehr großen Energien $E \gg \hbar\omega_o$ kann

allerdings auch die optische Streuung als näherungsweise elastisch
aufgefaßt und gemäß Gl. (4.1/19) eine Impulsrelaxationszeit

$$\tau_{m\,po} = \frac{\hbar k}{e E_o (2 n_q + 1)} \sim (m^*)^{-1/2} E^{1/2}, \quad E \gg \hbar \omega_o \qquad (4.3/24)$$

berechnet werden.

Die Eigenschaften der piezoelektrischen Streuung erhält man aus der
polar optischen Streurate Gl. (4.3/21), wenn man sich die Energie
der optischen Phononen $\hbar \omega_o$ durch die kleine Energie $\hbar \omega_a$ der akustischen Phononen ersetzt denkt, so daß ähnlich wie für die akustische
Deformationspotentialstreuung n_q durch $k_B T / \hbar \omega_a$ und $\delta(E' - E \mp \hbar \omega_o)$
durch $\delta(E' - E)$ zu ersetzen ist. Da für den akustischen Zweig kein
dem Reststrahlenband vergleichbares schmales Absorptionsband exi-
stiert, führt man anstelle der relativen Änderung $(\varepsilon_{stat} - \varepsilon_{opt}) / \varepsilon_{opt}$
das Quadrat einer dimensionslosen Koppelkonstante K ein. Dieses
Quadrat gibt direkt an, welcher Teil der durch die Verschiebung $\vec{u}(\vec{r}, t)$
eingespeisten mechanischen Energie in elektrische Polarisationsenergie des Kristalls umgewandelt wird. So erhält man durch Zusammenfassung von Absorption und Emission

$$S_{pe} = \frac{e^2 K^2 k_B T}{4 \pi^2 \hbar \varepsilon_{stat}} (\vec{k} - \vec{k}')^{-2} \delta(E' - E). \qquad (4.3/25)$$

Die Streuung ist elastisch aber anisotrop. Die Impulsrelaxationszeit
hat, wie aus obigen Überlegungen hervorgeht, die Temperaturabhängigkeit T^{-1} der akustischen Gitterschwingungen, aber die Energieabhängigkeit $E^{1/2}$ wie sie auch für die polar optische Streuung bei
großer Energie in Gl. (4.3/24) auftritt.

In nicht polaren Halbleitern wie Si und Ge ist die optische Deformationspotentialstreuung von Bedeutung. Da die Energie $\hbar \omega_o = k_B \Theta$ groß
ist, handelt es sich um einen stark unelastischen Streuprozeß. Weiter
ist jetzt bei gebräuchlichen Temperaturen keineswegs $n_q \gg 1$, und
man erhält für T genügend weit unterhalb der charakteristischen Temperatur Θ eine exponentielle Abhängigkeit von T.

Zum Unterschied von der polar optischen Streuung ist die optische
Deformationspotentialstreuung isotrop, so daß die totale Streurate

196

mit dem Reziprokwert der Impulsrelaxationszeit übereinstimmt. Man
erhält dafür den Ausdruck [4.2]

$$\frac{1}{\tau_{mop}} = \lambda_{op} = \frac{(m^*)^{3/2} D_{op}^2}{\sqrt{2}\,\pi\hbar^3\,\omega_o\,\rho_m}\left\{\sqrt{E + \hbar\omega_o}\;n_q + \sqrt{E - \hbar\omega_o}\;(n_q + 1)\right\}.$$

$$(4.3/26)$$

Die beiden Terme in der geschweiften Klammer entsprechen der Absorption und Emission optischer Phononen; letztere verschwindet für
$E < \hbar\omega_o$ (deshalb sind imaginäre Wurzelausdrücke in Streuraten stets
durch Null zu ersetzen). Die Koppelkonstante D_{op} hat die Dimension
einer Kraft und liegt in der Größenordnung von 10^7 bis 10^9 eV cm^{-1};
gelegentlich verwendet man auch $v_s D_{op}/\omega_o$ als "optisches Deformationspotential". Weiter ist noch darauf hinzuweisen, daß für die von
uns bisher vorausgesetzte einfache Bandstruktur D_{op} verschwindet,
also eine Deformationspotentialstreuung an optischen Moden gar nicht
auftritt. In den entarteten Valenzbändern und in den anisotropen Lei-
tungsbändern mit Vieltalstruktur tritt hingegen - mit Ausnahme von
n-Si - diese Streuung stark in Erscheinung. Das ist ein Beispiel für
die noch näher zu erläuternden Auswahlregeln, die bei der Behandlung der Streuprozesse zu beachten sind.

Um die Vielfalt der bisher besprochenen Innertalstreuprozesse besser
zu überblicken, sei auf den Zusammenhang zwischen der Reichweite
der jeweils wirksamen Wechselwirkungskräfte einerseits und dem Anisotropiefaktor $q^2 = (\vec{k} - \vec{k}')^2$ andererseits hingewiesen. Rein anschaulich erwartet man für Kräfte kurzer Reichweite eine isotrope Streuung,
wie dies etwa für Billardkugeln der Fall ist. Andererseits bedeutet große Reichweite eine große Zahl schwacher Streuungen, die von weit entfernten Streuzentren herrühren. Solche schwache Streuungen äußern
sich in einer Bevorzugung kleiner Streuwinkel χ gemäß Abb. 4.3/2.
Tatsächlich hat die Coulomb-Streuung unter allen physikalisch überhaupt möglichen Kräften die größte Reichweite (Abnahme mit $1/r^2$).
Dem entspricht die stärkste Bevorzugung der Kleinwinkelstreuung,
wie sie durch den Faktor q^{-4} in der Streurate Gl. (4.3/7) zum Ausdruck kommt. Die polare Wechselwirkung ist eine elektrische Dipolkraft
und nimmt daher wie $1/r^3$ mit dem Abstand ab; andererseits zeigt sie
durch den Anisotropiefaktor q^{-2} in Gl. (4.3/21) die zweitstärkste Bevorzugung der Kleinwinkelstreuung nach der Coulomb-Wechselwirkung.

Das Deformationspotential und die Neutralstörstellen wirken nur lokal;
die zugehörige Streuung ist isotrop.

Nun wenden wir uns der Zwischentalstreuung zu, die eine entscheidende Rolle für die Umbesetzung der Ladungsträger zwischen verschiedenen Extrema der Energiebänder besitzt und daher für den Gunn-
Effekt besonders wichtig ist. Der wesentliche Unterschied gegenüber
den bisher behandelten Innertalstreuungen besteht darin, daß der Wellenvektor $\vec{q}_i$ der Zwischentalphononen nicht klein gegen die Ausdehnung der Brillouin-Zone ist. Wird von einem Tal m dessen Minimum
an der Stelle $\vec{k}_m$ liegt, in ein Tal n in $\vec{k}_n$ gestreut, dann ist

$$\vec{q}_i = \pm(\vec{k}' - \vec{k}) \approx \pm (\vec{k}_n - \vec{k}_m)$$

also näherungsweise konstant. Dies wird durch Abb. 4.3/5 veranschaulicht. Die Streurate ist von der genauen Lage des Elektrons vor
und nach dem Stoß $(\vec{k} - \vec{k}_m,\ \vec{k}' - \vec{k}_n)$ unabhängig. Somit geht, ebenso
wie bei der optischen Deformationspotentialstreuung, auch bei der
Zwischentalstreuung der gerichtete Impuls des Elektrons innerhalb
des Tales völlig verloren, da er gegen die große Impulsänderung
$\hbar(\vec{k}_n - \vec{k}_m)$ vernachlässigt werden kann. Daher stimmt wieder die
totale Streurate mit der reziproken Impulsrelaxationszeit überein.
Sie läßt sich in der Form von Gl. (4.3/26) anschreiben, wenn man
D_{op} durch die Koppelkonstante D_{int} der Zwischentalstreuung und
ω_o durch eine der Frequenzen ω_i ersetzt, die auf Grund des Phononenspektrums zu dem Wellenvektor $\vec{q}_i$ der Zwischentalphononen gehören.

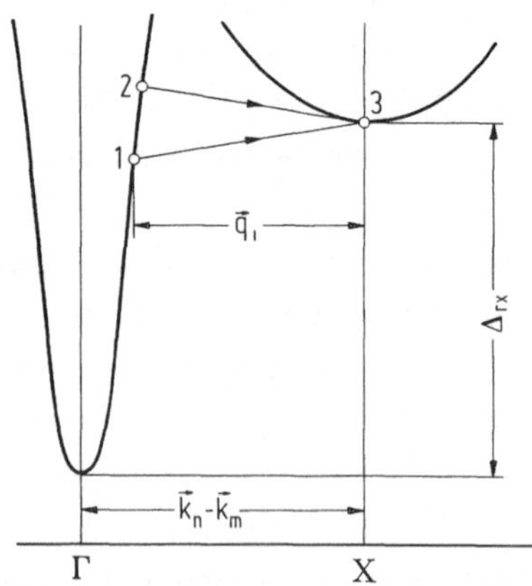

Abb. 4.3/5. Schematische Darstellung der nichtäquivalenten Zwischentalstreuung in GaAs. 1 → 3: Umbesetzung unter Absorption eines Zwischentalphonons mit dem Wellenvektor $\vec{q}_i$; 2 → 3: Umbesetzung unter
Emission eines Zwischentalphonons.

Man hat zwischen äquivalenter und nichtäquivalenter Zwischentalstreuung zu unterscheiden, je nachdem die Täler m, n ein- und derselben Talsorte angehören (z.B. beide im X-Punkt der Brillouin-Zone) oder verschiedenen Talsorten (z.B. Tal m im Γ-Punkt und Tal n im X-Punkt). Abb. 4.3/5 zeigt als Beispiel die auch für den Gunn-Effekt maßgebliche nichtäquivalente Streuung in GaAs. Selbstverständlich sind die gezeichneten Übergänge nur ein Beispiel, da es eine kontinuierliche dreidimensionale Mannigfaltigkeit von $\vec{q}$-Vektoren gibt. Die zugehörigen totalen Streuraten wurden bereits in Abb. 4.3/4 dargestellt. In GaAs ist $\Delta_{\Gamma X}$ ungefähr zehnmal so groß wie die Energie der optischen Phononen. Deshalb setzen die Zwischentalstreuungen etwa bei einer normierten Wellenzahl von $\sqrt{10} \approx 3,2$ ein. Wird bei der Streuung ein Zwischentalphonon der Energie $k_B \Theta_i = \hbar \omega_i$ absorbiert, dann ist die Mindestenergie, die ein Elektron im Zentraltal haben muß, um in ein X-Tal gestreut zu werden, gleich $\Delta_{\Gamma X} - \hbar \omega_i$; diesem Wert entspricht die normierte Wellenzahl 3,1, bei der $\lambda_{\Gamma Xa}$ steil von Null auf über $10^{12}\,\mathrm{s}^{-1}$ ansteigt. Der Emissionsprozeß hingegen erfordert die Mindestenergie $\Delta_{\Gamma X} + \hbar \omega_i$, entsprechend der für das Einsetzen von $\lambda_{\Gamma Xe}$ charakteristischen Wellenzahl 3,3.

Nun scheint zunächst die Energie der Zwischentalphononen nicht eindeutig bestimmt zu sein, da in Kristallen mit zweiatomiger Basis 6 Äste des Phononenspektrums für die Zwischentalstreuung in Frage kommen. Diese Zahl reduziert sich jedoch auf Grund der Auswahlregeln. Für das gewählte Beispiel des Überganges von Γ nach X in GaAs zeigt sich, daß nur longitudinale optische Phononen als Zwischentalphononen wirksam sind. In InP hingegen werden die beiden genannten Übergänge ausschließlich durch longitudinale akustische Phononen vermittelt [4.11].

Diese Auswahlregel wollen wir näher betrachten: das Phosphoratom ist leichter als das Indiumatom, während das Arsenatom schwerer als das Galliumatom ist. Da wir uns am Rande der Brillouin-Zone befinden, schwingt das dreiwertige Ion gemäß Gl. (4.2/18) und den anschließenden Überlegungen in InP nur im akustischen und in GaAs nur im optischen Ast. Somit besteht entsprechend dem polaren Charakter des X-Minimums eine starke Kopplung mit dem schwingenden dreiwertigen Teilgitter. Dieselben Auswahlregeln gelten für die äquivalente Zwischentalstreuung von einem X-Tal in ein anderes. Die Übergänge

ΓL und LL werden hingegen durch beide longitudinale Phononen bewirkt, da eine Bevorzugung einer Ionenart im L-Minimum gemäß Abb. 1.7/1 nicht existiert.

Die äquivalente Zwischentalstreuung hängt von der Lage der Täler ab. Ein wichtiges Beispiel dafür ist in Abb. 4.3/6 angedeutet: Es zeigt Flächen konstanter Energie für einen Halbleiter, der äquivalente Leitungsbandminima in den [100]-Richtungen der Brillouin-Zone besitzt. Hier sind zwei Fälle zu unterscheiden:

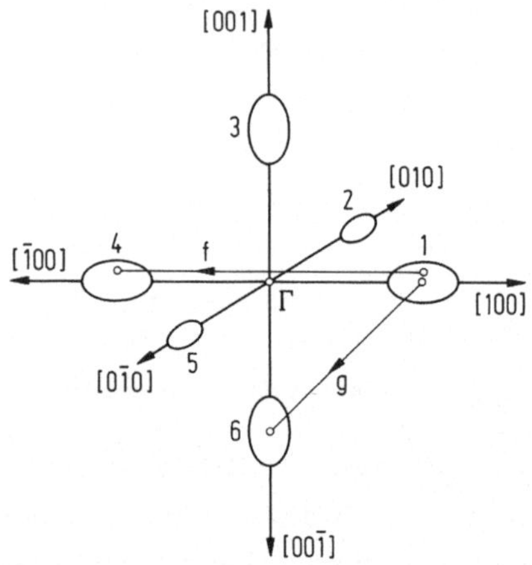

Abb. 4.3/6. Eine Silizium-ähnliche Bandstruktur ermöglicht zwei Arten von äquivalenter Zwischentalstreuung: f-Streuung, z.B. von Tal 1 in Tal 4; g-Streuung, z.B. von Tal 1 in eines der Täler 2, 3, 5, 6.

a) Die Minima liegen im X-Punkt, also am Rand der Zone. Jedes Minimum ist nur zur Hälfte zu zählen, so daß es nur drei äquivalente Minima gibt. Beispiele für diesen Fall sind GaP und die Hochtäler von GaAs.

b) Die Minima liegen, wie dies in Abschn. 1.6 für Si gezeigt wurde, im Innern der Zone auf der Geraden Δ zwischen Γ und X. Es gibt 6 äquivalente Minima. Im Fall a) treten nur die in Abb. 4.3/6 mit g bezeichneten Zwischentalstreuungen auf, während die mit f bezeichnete eine optische Innertalstreuung ist, weil die beiden zur Zone gehörigen Hälften der X-Täler als ein Tal aufgefaßt werden müssen. Somit tritt nur ein Wert $q_i = |\vec{k}_n - \vec{k}_m|$ für die Wellenzahl der Zwischen-

talphononen auf. Im Fall b) hingegen hat man zwei Arten von Zwischentalstreuungen und Zwischentalphononen, die für Si mit g und f bezeichnet werden.

Bei derartigen Zwischentalstreuprozessen können ähnlich wie bei Au-
ger-Prozessen in indirekten Halbleitern (Abb. 3.3/8b) durchaus q-
Vektoren auftreten, die nicht mehr in der 1. Brillouin-Zone liegen.
Diese müssen dann bei einer Behandlung, die sich auf die 1. Brillouin-
Zone beschränkt, durch äquivalente Vektoren in dieser Zone ersetzt
werden (Umklapp-Prozesse).

Bei der Innertalstreuung haben wir uns bisher auf die einfache isotrop-
parabolische Bandstruktur [Gl. (1.6/1)] beschränkt. Abschließend
wollen wir die Einflüsse realistischer Bandstrukturen, wie sie in
Abschn. 1.6 behandelt wurden, kurz streifen. Da in den Elementhalbleitern die akustische Deformationspotentialstreuung dominiert, ist
der Einfluß der ellipsoidischen Flächen konstanter Energie auf diesen
Streuprozeß von Bedeutung. Hier können auch Transversalwellen eine
Verschiebung der Bandkanten bewirken, die sich durch ein zusätzliches
Deformationspotential Ξ_u berücksichtigen läßt [4.2, 4.3]. Die Valenz-
bänder aller Halbleiter mit Zinkblendestruktur zerfallen in zwei bei
k = 0 entartete Teilbänder, die überdies Verwerfungen aufweisen (vgl.
Abb. 1.6/2). Außerdem haben die Wellenfunktionen nach Abb. 1.1/3
p-Symmetrie. Alle diese Tatsachen wirken sich auf die Streuung aus.
Die akustische Streuung muß durch die drei voneinander unabhängigen
Deformationspotentiale beschrieben werden, die auch die Änderung der
Bandstruktur unter Druck liefern [4.12, 4.13, 4.14].

Auch die isotrope Eintalstruktur des Γ-Minimums mit einheitlicher
effektiver Masse ist nur eine erste Näherung. An Hand von Abb. 1.1/3
haben wir gesehen, daß die Wellenfunktionen nur am unteren Rand des
Leitungsbandes reinen s-Charakter aufweisen, wie dies bei unseren bisherigen Betrachtungen zu den Transportproblemen vorausgesetzt wurde.
Wegen der geringen Zustandsdichte des Γ-Minimums spielen auch höher-
energetische Zustände eine Rolle, deren Wellenfunktionen einen Anteil
mit p-Symmetrie aufweisen (p-function admixture). Der Einfluß auf die
Streuraten, der besonders für die Theorie heißer Elektronen wichtig ist,
ist in [4.6] übersichtlich zusammengestellt.

Mit der Änderung des Symmetriecharakters der Wellenfunktionen ist
auch die in Abschn.1.6 erwähnte Nichtparabolizität des Leitungsbandes
verbunden. Sie kann in einfacher Näherung durch

$$(E - E_c) \left\{ 1 + \frac{E - E_c}{E_c - E_v} \right\} = \frac{\hbar^2 k^2}{2m_n^*} \qquad (4.3/27)$$

beschrieben werden. Dieser Zusammenhang wurde mit der sog. k.p-
Methode [4.15] erhalten, die im Sinne einer quantenmechanischen
Störungsrechnung auch die Wechselwirkung zwischen Leitungs- und
Valenzband in der Umgebung eines bestimmten Punktes, wie z.B. hier
des Γ-Punktes berücksichtigt. Eine solche Wechselwirkung ist auf
Grund des an Hand von Abb.1.1/3 besprochenen Zustandekommens
der Bandstruktur auch rein anschaulich zu erwarten. Die k.p-Methode
liefert sowohl die Dispersionsbeziehung als auch die Wellenfunktionen
für Leitungs- und Valenzband in der Umgebung des betrachteten Punktes genauer, als die Pseudopotentialmethode und ergibt neben Gl.
(4.3/27) auch die Verwerfungen des Valenzbandes gemäß Gl.(1.6/4).
Die Wechselwirkung zwischen Leitungs- und Valenzband hat einen ähnlichen Charakter wie der in Abschn.2.2 behandelte Einfluß der Bänder
auf die Terme der Störstellen. Dem energetischen Abstand $E_S - E_\mu$
in Gl.(2.2/12) entspricht hier der ebenfalls im Nenner des Störglie-
des von Gl.(4.3/27) auftretende Abstand $E_c - E_v$: Die Nichtparabolizität wird dementsprechend mit kleinerem Bandabstand immer stärker.

Neben der üblichen Definition der effektiven Masse gemäß Gl.(1.6/5)
hat für galvanomagnetische und optische Erscheinungen in nichtpara-
bolischen Bändern [4.16] eine anders definierte Masse

$$m^* = \frac{\hbar^2 k}{\partial E / \partial k} \qquad (4.3/28)$$

Bedeutung, die nur im parabolischen Band mit der üblichen Definition
übereinstimmt.

4.4 Beweglichkeit

Die Beweglichkeit ist eine der wichtigsten Größen zur Kennzeichnung
der Qualität von Halbleiterkristallen. Da bei tiefen Temperaturen der
Einfluß der Coulomb-Streuung am größten ist, erhält man durch Messung in diesem Bereich die gesamte Dichte N_i geladener Donatoren
und Akzeptoren. So kommt es, daß z.B. die Beweglichkeit bei 77 K
Gittertemperatur oft direkt als Maß für die Reinheit der Probe verwendet wird. Bei reinen Proben tritt im Temperaturbereich des Überganges zwischen dominanter Coulomb- und Gitterstreuung ein Maximum der Beweglichkeit auf. Es hängt außerordentlich empfindlich
von den elektrisch aktiven Verunreinigungen ab, weshalb seine Höhe
und Temperaturlage für eine Beurteilung der Reinheit der Probe noch
besser geeignet ist als die Beweglichkeit bei 77 K Gittertemperatur.
Allerdings ist es experimentell wesentlich schwieriger zu bestimmen
als die Beweglichkeit bei der Temperatur des flüssigen Stickstoffes.
Vor einer weiteren Diskussion der praktischen Bedeutung wenden wir
uns zunächst der Theorie der Beweglichkeit zu.

Wie wir aus Abschn. 4.1 wissen, ist für das grundsätzliche Verständ-
nis des Stromtransportes in Halbleitern die Lösung der Boltzmann-
Gleichung erforderlich. Im vorliegenden Abschntt gehen wir von drei
Voraussetzungen aus: stationärer Fall $(\partial/\partial t = 0)$, verschwindendes
Magnetfeld $(\vec{B} = 0)$, schwaches elektrisches Feld, d.h. Gültigkeit von
Gl. (4.1/12).

Dem Einfluß des Magnetfeldes ist der nächste Abschnitt gewidmet,
während der Stromtransport im starken elektischen Feld Gegenstand
des letzten Abschnittes sein wird. Mit nichtstationären Fällen werden
wir uns nur im Zusammenhang mit der Zyklotron-Resonanz (Abschn.
4.5.5), der Frequenzabhängigkeit der Leitfähigkeit (Ende des Abschn.
4.6.2) und mit der Grenzfrequenz des Gunn-Effektes (Ende des Abschn.
4.6.3) befassen.

Betrachten wir zunächst den Fall, daß die Streuung entweder elastisch
oder isotrop ist, so daß sich eine Impulsrelaxationszeit $\tau_m(E)$ definieren läßt und der Kollisionsterm die Form Gl. (4.1/18) hat. Da wir
für schwaches elektrisches Feld im Rahmen einer Störungsrechnung
1. Ordnung im Feldterm $f(\vec{k})$ durch $f_{oo}(E)$ ersetzen dürfen, erhalten

wir aus Gl. (4.1/11) unter der Annahme eines Feldes in z-Richtung
($E_x = E_y = 0$)

$$\left(\frac{\partial f}{\partial t}\right)_F = -\frac{e}{\hbar}\,E_z\,\frac{d f_{oo}}{dE}\,\frac{\partial E}{\partial k_z} = e\,E_z\,\frac{f_{oo}}{k_B T}\,v\cos\vartheta\ . \qquad (4.4/1)$$

Da der so gewonnene Feldterm mit dem Kollisionsterm Gl. (4.1/18)
übereinstimmen muß, erhält man unter Verwendung von Gl. (4.1/12)

$$f_1(E) = -\frac{e\,E_z\,v\,\tau_m}{k_B T}\,f_{oo}(E) \qquad (4.4/2)$$

als Lösung der Boltzmann-Gleichung für die gestörte Vf. Die Berechnung der Stromdichte nach Gl. (4.1/28) läßt sich nun unmittelbar durchführen, wobei wir entsprechend der einfachen Bandstruktur $v = \sqrt{2E/m^*}$
und gemäß den Gl. (3.1/1), (3.1/2a) und (3.1/3)

$$f_{oo}(E) = \exp\left\{-\frac{E-E_F}{k_B T}\right\} = \frac{n}{N_c}\,\exp\left\{-\frac{E-E_c}{k_B T}\right\} = \frac{h^3}{2}\,\frac{n\exp\left\{-\dfrac{E-E_c}{k_B T}\right\}}{(2\pi\,m^*k_B T)^{3/2}}$$

einsetzen. (Einfachheitshalber legen wir den Nullpunkt der Energie
in E_c und ersetzen im folgenden $E - E_c$ durch E.) Schreibt man das
Ergebnis in der üblichen Form

$$i_z = e\,n\,\mu\,E_z\ , \qquad (4.4/3)$$

dann erhält man für die Elektronenbeweglichkeit

$$\mu = \frac{e}{m^*}\,\frac{4}{3\sqrt{\pi}}\int_0^\infty \tau_m(E)\left(\frac{E}{k_B T}\right)^{3/2}\exp\left(-\frac{E}{k_B T}\right)d\left(\frac{E}{k_B T}\right)$$
$$= \frac{e}{m^*}\,\langle\tau_m\rangle\ . \qquad (4.4/4)$$

Die in Gl. (4.4/4) auftretende Mittelwertbildung über die Energie
$\langle\tau_m\rangle$ hat in der Transporttheorie so allgemeine Bedeutung, daß wir
sie auch für eine beliebige Funktion der Energie g(E) formulieren

wollen:

$$\langle g \rangle = \frac{4}{3\sqrt{\pi}} \int\limits_0^\infty g(k_B T x) x^{3/2} e^{-x} \, dx \; . \qquad (4.4/5)$$

Die Integrationsvariable x ist die auf $k_B T$ normierte Energie. Gl.
(4.4/4) entspricht der einfachen Formel $\mu = e\tau/m^*$, die man modellmäßig für erinnerungslöschende Stöße erhält [vgl. Band 1 dieser Buchreihe, Gl.(2.14)]. Unsere Überlegungen haben somit zur genauen Definition der zu verwendenden Relaxationszeit und ihrer statistischen Mittelung geführt und bieten die Grundlage für die folgenden Betrachtungen.

Beschäftigen wir uns zunächst mit der Beweglichkeit im ungestörten
Gitter, der sog. Gitterbeweglichkeit. Für Deformationspotentialstreuung an akustischen Phononen folgt mit $\tau_{m\,ac} = 1/\lambda_{ac}$ nach Gl.(4.3/18)

$$\mu_{ac} = \frac{2}{3} \sqrt{2\pi} \, \hbar^4 \, e \rho_m v_s^2 \, \Xi_a^{-2} \, (m^*)^{-5/2} (k_B T)^{-3/2} \; . \quad (4.4/6)$$

Diese Beweglichkeit gilt an sich nur für den fiktiven Fall homöopolarer
Halbleiter mit zentralem Leitungsbandminimum. Trotzdem findet sie
bei der Analyse von Beweglichkeiten als eine Art Maßstab Verwendung.
Insbesondere die Abhängigkeit von der Gittertemperatur gemäß $T^{-3/2}$
wird als Kennzeichen einer durch akustische Deformationspotentialstreuung dominierten Beweglichkeit gewertet.

Man beachte, daß dieser Temperaturgang durch zwei Einflüsse zustande
kommt. Die Zunahme der Stöße mit der Anzahl der Phononen n_q bewirkt
einen Faktor T^{-1}, während der verbleibende Anteil $T^{-1/2}$ auf den Einfluß der Elektronenenergie gemäß Gl.(4.3/19) zurückgeht, der durch
die Zustandsdichte bedingt ist. Analog dazu setzt sich der Gang mit
$(m^*)^{-5/2}$ aus einem von der Zustandsdichte herrührenden Anteil
$(m^*)^{-3/2}$, der in $\tau_{m\,ac}$ auftritt, und dem Anteil $(m^*)^{-1}$ zusammen.
Letzterer ist gemäß Gl.(4.4/4) unabhängig vom spezifischen Streuprozeß immer in der Beweglichkeit und in der Leitfähigkeit enthalten.
Aus dieser Überlegung ergibt sich auch, daß für anisotrope Energieflächen Gl.(1.6/6) im Faktor $(m^*)^{-3/2}$ die Zustandsdichtenmasse
Gl.(4.1/9) einzusetzen ist, während $(m^*)^{-1}$ durch eine reziproke Mittelung gemäß

$$(m_c{}^*)^{-1} = 1/3\left(m_l{}^{-1} + 2m_t{}^{-1}\right) \qquad\qquad (4.4/7)$$

ersetzt werden muß. Man bezeichnet $m_c{}^*$ als Leitfähigkeitsmasse.
Somit hat man folgende Transformation durchzuführen:

$$(m^*)^{-5/2} \rightarrow 1/3\left(m_l{}^{-1} + 2m_t{}^{-1}\right)m_t{}^{-1}m_l{}^{-1/2}.$$

Allerdings wird damit die anisotrope Vieltalbandstruktur der Elementhalbleiter nur in erster grober Näherung berücksichtigt. Folgende
Gründe für eine Abweichung der Beweglichkeit von Gl.(4.4/6) liegen
bei den Elementhalbleitern Ge, Si vor:

a) Für die anisotropen Energiebänder der n-Halbleiter hat man, wie
schon im vorigen Abschnitt erwähnt wurde, zwei Deformationspotentiale einzuführen. Nicht nur longitudinal polarisierte Phononen, sondern auch transversal polarisierte bewirken eine Streuung der Elektronen. Die Impulsrelaxationszeit selbst ist nicht mehr skalar, sondern hat tensoriellen Charakter. Dies ändert vor allem den Vorfaktor
in Gl.(4.4/6).

b) Die Vieltalstruktur bewirkt einen Beitrag der äquivalenten Zwischentalstreuung. Die zugehörigen Phononen haben eine höhere Energie als die akustischen Phononen. Dementsprechend erfolgt ihre Anregung bei Zimmertemperatur nicht proportional T, sondern exponentiell gemäß Gl.(4.2/21). Paßt man den Temperaturgang der Beweglichkeit mit einer Potenz von T an, dann ergibt sich ein Exponent, der
unter -1,5 liegt.

c) Ähnliches gilt für den Einfluß nicht polarer optischer Phononen,
der besonders in p-Ge [4.13] stark ist und dort die Abweichung vom
$T^{-3/2}$-Verlauf hervorruft.

d) In p-Halbleitern ist generell die komplizierte entartete Bandstruktur mit Verwerfungen zu berücksichtigen (Abschn.1.6). In erster
Näherung tragen nur die schweren Löcher zur Gesamtbeweglichkeit
bei, da das leichte Löcherband wegen seiner geringen Zustandsdichte
schwach besetzt ist und überdies die Beweglichkeit der leichten Löcher
durch starke Zwischentalstreuung in das schwere Löcherband herabgesetzt wird. In Si ist die in Abschn.1.6 behandelte Spin-Abspaltung des
3. Teilbandes gering (relativ kleines Atomgewicht von Si), so daß
dieses eine starke Wechselwirkung mit dem schweren Löcherband
aufweist. Diese Wechselwirkung führt zu einer zusätzlichen Nichtpa-

rabolizität des schweren Löcherbandes und ist eine weitere Ursache für die Abweichung der Beweglichkeit in p-Si vom $T^{-3/2}$-Verlauf [4.17]. Experimentell ergeben sich für die Beweglichkeiten in reinem n- bzw. p-Ge und Si für Temperaturen zwischen etwa 100 K und 300 K die in Tab. 4.4/1 angeführten Werte.

Tabelle 4.4/1. Beweglichkeiten in reinem n- bzw. p-Ge und Si für Temperaturen zwischen etwa 100 K und 300 K

	μ_n (Vs/m^2)	μ_p (Vs/m^2)
Si	0,145 (300 K/T)$^{2.6}$	0,05 (300 K/T)$^{2.3}$
Ge	0,38 (300 K/T)$^{1.66}$	0,18 (300 K/T)$^{2.33}$

In Verbindungshalbleitern, deren Bindung einen polaren Anteil aufweist, wird die Beweglichkeit in vielen Fällen durch die polar optische Streuung bestimmt. Da sich für diesen Fall keine allgemein gültige Impulsrelaxationszeit angeben läßt, betrachten wir zunächst die Grenzfälle tiefer und hoher Temperaturen. Ist die Gittertemperatur klein gegen die Debye-Temperatur $T \ll \Theta$, dann befindet sich für schwaches elektrisches Feld die Mehrzahl der Elektronen im Inneren der sog. Debye-Kugel $E \leqslant k_B \Theta$ und kann daher optische Phononen nur absorbieren nicht aber emittieren. Für die wenigen Elektronen außerhalb der Debye-Kugel hingegen besteht eine große Wahrscheinlichkeit für die spontane Emission von Phononen. Wenn also ein Elektron durch Absorption von E nach $E + k_B \Theta$ gelangt, wird es nach kurzer Zeit durch einen Emissionsvorgang wieder nach E zurückfallen. Man kann daher diese beiden Streuprozesse gedanklich zu einem einzigen elastischen Stoß zusammenfassen, da das Elektron dabei insgesamt seine Energie nicht verändert. Überdies ist diese Streuung für $E \ll k_B \Theta$ nahezu isotrop, weil der Anisotropiefaktor $q^{-2} = (\vec{k}' - \vec{k})^{-2}$ für $k \ll k'$ durch $(k')^{-2} \approx \hbar^2 / (2 m^* k_B \Theta)$ angenähert werden kann, also gar keine Anisotropie bewirkt. (Tatsächlich tritt die Anisotropie erst für $E \gtrsim k_B \Theta$ in Erscheinung). Die totale Streurate für den kombinierten Streuprozeß wird praktisch allein durch die viel kleinere Rate λ_{poa} der Phononenabsorption bestimmt, aus der wir die Impulsrelaxationszeit τ_m erhalten. In der Näherung $E \ll E' \approx \hbar \omega_o = k_B \Theta$

ergibt sich aus Gl.(4.3/23) durch Reihenentwicklung des natürlichen Logarithmus

$$\tau_m \approx \frac{1}{\lambda_{poa}} = \frac{\sqrt{m^* k_B \Theta/2}}{e E_o n_q} \quad \text{für} \quad E \ll k_B \Theta \, .$$

Diese "Impulsrelaxationszeit" ist von der Energie unabhängig und daher gilt für die zugehörige Beweglichkeit

$$\mu_{po} = \frac{e}{m^* \lambda_{poa}} = \frac{\sqrt{k_B \Theta/(2m^*)}}{E_o n_q} \quad \text{für} \quad T \ll \Theta \, . \quad (4.4/8a)$$

Wegen des Faktors $n_q^{-1} \approx \exp(\Theta/T)$ steigt die Beweglichkeit bei sinkender Temperatur exponentiell an. Das ist für jede Wechselwirkung mit optischen Phononen charakteristisch.

Für sehr große Elektronenenergie gilt die Impulsrelaxationszeit Gl.(4.3/24), die wir zur Berechnung der Beweglichkeit im Grenzfall hoher Temperatur $T \gg \Theta$ gemäß Gl.(4.4/4) verwenden können.

Mit der Näherung $n_q \gg 1$, $2n_q + 1 \approx 2n_q$ findet man

$$\mu_{po} = \frac{8}{3\sqrt{\pi}} \, \frac{\sqrt{k_B T/(2m^*)}}{E_o n_q} \quad \text{für} \quad T \gg \Theta \, . \quad (4.4/8b)$$

Es ist üblich für die Beweglichkeit im gesamten Temperaturbereich den Ansatz

$$\mu_{po} = \frac{8}{3\sqrt{\pi}} \, \frac{\sqrt{k_B T/(2m^*)}}{E_o n_q} \quad \chi\left(\frac{\Theta}{T}\right) \quad\quad (4.4/8)$$

zu machen, wobei χ eine langsam veränderliche Funktion der Temperatur mit den Grenzwerten

$$T \gg \Theta : \chi = 1; \quad T \ll \Theta : \chi = \frac{3}{8}\left(\frac{\pi\Theta}{T}\right)^{1/2}$$

ist. Zur ihrer numerischen Berechnung verwendet man die in Abschn. 4.1 skizzierte Differenzengleichungsmethode [4.18, 4.4] oder ein Variationsverfahren [4.2]. Abb.4.4/1 zeigt Ergebnisse solcher Rechnungen. Kurve 1 bezieht sich auf Ladungsträger, deren Wellenfunktionen s-Symmetrie haben, wie dies gemäß Abb.1.1/3 für die bekannten Halbleiter bei den Leitungselektronen der Fall ist. Für das Valenzband mit p-Charakter gilt hingegen Kurve 2, so daß die Beweglichkeit etwa um

den Faktor zwei größer ist als sie sich ohne Berücksichtigung der
p-Symmetrie der Wellenfunktion ergäbe.

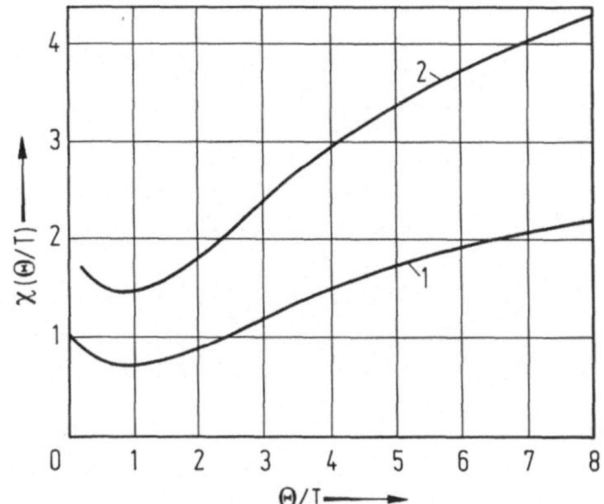

Abb. 4.4/1. Die in der polar optischen Beweglichkeit Gl. (4.4/8) auftretende Funktion $\chi(\Theta/T)$ nach [4.18]. 1 Ladungsträger mit s-Symmetrie; 2 Ladungsträger mit p-Symmetrie.

In stark polaren Substanzen spielt auch die piezoelektrische Streuung
für die Beweglichkeit eine Rolle. Bei rein piezoelektrischer Streuung
weist die Beweglichkeit μ_{pe} gemäß Gl. (4.3/25) und den anschließenden Überlegungen einen Temperaturgang mit $T^{-1/2}$ auf, der von der
Phononenzahl (T^{-1}) und der Energieabhängigkeit $(E^{1/2})$ herrührt.

Obwohl die Beweglichkeit in den Verbindungshalbleitern schwächerer
Polarität (z.B. III-V-Halbleiter) durch Gl. (4.4/8) sehr gut wiedergegeben wird, ist die bisherige Darstellung der polaren Wechselwirkung unvollständig, weil die Polarisation des Kristallgitters durch die
Elektronenladung außer Acht gelassen wurde. Tatsächlich wirkt das
Elektron durch Coulomb-Kräfte auf die umgebenden Ionen des Gitters
und erzeugt eine Deformation des letzteren. Abb. 4.4/2 zeigt schematisch das Elektron und seine polarisierte Umgebung [4.19]. Diese Deformation des Gitters begleitet das Elektron bei seiner Bewegung durch
den Kristall, weshalb man das Elektron und die begleitende Deformation zu einem neuen Quasiteilchen, dem Polaron, zusammenfaßt.

Aus Abb. 4.4/2 erkennen wir, daß die potentielle Energie des Elektrons durch die Polarisation des Gitters herabgesetzt wird. Das Elektron befindet sich also in einem selbstgeschaffenen Potentialtopf, dessen Tiefe

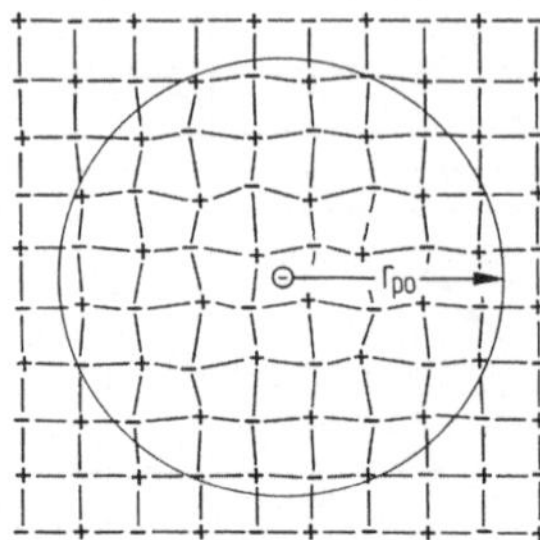

Abb. 4.4/2. Schematische Darstellung des Elektrons und seiner durch die Coulomb-Kräfte deformierten Umgebung im Kristall (Abb. 59 in [4.19]).

als "Selbstenergie" oder "Eingrabungsenergie" bezeichnet und mit Hilfe einer dimensionslosen Kopplungskonstanten durch $\alpha k_B^{\ominus}$ angegeben wird. Somit wird die Unterkante des Leitungsbandes um $\alpha k_B^{\ominus}$ abgesenkt. Die effektive Masse des Polarons m^*_{po} ist infolge der Trägheit der bewegten Ionen größer als die des "nackten Elektrons". Die quantitative Behandlung dieses Effektes erfordert den Einsatz der Quantenfeldtheorie und führt für schwache Kopplung $\alpha \ll 1$ zu folgenden Zusammenhängen [4.20]: Die Selbstenergie des Polarons ist

$$\alpha k_B^{\ominus} = \frac{e^2}{8\pi r_{po}} \left(\frac{1}{\varepsilon_{opt}} - \frac{1}{\varepsilon_{stat}} \right) , \qquad (4.4/9a)$$

wobei r_{po} die räumliche Ausdehnung der Polarisation

$$r_{po} = \frac{\hbar}{\sqrt{2m^* k_B^{\ominus}}} \qquad (4.4/9b)$$

bedeutet. Daher besteht zwischen α und der polaren Koppelfeldstärke E_o Gl. (4.3/22) der Zusammenhang

$$e E_o = \alpha \sqrt{2m^* k_B^{\ominus}} \, \omega_o . \qquad (4.4/9c)$$

210

Der Effektivwert der Masse des Polarons ergibt sich mit

$$m_{po} = m^*(1 + \alpha/6).$$ (4.4/9d)

Die aus der Elektrostatik geläufige Polarisationsenergie ist doppelt
so groß wie die Bindungsenergie des Polarons Gl.(4.4/9a); sie wird
nämlich durch die Deformationsenergie des Gitters und durch die kinetische Energie des Elektrons, von denen jede im Mittel $\alpha k_B \Theta/2$
beträgt, vermindert. Die Deformationsenergie entspricht demnach
einer mittleren Zahl von $\alpha/2$ optischen Phononen, die das Elektron
begleiten und von diesem ständig emittiert und wieder absorbiert werden ("virtuelle Phononen"). Die bei Emission und Absorption auftretenden Rückstöße verursachen gerade die erwähnte mittlere kinetische
Energie $\alpha k_B \Theta/2$ des Elektrons. Die Voraussetzung schwacher Kopplung $\alpha \ll 1$ ist, wie Tab.4.4/2 an einigen Beispielen zeigt, bei allen
n-leitenden III-V-Verbindungen erfüllt, hingegen bei allen Alkalihalo-
geniden verletzt. Die theoretische Behandlung des Falles $\alpha \gtrsim 1$, in
dem die Störungsrechnung versagt, ist schwierig und bisher nicht vollständig gelungen.

Tabelle 4.4/2. Werte der dimensionslosen Kopplungskonstante der
Polaronen für einige Substanzen

Substanz (n-Typ)	InSb	GaAs	InP	PbS	CdTe	SiC	ZnO	KCl	LiF
α	0,018	0,059	0,106	0,16	0,27	0,53	0,85	3,6	7,7

Während in den Verbindungshalbleitern vom n-Typ bei genügender
Reinheit und nicht zu tiefer Temperatur die polar optische Streuung
vorherrscht, begünstigt die relativ große effektive Masse der Löcher
die akustische und optische Deformationspotentialstreuung (vgl. Tab.
4.4/3). Daher lassen sich die Löcherbeweglichkeiten der III-V-Verbindungen durch Potenzgesetze T^{-n} mit Exponenten n = 2...2,4 annähern, ganz ähnlich den Ergebnissen für p-Ge und p-Si in Tab.4.4/1
(Ausnahme GaSb mit n = 0,8). Die polar optische Streuung gewinnt
erst in den stärker polaren II-VI-Verbindungen einen wesentlichen
Einfluß auf die Beweglichkeit der Löcher [4.14].

Bei tiefen Temperaturen wird die Beweglichkeit in den meisten realen
Halbleiterproben durch die Streuung an geladenen Störstellen bestimmt.
Die Beweglichkeit erhält man gemäß Gl. (4.4/4) aus der Impulsrelaxationszeit Gl. (4.3/9). Die Auswertung der Integration in geschlossener
Form ist durch eine Näherung für das langsam veränderliche logarithmische Glied in der geschlungenen Klammer von Gl. (4.3/9) möglich;
da der Integrand $x^3 e^{-x}$ für $x = 3$, $E = 3\,k_B T$ sein Maximum annimmt,
setzt man hier

$$\frac{\hbar^2 k^2}{2m^*} = 3\,k_B T, \quad \frac{4k^2}{\varkappa^2} = \frac{6}{\pi}\,\frac{4\pi\,\varepsilon\,m^*(k_B T)^2}{e^2 \hbar^2}\,\frac{1}{n} = b$$

und erhält

$$\mu_{im} = 16\,\sqrt{\frac{2}{\pi}}\,\frac{8\pi\,\varepsilon^2}{Z^2 e^3 N_i}\,\frac{(m^*)^{-1/2}(k_B T)^{3/2}}{\ln(1+b) - b/(1+b)} \quad . \qquad (4.4/10)$$

Die Beweglichkeit nach der Zellularmethode unterscheidet sich, ebenso
wie gewisse bei tiefen Temperaturen und hohem Kompensationsgrad an-
zubringende Korrekturen, nur in der Form des langsam veränderlichen
Gliedes im Nenner von Gl. (4.4/10).

Bei der Bestimmung der Gesamtkonzentration geladener Störstellen
durch die Messung der Beweglichkeit bei tiefen Temperaturen ist
zu beachten, daß Z-fach geladene Störstellen eine um den Faktor Z^2
stärkere Wirkung ausüben. Daß die Beweglichkeit bei wachsender Temperatur mit $T^{1,5}$ ansteigt, ist eine Folge der geringeren Wirksamkeit
der Coulomb-Streuung für größere Elektronenenergie. Sie folgt anschaulich aus der Abnahme der Streuwinkel gemäß Abb. 4.3/2 mit zunehmender Energie. Im Gegensatz dazu führen neutrale Störstellen gemäß Gl.
(4.3/11) auf eine temperaturunabhängige Beweglichkeit $\mu_{ne} \sim m^*(\varepsilon N_n)^{-1}$.

In Abb. 4.4/3 wird als Beispiel für n-GaAs der Temperaturverlauf der
zu den einzelnen Streuprozessen gehörigen Beweglichkeiten [4.21]
dargestellt, wobei bestimmte Konzentrationen den geladenen Störstellen angenommen werden. Da jeweils der Streuprozeß mit der kleinsten
Beweglichkeit den größten Einfluß hat, erkennt man die dominierende
Rolle der polar optischen Streuung. Sind mehrere voneinander unabhän-

gige Streuprozesse wirksam, die sich durch die Impulsrelaxations-
zeiten $\tau_{mi}(E)$ beschreiben lassen, dann gilt

$$\frac{1}{\tau_m(E)} = \sum_i \frac{1}{\tau_{mi}(E)} \ , \qquad (4.4/11)$$

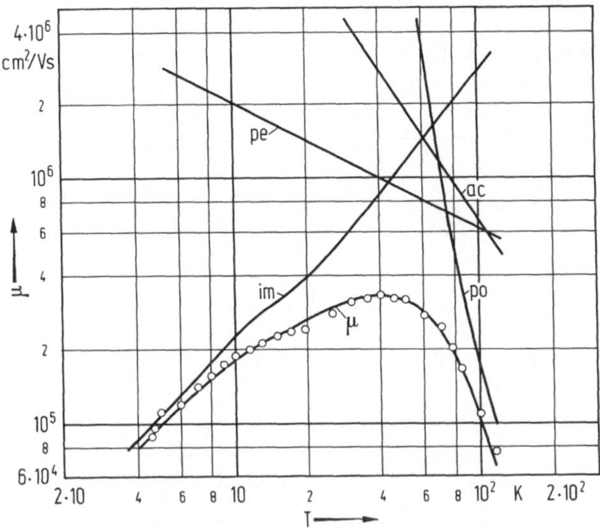

Abb. 4.4/3. Temperaturverlauf der zu den einzelnen Streuprozessen
gehörenden Beweglichkeiten für eine Probe von n-GaAs mit $N_D = 4,8 \cdot 10^{13} cm^{-3}$, $N_A = 2,13 \cdot 10^{13} cm^{-3}$. po polare Streuung durch optische
Phononen; ac akustische Deformationspotentialstreuung; pe piezoelek-
trische Streuung; im Coulomb-Streuung; μ resultierende Beweglichkeit (gerechnete Kurve und Meßpunkte) (Abb. 1 in [4.21]).

weil sich die Streuwahrscheinlichkeiten additiv zusammensetzen. Für
qualitative Betrachtungen verwendet man häufig die Näherungsformel
für die Gesamtbeweglichkeit (Mathiessen-Regel)

$$\frac{1}{\mu} \approx \sum_i \frac{1}{\mu_i} \ , \qquad (4.4/12)$$

die wegen

$$\left\langle \frac{1}{\tau_{mi}(E)} \right\rangle \neq \frac{1}{\langle \tau_{mi}(E) \rangle}$$

allerdings nicht quantitativ richtig ist. Trotzdem machen uns diese
Überlegungen sofort verständlich, daß die Gesamtbeweglichkeit bei
tiefen Temperaturen wegen der dominanten Störstellenstreuung mit
$T^{3/2}$ wachsen und nach Erreichen eines Maximalwertes mit steigen-

der Temperatur abnehmen muß, wie dies in Abb. 4.4/4 [4.22] für drei
GaAs-Proben verschiedener Störstellenkonzentration dargestellt ist.
Für die reinste Probe hat das Maximum den größten Wert und tritt
bei der tiefsten Temperatur auf. Wir erkennen die große Bedeutung
der Beweglichkeitsuntersuchung bei tiefen Temperaturen für die Beurteilung der Reinheit von Halbleiterproben.

Die Verwendung der 77 K-Beweglichkeit als Materialgütezahl zeigt
Abb. 4.4/5 ebenfalls am Beispiel von n-GaAs [4.23]. Die untere

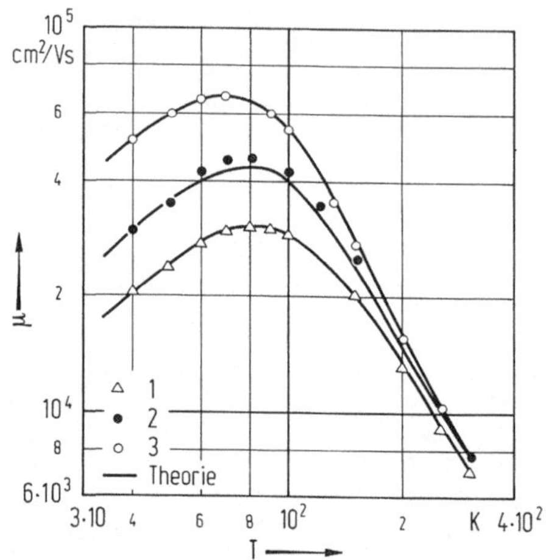

Abb. 4.4/4. Beweglichkeit dreier GaAs-Proben in Abhängigkeit von
der Gittertemperatur T nach [4.22]. 1 $N_i = 5,4 \cdot 10^{15}$cm^{-3}, $n = 1,15 \cdot 10^{15}$ cm^{-3}; 2 $N_i = 2,95 \cdot 10^{15}$cm^{-3}, $n = 4,3 \cdot 10^{14}$ cm^{-3}, 3 $N_i = 1,88 \cdot 10^{15}$cm^{-3}, $n = 9,85 \cdot 10^{14}$ cm^{-3}.

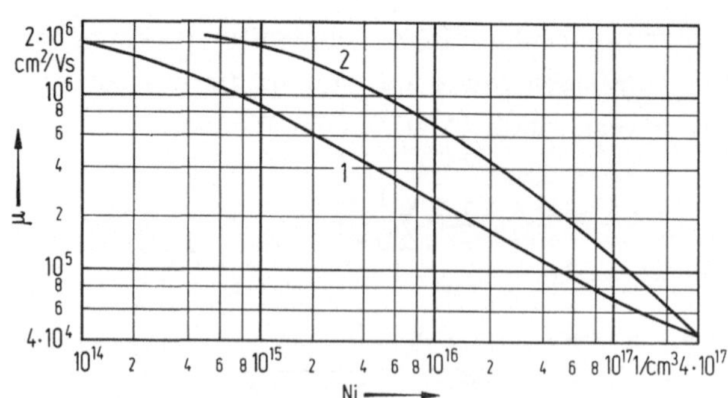

Abb. 4.4/5. Ermittlung der Störstellendichte N_i aus der Beweglichkeit der Elektronen in GaAs bei 77 K Gittertemperatur. 1 Gemittelter
empirischer Zusammenhang zwischen μ und N_i; 2 liefert zu jedem
Wert von μ die Funktion $N_i \left[\ln \left(\dfrac{6,94 \cdot 10^{17} \text{cm}^{-3}}{n} \right) - 1 \right]$, woraus sich
bei bekannter Elektronendichte n die Störstellendichte N_i ermitteln
läßt; nach [4.23].

214

Kurve stellt einen gemittelten empirischen Zusammenhang zwischen der Konzentration ionisierter Störstellen N_i und μ dar, der für gröbere Abschätzungen verwendet werden kann. Wünscht man eine größere Genauigkeit, dann ermittelt man zu dem gemessenen Wert von μ aus der oberen (durch Zusammensetzung von Coulomb-Streuung und Gitterstreuung gerechneten) Kurve zunächst den in μ_{im} nach Gl. (4.4/10) auftretenden Term

$$N_i \left[\ln(1 + b) - \frac{b}{1 + b} \right] \approx N_i (\ln b - 1),$$

wobei numerisch für n-GaAs $b = (6,94 \cdot 10^{23} \mathrm{m}^{-3}) n^{-1}$ gilt. Kennt man n, so erhält man daraus unmittelbar N_i.

Bei tiefen Temperaturen frieren die freien Ladungsträger schwach dotierter Proben, wie im vorigen Abschnitt erwähnt, in die Störstellen aus. Letztere verlieren dadurch ihre Ladung und sind nicht mehr als Coulomb-Streuzentren wirksam. Hier spielt die Gegendotierung (Kompensation) eine wesentliche Rolle. Betrachten wir z.B. einen n-Halbleiter mit der Donator-(Akzeptor-)Konzentration $N_D(N_A)$, dann ist bei mittleren Temperaturen (weder Ausfrieren noch Eigenleitung)

$$n = N_D - N_A, \quad N_i = N_D + N_A .$$

Bei nahezu vollständigem Ausfrieren hingegen ist

$$n \ll N_D - N_A, \quad N_i = 2N_A ,$$

weil alle Akzeptoren negativ geladen bleiben und durch die gleiche Anzahl positiv geladener Donatoren kompensiert sind. Der Rest der Donatoren $(N_D - N_A)$ hat ein Elektron eingefangen und ist ungeladen. Wir sehen, daß dann die Coulomb-Streuung von der Gegendotierung und nicht von $N_D + N_A$ abhängt, so daß eine wenig kompensierte Probe mit größerem N_D eine höhere Beweglichkeit haben wird. In solchen Proben kann schließlich die Streuung an Neutralstörstellen Einfluß haben.

Der Übersichtlichkeit halber stellen wir in Tab. 4.4/3 die Abhängigkeit der zu den verschiedenen Streuprozessen gehörigen Impulsrela-
xationszeiten und Beweglichkeiten von den wichtigsten Einflußgrößen,
wie Elektronenenergie E, Gittertemperatur T, effektive Masse m^*,

Tabelle 4.4/3. Abhängigkeit der Impulsrelaxationszeit τ_m und die Beweglichkeit μ von der Elektronenenergie E, der Gittertemperatur T, der effektiven Masse m^*, der Dielektrizitätskonstante und der Konzentration geladener (N_i) und ungeladener (N_n) Störstellen

	E	T	m^*	ε	N	
$\tau_{m\,im}$	$E^{3/2}$	–	$m^{*1/2}$	ε^2	$(Z^2 N_i)^{-1}$	elastisch
$\tau_{m\,ne}$	–	–	m^{*2}	ε^{-1}	N_n^{-1}	elastisch
$\tau_{m\,ac}$	$E^{-1/2}$	T^{-1}	$m^{*-3/2}$	–	–	elastisch
$\tau_{m\,pe}$	$E^{1/2}$	T^{-1}	$m^{*-1/2}$	ε	–	elastisch
$\tau_{m\,op}$	–	$e^{\Theta/T}$	$m^{*-3/2}$	–	–	$T \ll \Theta,\ E \ll k_B\Theta$
$\tau_{m\,op}$	$E^{-1/2}$	T^{-1}	$m^{*-3/2}$	–	–	$T \gg \Theta,\ E \gg k_B\Theta$
$\tau_{m\,po}$	–	$e^{\Theta/T}$	$m^{*-1/2}$	$\left(\dfrac{1}{\varepsilon_{opt}} - \dfrac{1}{\varepsilon_{stat}}\right)$	–	$T \ll \Theta,\ E \ll k_B\Theta$
$\tau_{m\,po}$	$E^{1/2}$	T^{-1}	$m^{*-1/2}$		–	$T \gg \Theta,\ E \gg k_B\Theta$
μ_{im}	–	$T^{3/2}$	$m^{*-1/2}$	ε^2	$(Z^2 N_i)^{-1}$	elastisch
μ_{ne}	–	–	m^*	ε^{-1}	N_n^{-1}	elastisch
μ_{ac}	–	$T^{-3/2}$	$m^{*-5/2}$	–	–	elastisch
μ_{pe}	–	$T^{-1/2}$	$m^{*-3/2}$	ε	–	elastisch
μ_{op}	–	$e^{\Theta/T}$	$m^{*-5/2}$	–	–	$T \ll \Theta$
μ_{op}	–	$T^{-3/2}$	$m^{*-5/2}$	–	–	$T \gg \Theta$
μ_{po}	–	$e^{\Theta/T}$	$m^{*-3/2}$	$\left(\dfrac{1}{\varepsilon_{opt}} - \dfrac{1}{\varepsilon_{stat}}\right)$	–	$T \ll \Theta$
μ_{po}	–	$T^{-1/2}$	$m^{*-3/2}$		–	$T \gg \Theta$

Dielektrizitätskonstante ε und Konzentration geladener (N_i) und ungeladener (N_n) Störstellen, nochmals zusammen.

Eine unmittelbare experimentelle Bestimmung der von uns bisher diskutierten Beweglichkeit der Majoritätsträger bei verschwindendem Magnetfeld ist nicht möglich. Das Experiment liefert die Leitfähigkeit (z.B. $e\,n\,\mu_n$), aus der nur bei bekannter Trägerdichte auf μ geschlossen werden kann. Zwar kann man den Temperaturgang von μ der Leitfähigkeitsmessung entnehmen, wenn die Trägerdichte konstant ist, jedoch ist dies auch bei reiner Störstellenleitung sehr oft nicht streng erfüllt, weil das Ausfrieren der Träger nur dann auf den Bereich niedriger Temperaturen beschränkt ist, wenn keine tiefen Donator- oder Akzeptorterme existieren.

Wir bezeichnen die bisher behandelte Beweglichkeit als Driftbeweglichkeit, um sie von der in Abschn. 4.5 einzuführenden Hall-Beweglichkeit zu unterscheiden. Während also die Driftbeweglichkeit der Majoritäten nur indirekt experimentell zugänglich ist, läßt sich die Driftbeweglichkeit der Minoritäten durch das bekannte Haynes-Shockley-Experiment ermitteln (vgl. Band 1 dieser Buchreihe, Abschn.6.6). Ein injizierender Kontakt erzeugt einen Minoritätenüberschuß, der im elektrischen Feld bis zu einem zweiten, in Sperrichtung gepolten Kontakt driftet und dort einen Stromimpuls hervorruft. Die zeitliche Verschiebung zwischen diesem und dem an den injizierenden Kontakt angelegten Stromimpuls ergibt die Driftgeschwindigkeit und damit die Beweglichkeit der Minoritäten, während aus der Verbreiterung des Impulses auf die Diffusionskonstante geschlossen werden kann. Voraussetzung dafür ist der in Abschn.3.1 definierte Rekombinationsfall, d.h. $\tau_d \ll \tau$, weil im Relaxationsfall [4.24] $\tau \ll \tau_d$ jede Störung der Minoritätendichte schnell durch Rekombination verlorengeht.

Diese anschauliche Deutung des Haynes-Shockley-Experiments gilt nur, solange die Dichte der Minoritäten genügend klein gegen die der Majoritäten ist. Da uns jedoch auch Driftbeweglichkeiten in der Nähe der Eigenleitung interessieren, wollen wir im restlichen Teil dieses Kapitels das Haynes-Shockley-Experiment für diesen Fall genauer analysieren. Auch dazu müßten wir wieder von der Boltzmann-Gleichung ausgehen. Jedoch hätten wir es mit zwei Gleichungen dieser Art, nämlich für Elektronen und Löcher, zu tun, in denen auch die räumlichen

Gradienten der Vf zu berücksichtigen wären. Einfachheitshalber begnügen wir uns statt dessen mit den Erhaltungssätzen der Trägerzahl und des Trägerimpulses. Diese stimmen mit den üblichen Kontinuitätsgleichungen und Stromgleichungen überein (vgl. Band 1 dieser Buchreihe). Unter Vernachlässigung von Generation und Rekombination ($\tau \times x$), wie sie in Kapitel 3 für die verschiedenen Fälle behandelt wurden, lauten die Kontinuitätsgleichungen

$$\frac{\partial p}{\partial t} + \frac{1}{e} \operatorname{div} \vec{i}_p = 0,$$
$$\frac{\partial n}{\partial t} - \frac{1}{e} \operatorname{div} \vec{i}_n = 0. \qquad (4.4/13)$$

Die Stromgleichungen haben die Form

$$\vec{i}_p = e\,\mu_p p\,\vec{E} - e\,D_p\,\operatorname{grad} p\,,$$
$$\vec{i}_n = e\,\mu_n n\,\vec{E} + e\,D_n\,\operatorname{grad} n, \qquad (4.4/14)$$

Die ersten Terme der rechten Gleichungsseiten stellen die Feldströme dar, die zufolge der Ohm'schen Leitfähigkeit fließen. Die zweiten Terme sind die Diffusionsströme. Die Beweglichkeiten und Diffusionskoeffizienten, die gemäß

$$D_{p,n} = \frac{k_B T}{e}\,\mu_{p,n} \qquad (4.4/15)$$

zusammenhängen, müssen bei dieser vereinfachten Betrachtungsweise als bekannt vorausgesetzt werden, da sie sich nur unter Verwendung der Boltzmann-Gleichung ermitteln lassen.

Setzen wir $\vec{i}_p$ und $\vec{i}_n$ aus Gl.(4.4/14) in Gl.(4.4/13) ein, dann erhalten wir

$$\frac{\partial p}{\partial t} - D_p \Delta p + \mu_p \vec{E} \cdot \vec{\nabla} p = -\,\mu_p p \operatorname{div} \vec{E}$$
$$\frac{\partial n}{\partial t} - D_n \Delta n - \mu_n \vec{E} \cdot \vec{\nabla} n = \mu_n n \operatorname{div} \vec{E}\,. \qquad (4.4/16)$$

Diese beiden Gleichungen für die Diffusion der gestörten Ladungs-
trägerverteilungen sind keineswegs voneinander unabhängig, sondern
durch das elektrische Feld $\vec{E}$ verkoppelt, das seinerseits über die
Poisson-Gleichung

$$\text{div } \vec{E} = \frac{e}{\varepsilon} \, (p - n + N_{D+} - N_{A-}) \qquad (4.4/17a)$$

von der Trägerdichte n, p abhängt. Eine Näherungslösung dieses
vollständigen Gleichungssystemes ist ausgeschlossen, da jede kleine
Abweichung von der richtigen Lösung der empfindlichen Differenz
$n - p$ über die Poisson-Gleichung zu einem drastischen Fehler in der
Feldstärke $\vec{E}$ führt: kleinste Abweichungen von der Raumladungsneu-
tralität führen zu großen Feldern. Wir dürfen daher bei einer Nähe-
rungsrechnung nicht aus der in guter Näherung erfüllten Neutralitätsbedingung

$$p - n + N_{D+} - N_{A-} \approx 0 \qquad (4.4/17b)$$

auf $\vec{E}$, insbesondere auf $\text{div } \vec{E} = 0$ schließen. Um dies zum Ausdruck
zu bringen, spricht man von Quasineutralität; $\text{div } \vec{E}$ bleibt im Rahmen
dieser Näherung unbestimmt und muß eliminiert werden, indem wir die
beiden Gl. (4.4/16) mit $\mu_n n$ bzw. mit $\mu_p p$ multiplizieren und die beiden entstehenden Gleichungen addieren:

$$\left(\mu_n n \frac{\partial p}{\partial t} + \mu_p p \frac{\partial n}{\partial t} \right) - \mu_n n D_p \Delta p -$$
$$\qquad (4.4/18)$$
$$- \mu_p p D_n \Delta n + \mu_p \mu_n \vec{E} \cdot (n \vec{\nabla} p - p \vec{\nabla} n) = 0.$$

Gehen wir nun auf den Fall über, daß die Zusatzladungsträgerdichten
$p' = p - p_0$, $n' = n - n_0$ klein gegen die größere der beiden Gleichge-
wichtskonzentrationen p_0, n_0 sei und nehmen gemäß der Quasineutralität Gl. (4.4/17b) an, daß $n' = p'$ erfüllt ist, so erhalten wir für
diese Störung die Differentialgleichung.

$$\frac{\partial p'}{\partial t} = D_A \Delta p' - \mu_A \vec{E}_0 \cdot \vec{\nabla} p'. \qquad (4.4/19)$$

Hier wurden als ambipolare Diffusionskonstante

$$D_A = \frac{\mu_p p_o D_n + \mu_n n_o D_p}{\mu_p p_o + \mu_n n_o} = \frac{\mu_p \mu_n (p_o + n_o)}{\mu_p p_o + \mu_n n_o} \; \frac{k_B T}{e} \qquad (4.4/20)$$

und als ambipolare Beweglichkeit

$$\mu_A = \mu_p \mu_n \frac{n_o - p_o}{\mu_p p_o + \mu_n n_o} \qquad (4.4/21)$$

eingeführt.

Als Rechtfertigung für diese Definitionen überzeuge man sich zunächst durch Einsetzen in Gl.(4.4/19), daß

$$p'(x,t) = \frac{const}{\sqrt{D_A t}} \; \exp\left\{ - \frac{(x - \mu_A E_{ox} t)^2}{4 D_A t} \right\} \qquad (4.4/22)$$

für den eindimensionalen Fall eine Lösung ist. Dies ist eine Gauß
Verteilung, deren Scheitelwert sich mit der Driftgeschwindigkeit
$\mu_A E_{ox}$ bewegt und deren Streuung $2 D_A t$ mit der Laufzeit t der Störung zunimmt.

Die Lösung beschreibt also eine unter dem Einfluß des Feldes wandernde und als Folge der Diffusion zerfließende Störung der Trägerdichte. Dies stimmt für unendliche Lebensdauer genau mit dem Verlauf der Überschußkonzentration im Haynes-Shockley-Experiment
überein (vgl. Abschn.6.6 in Band 1 dieser Buchreihe).

Im Grenzfall starker Dotierung gehen D_A, μ_A in die entsprechenden
Konstanten der Minoritäten über. Wegen der großen Zahl der Majoritäten ist die Neutralisation der Minoritäten leicht möglich und es
spielt nur die Bewegung der letzteren für die Ausbreitung der Störung
eine Rolle. Im Grenzfall der Eigenleitung wird

$$\frac{1}{D_A} = \frac{1}{2}\left(\frac{1}{D_p} + \frac{1}{D_n} \right); \qquad (4.4/20a)$$

die langsamer diffundierenden Ladungsträger sind maßgebend für die
Diffusion der Störung. Die ambipolare Beweglichkeit verschwindet für
$n_o = p_o$, weil dann das elektrische Feld keine Wirkung auf die Bewegung der Störung hat. Bei Übergang von Störstellenleitung zu Eigenleitung hat man $n_o - p_o = N_{D^+} - N_{A^-}$ konstant zu setzen, während
$p_o = n_o = n_i$ exponentiell mit der Temperatur wächst. Man beobachtet
deshalb in diesem Bereich eine exponentielle Abnahme der durch das
Haynes-Shockley-Experiment bestimmten Beweglichkeit mit der Temperatur, wie dies in Abb. 4.4/6 bespielsweise für Si dargestellt ist
[4.25].

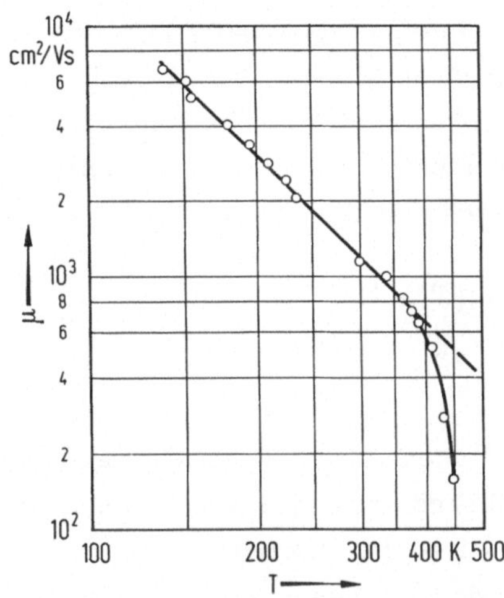

Abb. 4.4/6. Temperaturgang der Driftbeweglichkeit von Minoritäten
in einer p-Si Probe mit einem spezifischen Widerstand von 360 Ωcm
bei 300 K [4.25].

4.5 Galvanomagnetische Erscheinungen

4.5.1 Einführung

Schon im vorigen Abschnitt wurde festgestellt, daß eine experimentelle Bestimmung der Beweglichkeit der Majoritäten ohne Anwendung
eines Magnetfeldes nicht möglich ist. Andererseits ist die ohne Magnetfeld meßbare Leitfähigkeit zur Kennzeichnung von Halbleiterproben unzureichend. Man muß die beiden in ihr enthaltenen Größen, die
Trägerdichte n(p) und die Beweglichkeit μ, unbedingt getrennt be-

221

stimmen, um überhaupt sinnvolle Aussagen über die wirksamen Streumechanismen einerseits und die energetische Lage der Störstellen andererseits zu gewinnen. Erst dadurch bekommt man experimentelle
Daten über die im vorigen Abschnitt bereits behandelte Beweglichkeit.
Erst dadurch bekommt man daher Einblick in die Qualität der Halbleiterproben und in die Art der vorhandenen Verunreinigungen. Die
Kenntnis der Störstellenart ist in den meisten Fällen wiederum notwendige Voraussetzung für die Verbesserung der Herstellungsverfah-
ren und die Erzielung reinerer Kristalle. Daraus ersehen wir, daß
nur durch das Studium der galvanomagnetischen Erscheinungen unsere
bisher erworbenen Kenntnisse zum Tragen kommen.

Beim Stromtransport in einem Magnetfeld werden die Ladungsträger
durch die Lorentz-Kraft abgelenkt. Die dadurch bedingten galvanomagnetischen Erscheinungen sind besonders einfach zu überblicken, wenn
man sich auf Leitungselektronen mit der einheitlichen Geschwindigkeit
$\vec{v}_n$ bezieht, also die thermische Energieverteilung vernachlässigt:

$$m_n^* \frac{d\vec{v}_n}{dt} + m_n^* \frac{\vec{v}_n}{\tau_m} = -e(\vec{E} + \vec{v}_n \times \vec{B}) . \qquad (4.5/1)$$

Das erste Glied der linken Seite können wir weglassen, wenn sich die
Felder $\vec{E}$ und $\vec{B}$ während der Impulsrelaxationszeit τ_m praktisch nicht
ändern. Das zweite Glied der linken Seite berücksichtigt die Impulsab-
gabe der Elektronen durch Streuprozesse und entspricht dem Kollisionsterm der Boltzmann-Gleichung. Unter Einführung der Elektronendichte
n, der Stromdichte

$$\vec{i}_n = -en\vec{v}_n ,$$

der Leitfähigkeit

$$\sigma_n = e^2 n \tau_m / m_n^*$$

und der Hall-Konstanten $R_n = -1/(en)$ erhalten wir aus Gl. (4.5/1)

$$\vec{E} = \frac{\vec{i}_n}{\sigma_n} - R_n \vec{i}_n \times \vec{B} . \qquad (4.5/2)$$

222

Demnach setzt sich das elektrische Feld aus zwei zueinander senkrechten Anteilen zusammen. Der erste, die Feldkomponente in Richtung der Stromdichte, ist gegenüber dem magnetfeldfreien Fall unverändert und durch die Leitfähigkeit σ_n bestimmt. Der zweite, die Hall-Feldstärke transversal zu Stromrichtung und Magnetfeld, ergibt sich mit der Hall-Konstanten R_n, die der Trägerdichte umgekehrt proportional ist. Die Hall-Spannung U_H erhält man aus der Hall-Feldstärke; im praktisch wichtigsten Fall eines zu $\vec{i}_n$ senkrechten Magnetfeldes ist

$$U_H = R_n\, I\, B/d \, , \qquad\qquad (4.5/3)$$

wobei I die Stromstärke und d die Abmessung der Probe in Richtung des Magnetfeldes bedeuten. Aus U_H läßt sich daher die Trägerdichte ermitteln. Die Beweglichkeit $\mu_n = e\,\tau_m/m^*$ erhält man aus dem Produkt $-R_n\sigma_n$. Eine besonders wichtige Kenngröße ist der Winkel, den die E-Linien mit den Stromlinien einschließen. Für diesen Hall-Winkel ϑ_H erhält man aus Gl.(4.5/2)

$$\tan \vartheta_H = -\,\sigma_n R_n B = \mu_n B \, . \qquad\qquad (4.5/4)$$

Die Abhängigkeit der galvanomagnetischen Erscheinungen von der Geometrie der Probe läßt sich mit Hilfe des Hall-Winkels erläutern. In stabförmigen, d.h. langen und dünnen Proben ("Hall-Geometrie") kann der Strom nur in Längsrichtung fließen, so daß sich die Feldrichtung um den Hall-Winkel aus der Probenachse herausdreht und eine transversale Hall-Feldstärke auftritt (Abb.4.5/1a). Die Erhöhung

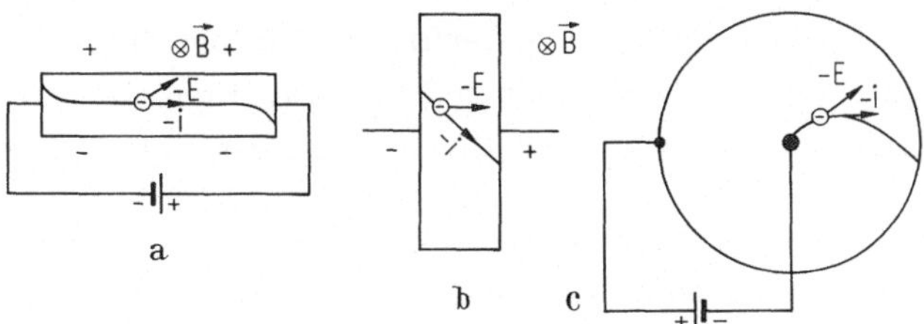

Abb.4.5/1. Einfluß der Probengeometrie auf die Stromlinien im Magnetfeld. a) Hall-Geometrie; b) Plattengeometrie; c) Corbino-Geometrie.

des elektrischen Widerstandes der Probe zufolge des Magnetfeldes,
die als Magnetowiderstand bezeichnet wird, ist in diesem Fall gering,
weil die Stromlinien durch das Magnetfeld nicht beeinflußt werden.
Wie noch ausführlicher dargelegt wird, tritt dieser "physikalische
Magnetowiderstand" lediglich auf Grund der thermischen Energieverteilung überhaupt auf. In plattenförmigen, also kurzen und dicken Proben hingegen, die, wie in Abb. 4.5/1b angedeutet, an den großen Flächen kontaktiert sind, muß die Feldrichtung senkrecht zu den Kon-
taktflächen sein, weil diese Äquipotentialflächen sind und transversale
Feldkomponenten kurzschließen. Daher dreht sich die Stromrichtung
um ϑ_H und es tritt eine Verlängerung der Strompfade um den Faktor
$(\cos \vartheta_H)^{-1}$ auf. Sie macht sich durch eine entsprechende Widerstandserhöhung bemerkbar, die als geometrischer Magnetowiderstand bezeichnet wird.

Abb. 4.5/1c zeigt die Corbino-Scheibe, die dem idealen Grenzfall reiner Plattengeometrie entspricht, weshalb man letztere meist als Corbino-Geometrie bezeichnet. Da sich hier nur radiale Feldkomponenten
ausbilden können, weisen die Stromlinien immer den konstanten Winkel
ϑ_H gegen die radialen Feldlinien auf und sind daher logarithmische Spi-
ralen. Zwischen den Extremfällen der Hall- und Corbino-Geometrie liegen die tatsächlichen Verhältnisse. Offensichtlich schließen die Strom-
kontakte das Hall-Feld immer kurz. Erst in einer Entfernung von den
Kontakten, die in der Größenordnung der Probenbreite liegt, bildet sich
das Hall-Feld voll aus. Die elektrische Feldstärke hat somit in Kontakt-
nähe die Richtung normal auf die Kontakte ("Probenachse"), während
sie im Innern der Probe um den Hall-Winkel gegen die Probenachse ge-
neigt ist. Da die Stromlinien überall den Hall-Winkel mit der Feldrichtung einschließen müssen, verlassen sie die Kontakte unter diesem Winkel gegen die Probenachse und verlaufen nur im Innern der Probe parallel zu letzterer. Die kontaktnahen Zonen bewirken also eine geometrische Widerstandserhöhung und eine Störung des Hall-Feldes.

Der geometrische Magnetowiderstand kann zur Messung des Magnetfeldes mittels "Feldplatten" verwendet werden. Ein eleganter Weg zur
Realisierung der Plattengeometrie ist der Einbau von metallisch leitenden Nadeln in das Halbleitermaterial, die das Hall-Feld kurzschließen, und eine "geschichtete Corbino-Scheibe" realisieren. Dies gelang
Weiss [4.26] unter Verwendung eines Eutektikums von InSb und NiSb.

Ähnlich bewirken bereits Inhomogenitäten der Dotierung eine Erhöhung des Magnetowiderstandes.

Die große Bedeutung der galvanomagnetischen Erscheinungen für die experimentelle Untersuchung von Halbleitern liegt nicht nur in der getrennten Bestimmung der Trägerdichte und Beweglichkeit, sondern auch in dem Einfluß der Bandstruktur auf den Magnetowiderstand, der zur Entdeckung der Vieltalstruktur der Elementhalbleiter geführt hat. Zunächst wollen wir uns jedoch auf die einfache Bandstruktur beschränken und Gl. (4.5/2) in eine andere Form bringen, in der die Stromdichte als Funktion der Feldstärken auftritt. Dazu wird $\vec{i}$ durch seine Komponenten in Richtung der 3 Vektoren $\vec{E}$, $\vec{B}$ und $\vec{E} \times \vec{B}$ dargestellt:

$$\vec{i} = M_o \vec{E} - M_1 \vec{E} \times \vec{B} + M_2 (\vec{E} \cdot \vec{B}) \vec{B} \ . \qquad (4.5/5)$$

Durch Einsetzen, Umformen der zweifachen Vektorprodukte und Koeffizientenvergleich erhält man

$$M_o = \frac{\sigma_n}{1 + (R_n \sigma_n B)^2} = en \, \frac{e \, \tau_m / m_n^*}{1 + (e \, \tau_m B / m_n^*)^2} \ , \qquad (4.5/6)$$

$$M_1 = \frac{- R_n \sigma_n^2}{1 + (R_n \sigma_n B)^2} = en \, \frac{(e \, \tau_m / m_n^*)^2}{1 + (e \, \tau_m B / m_n^*)^2} \ , \qquad (4.5/7)$$

$$M_2 = \frac{R_n^2 \sigma_n^3}{1 + (R_n \sigma_n B)^2} = en \, \frac{(e \, \tau_m / m_n^*)^3}{1 + (e \, \tau_m B / m_n^*)^2} \ . \qquad (4.5/8)$$

An Hand dieser Beziehungen können wir den Einfluß der thermischen Energieverteilung nachträglich in unser Modell einführen und diskutieren. Wir wissen aus Abschn. 4.3, daß die Impulsrelaxationszeit τ_m von der Elektronenenergie abhängt, so daß die obigen Koeffizienten für Elektronen verschiedener Energie verschiedene Werte annehmen.

Makroskopisch haben wir daher Mittelwerte über die thermische Energieverteilung zu erwarten. Dieser wichtige Sachverhalt soll anschaulich an Hand der Hall-Geometrie Abb. 4.5/1a näher erläutert werden. Das transversale Hall-Feld ergibt sich durch die gemittelte Ablenkung der Elektronen im Magnetfeld und bewirkt, daß sich ein "mittleres"

Elektron parallel zur Probenachse bewegt. Da die Lorentz-Kraft der
Geschwindigkeit proportional ist, wird jedoch ein energiereiches
Elektron stärker und ein energiearmes weniger stark abgelenkt.
Ersteres bewegt sich transversal in Richtung auf den unteren, letzteres auf den oberen Rand der Probe hin. Es wird also auch in idealer
Hall-Geometrie eine Verlängerung der Strompfade und damit eine Erhöhung des Widerstandes im Magnetfeld auftreten, was den bereits erwähnten physikalischen Magnetowiderstand bewirkt. Für Streuprozesse
mit energieunabhängiger Relaxationszeit kann hingegen dieser Effekt
nicht auftreten.

Entsprechend unseren einführenden Überlegungen beginnen wir im folgenden mit Halbleitern einfacher Bandstruktur und reiner Elektronen-
leitung (Störleiter) und behandeln anschließend den Einfluß der Vieltalbandstruktur, der ambipolaren Leitung und schließlich die Erscheinungen in sehr starken Magnetfeldern und/oder bei sehr tiefer Gittertemperatur, die als magnetische Quanteneffekte bezeichnet werden.

4.5.2 Störleiter mit einfacher Bandstruktur

Um den Einfluß der Energieverteilung einwandfrei zu erfassen, müßten
wir von der Boltzmann-Gleichung ausgehen. Ähnlich wie bei der Beweglichkeit führt für kleine elektrische Feldstärke eine Störungsrechnung
erster Ordnung zur Vf und schließlich zur Stromdichte. Da wir einerseits das Prinzip dieser Rechnung in Abschn. 4.4 kennengelernt haben
und andererseits ihr Ergebnis unmittelbar aus Gl. (4.5/5) bis (4.5/8)
gewonnen werden kann, verzichten wir auf die Durchführung dieser
Rechnung. Tatsächlich brauchen wir lediglich den Einfluß der thermischen Energieverteilung dadurch berücksichtigen, daß wir die Gl.
(4.5/6) bis (4.5/8) durch Mittelwerte über die Vf ersetzen:

$$M_o = en \left\langle \frac{e\tau_m/m_n^*}{1 + \omega_c^2 \tau_m^2} \right\rangle , \qquad (4.5/9)$$

$$M_1 = en \left\langle \frac{(e\tau_m/m_n^*)^2}{1 + \omega_c^2 \tau_m^2} \right\rangle , \qquad (4.5/10)$$

$$M_2 = en \left\langle \frac{(e\tau_m/m_n^*)^3}{1 + \omega_c^2 \tau_m^3} \right\rangle . \qquad (4.5/11)$$

wobei die in Abschn. 4.5.5 näher zu erklärende Zyklotron-Resonanzkreisfrequenz $\omega_c = eB/m^*$ anstelle von B eingeführt wurde. Diese
Mittelwerte haben die durch Gl. (4.4/5) definierte Bedeutung. Die
Koeffizienten M_o, M_1 sind die Komponenten des Leitfähigkeitstensors
im transversalen Magnetfeld, was man z. B. durch die Spezialisierung
von Gl. (4.5/5) auf den Fall $\vec{E} = (E_x, E_y, O)$, $\vec{B} = (O, O, B)$ erkennt:

$$i_x = M_o E_x - M_1 B E_y, \quad i_y = M_1 B E_x + M_o E_y . \qquad (4.5/12)$$

Fließt in einer stabförmigen Probe nur ein Strom in x-Richtung, dann
erhalten wir für die Hall-Konstante

$$R_n = \left(\frac{E_y}{i_x B} \right)_{i_y=0} = \frac{-M_1}{M_o^2 + M_1^2 B^2} . \qquad (4.5/13)$$

Für schwaches Magnetfeld erhält man unter Vernachlässigung aller
in B quadratischen Glieder ein Ergebnis, das sich durch einen dimensionslosen Faktor r_H vom Resultat für einheitliche Geschwindigkeit
unterscheidet:

$$R_n = \frac{-r_H}{en} , \qquad (4.5/14)$$

$$r_H = \frac{\langle \tau_m^2 \rangle}{\langle \tau_m \rangle^2} = \frac{3\sqrt{\pi}}{4} \frac{\int\limits_0^\infty [\tau_m(k_B Tx)]^2 x^{3/2} e^{-x} dx}{\left(\int\limits_0^\infty \tau_m(k_B Tx) x^{3/2} e^{-x} dx \right)^2} . \qquad (4.5/15)$$

Die Integrationsvariable x ist ebenso wie in Gl. (4.4/5) die normierte
Energie. Da der Faktor r_H nur zufolge der Energieverteilung von 1
abweicht, wird er als Statistikfaktor bezeichnet. Für akustische Deformationspotentialstreuung ist τ_m proportional $x^{-1/2}$ und somit
$r_{Hac} = 3\pi/8 = 1,18$; für Coulomb-Streuung mit $\tau_m \sim x^{3/2}$ ist $r_{Him} = 315\pi/512 = 1,93$. Nur für energieunabhängiges τ_m wird $r_H = 1$, was
auf Grund der einführenden Überlegungen unmittelbar klar ist. Dieser
Fall gilt für Metalle und für entartete Halbleiter, da hier τ_m nur vom
Fermi-Niveau E_F abhängt [4.8].

Für starkes Magnetfeld, d.h. $\mu B \gg 1$, ist M_o^2 im Nenner von Gl. (4.5/13) vernachlässigbar und damit $R_n = -1/(M_1 B^2)$; weiter wird M_1 von τ_m unabhängig $M_1 = en/B^2$, so daß wir, unabhängig von der Natur der Streuprozesse

$$R_{n\infty} = \frac{-1}{en} \qquad (4.5/16)$$

erhalten. Auch dieses Ergebnis läßt sich leicht verstehen. Im starken Magnetfeld muß das Hall-Feld $\vec{E}_H$ die Lorentz-Kraft kompensieren, so daß sich aus

$$\vec{E}_H + \vec{v} \times \vec{B} \approx 0$$

eine von den Streuprozessen unabhängige Driftgeschwindigkeit und Stromdichte

$$\vec{v} = (\vec{E}_H \times \vec{B})/B^2, \quad v = E_H/B, \quad \vec{i} = -en\vec{v}$$

in Richtung senkrecht auf $\vec{E}_H$ und $\vec{B}$ ergibt, also die bekannte geradlinige gleichförmige Bewegung in gekreuzten elektrischen und magnetischen Feldern. Also ist der Zusammenhang zwischen Hall-Feld und Stromdichte $E_H = -Bi/(en)$ und damit der Hall-Koeffizient unabhängig von den Streumechanismen. Durch Hall-Messung in sehr starken Magnetfeldern kann man somit ohne Kenntnis des Statistikfaktors die Trägerdichte exakt bestimmen; praktisch ist dies nur bei großer Beweglichkeit möglich, weil sonst zu hohe Felder erforderlich wären. So ist z.B. selbst für die große Elektronenbeweglichkeit in GaAs bei Zimmertemperatur und $B = 1T$ noch immer μB etwas kleiner als 1, so daß man $\mu B \gg 1$ erst oberhalb von 10 T erreicht. Außerdem wirkt sich im Bereich $\mu B \gg 1$ jede Störung des Hall-Feldes durch Kontakte oder Inhomogenitäten stark aus.

Für polar optische Streuung muß mangels einer allgemein gültigen Impulsrelaxationszeit mit Variationsrechnung oder Differenzengleichungsmethode gerechnet werden. Abb. 4.5/2 zeigt den nach letzterer Methode berechneten Statistikfaktor r_{Hpo} in Abhängigkeit von Θ/T für Elektronen (s-Symmetrie der Wellenfunktion, Kurve 1) und Löcher (p-Symmetrie, Kurve 2) [4.27]. Den Grenzfall hoher Temperatur, $\Theta/T \to 0$ erhält man auch aus Gl. (4.5/15), weil hier die Relaxations-

228

zeit Gl. (4.3/24) gilt und daher $\tau_m \sim x^{1/2}$ zu setzen ist, wodurch sich $r_{Hpo} = 45\pi/128 = 1,105$ ergibt. Im entgegengesetzten Grenzfall tiefer Temperatur gilt die energieunabhängige Impulsrelaxationszeit, die uns auf Gl. (4.4/8a) führte, weshalb für $\Theta/T \to \infty$ $r_{Hpo} \to 1$ streben muß. Die starke Veränderung des Statistikfaktors zwischen diesen beiden Grenzfällen zeigt das Fehlen einer allgemein gültigen Impulsrelaxationszeit für die polar optische Streuung an. Abb. 4.5/3 zeigt das Verhalten des Statistikfaktors in Abhängigkeit vom normierten Magnetfeld μB. Auch hier strebt $r_{Hpo} \to 1$ für $B \to \infty$. Der Bereich des Abfallens von r_H verschiebt sich bei sinkender Temperatur T zu immer größeren Werten des normierten Magnetfeldes μB.

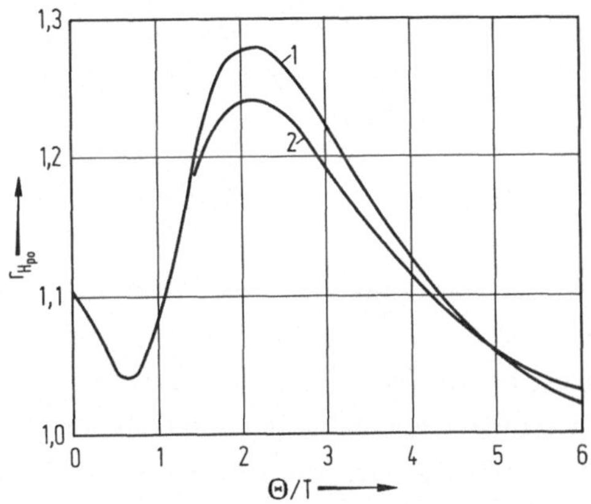

Abb. 4.5/2. Abhängigkeit des Statistikfaktors $r_{H\,po}$ der polar optischen Streuung von Θ/T nach [4.27] für schwaches Magnetfeld. 1 Ladungsträger mit s-Symmetrie; 2 Ladungsträger mit p-Symmetrie.

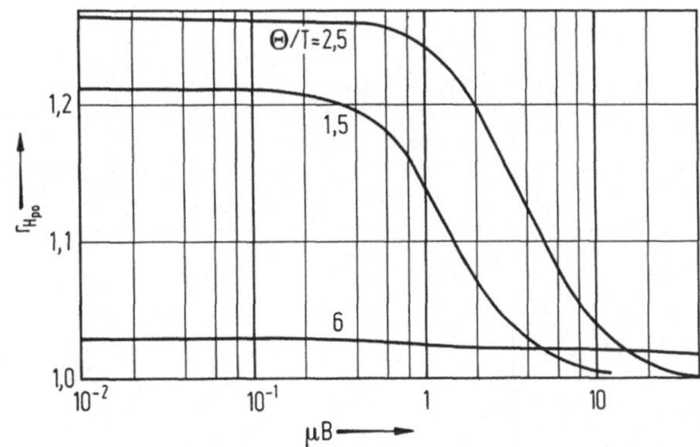

Abb. 4.5/3. Abhängigkeit des Statistikfaktors $r_{H\,po}$ der polar optischen Streuung von dem mit der Nullfeldbeweglichkeit μ normierten Wert der magnetischen Induktion B mit Θ/T als Parameter; nach [4.27].

Der spezifische Widerstand im transversalen Magnetfeld ergibt sich aus Gl. (4.5/5). Für die Hall-Geometrie erhalten wir aus Gl. (4.5/12)

$$\rho(B) = \left(\frac{E_x}{i_x}\right)_{i_y=0} = \frac{M_0}{M_0^2 + M_1^2 B^2} \cdot , \qquad (4.5/17)$$

Die relative Widerstandsänderung $\{\rho(B) - \rho(0)\}/\rho(0)$ wächst für schwaches Feld mit B^2, strebt aber für starkes Feld einem Sättigungswert zu. Durch entsprechende Reihenentwicklungen bzw. Vernachlässigungen erhalten wir aus den Gl. (4.5/9) und (4.5/10) für diese beiden Grenzfälle

$$\frac{\rho(B) - \rho(0)}{\rho(0)} = \begin{cases} \mu^2 B^2 \, \dfrac{\langle \tau_m^3 \rangle \langle \tau_m \rangle - \langle \tau_m^2 \rangle^2}{\langle \tau_m \rangle^4} & \text{für } \mu B \ll 1, \quad (4.5/18a) \\[2em] \langle \tau_m \rangle \langle \tau_m^{-1} \rangle - 1 & \text{für } \mu B \gg 1. \qquad (4.5/18b) \end{cases}$$

Tab. 4.5/1 enthält für die angegebenen Streuprozesse in der ersten Zeile den Statistikfaktor, in der zweiten Zeile den Koeffizienten der Widerstandsänderung bei kleinen Feldern [Gl. (4.5/18a)] und in der dritten Zeile den Sättigungswert der Widerstandsänderung [Gl. (4.5/18b)]. Aus dieser Aufstellung ergibt sich die Kleinheit des physikalischen Magnetowiderstandes.

Tabelle 4.5/1. Statistikfaktor und Koeffizienten der magnetischen Widerstandsänderung für schwaches und starkes Magnetfeld.
ac: akustische Deformationspotentialstreuung,
im: Coulomb-Streuung, po: polar optische Streuung

	ac	im	po($\Theta \ll T$)	po($\Theta \gg T$)
r_H	1,18	1,93	1,105	1
$\dfrac{\langle \tau_m^3 \rangle}{\langle \tau_m \rangle^3} - \dfrac{\langle \tau_m^2 \rangle^2}{\langle \tau_m \rangle^4}$	0,38	2,15	0,106	0
$\langle \tau_m \rangle \langle \frac{1}{\tau_m} \rangle - 1$	0,13	2,40	0,13	0

Für die Corbino-Geometrie gibt es im Gegensatz dazu keine Sättigung; der Widerstand wächst hier auch in starken Feldern proportional zu B^2. Daher ist die physikalisch bedingte Sättigung nur zu erwarten, wenn Störungen des Hall-Feldes vermieden werden.

Unter der Hall-Beweglichkeit versteht man das Produkt der Leitfähigkeit $\sigma(0) = 1/\rho(0)$ ohne Magnetfeld mit der Hall-Konstanten $r_H/(en)$ im schwachen Magnetfeld:

$$\mu_H = \sigma(0)(-R_n) = r_H\mu . \qquad (4.5/19)$$

Sie unterscheidet sich also um den Statistikfaktor von der Driftbeweglichkeit μ. Da praktisch meist mehrere Streuprozesse zur Beweglichkeit beitragen (vgl. Abb. 4.4/3) und deren relativer Einfluß zunächst nicht bekannt ist, müßte man r_H (oder μ) experimentell bestimmen. Das ist nur durch die zusätzliche Messung im starken Feld gemäß Gl. (4.5/16) möglich, die - wie bereits gesagt - nur im Falle großer Beweglichkeit durchgeführt werden kann. Wir sehen also, daß eine genaue Ermittlung der Driftbeweglichkeit der Majoritäten recht problematisch ist.

Im Fall eines longitudinalen Magnetfeldes sind $\vec{i}$, $\vec{E}$ und $\vec{B}$ kollinear und gemäß Gl. (4.5/5) $i = (M_o + M_2B^2)E$. Da die Bildung des statistischen Mittelwertes eine lineare Operation ist, erhält man aus den Gl. (4.5/9) und (4.5/11)

$$M_o + M_2B^2 = en\langle e\,\tau_m/m^*\rangle = en\mu = \sigma(0) .$$

Bei einfacher Bandstruktur tritt selbst für beliebig starkes Feld kein longitudinaler Magnetowiderstand auf, solange man außerhalb des sog. Quantenbereiches (vgl. Abschn. 4.5.5) bleibt.

4.5.3 Störleiter mit Vieltalstruktur

Die galvanomagnetischen Erscheinungen lieferten den ersten Hinweis auf die komplizierte Vieltalstruktur der Elementhalbleiter. Deshalb wollen wir uns näher mit ihnen befassen. Allerdings ist eine allgemeine Beschreibung für Halbleiter mit anisotroper Bandstruktur sehr verwickelt, weshalb wir darauf verzichten wollen. Wir beschränken uns von vornherein auf kleine Magnetfelder, also auf Effekte, die höchstens quadratisch in B sind. Dann hat der Zusammenhang zwischen $\vec{i}$ und $\vec{E}$ die Form

$$i_p = M^{(o)}_{pq} E_q + M^{(1)}_{pqr} E_q B_r + M^{(2)}_{pqrs} E_q B_r B_s \; , \qquad (4.5/20)$$

wobei die übliche Konvention der Tensorrechnung gilt, derzufolge über zweifach auftretende Indizes zu summieren ist [4.28]. $M^{(o)}_{pq}$ ist der Tensor der Leitfähigkeit im verschwindenden Magnetfeld, $M^{(1)}_{pqr}$ der Hall-Tensor und $M^{(2)}_{pqrs}$ der Tensor der magnetischen Leitfähigkeitsänderungen. Die Zahl der voneinander unabhängigen Tensorkomponenten verringert sich wesentlich mit wachsender Symmetrie des Kristalls, weil Gl. (4.5/20) bei Anwendung jeder Symmetrieoperation, die den Kristall nicht verändert, ebenfalls invariant bleiben muß. Am einfachsten sind die Verhältnisse für kubische Kristalle. Bekanntlich haben sie eine isotrope Leitfähigkeit $M^{(o)}_{pq} = \sigma(0)$. Weiter läßt sich aber durch Anwendung der Symmetrieoperationen der kubischen Kristallklasse (dreizählige Drehungen um die Raumdiagonalen und zweizählige Drehungen um die Flächendiagonalen des Würfels) zeigen, daß auch der Hall-Effekt nur durch eine Konstante beschrieben wird und der zugehörige Term in Gl. (4.5/20) die Form $[\sigma(0)]^2 R_n \vec{E} \times \vec{B}$ annimmt, so wie man ihn für die einfache Bandstruktur aus den Gl. (4.5/5) und (4.5/10) erhält, wenn man schwaches Magnetfeld annimmt.

Für die magnetische Leitfähigkeitsänderung ergeben sich drei voneinander unabhängige Koeffizienten

$$M^{(2)}_{pppp} = M^{(2)}_{qqqq} = \dots , \; M^{(2)}_{ppqq} = M^{(2)}_{pprr} = \dots , \; M^{(2)}_{pqpq} = M^{(2)}_{prpr} = \dots ,$$

während alle anderen verschwinden. Der erste dieser Koeffizienten gibt die magnetische Änderung der Leitfähigkeit für den Fall an, daß Stromdichte, elektrisches und magnetisches Feld alle parallel zu derselben kubischen Kristallachse gerichtet sind ("longitudinaler" Effekt). Der zweite liefert die Leitfähigkeit in der Richtung einer kubischen Achse, wenn das Magnetfeld normal zu dieser steht ("transversaler" Effekt). Der dritte hat nur dann Einfluß, wenn das Magnetfeld in keine der kubischen Achsen fällt; er gibt z.B. den Strom in y-Richtung an, wenn das elektrische Feld in x-Richtung weist und sowohl B_x als auch

B_y von Null verschieden sind. Entscheidend ist nun, daß die Größe
dieser Koeffizienten von der Bandstruktur abhängt. Insbesondere gibt
es für Δ-Minima, deren Achsen gemäß Abb. 1.6/4 parallel zu den kubischen Hauptachsen liegen, in diesen Richtungen keine longitudinale
Leitfähigkeitsänderung, so daß z.B. für n - Si $M^{(2)}_{pppp}$ = 0 ist. Diese
Richtungen fallen nämlich für alle Täler mit den Hauptachsen der Ellipsoide zusammen. Für L-Täler gibt es hingegen keine derartig ausgezeichneten Richtungen. Daher ist der longitudinale Effekt in n-Ge
stets von Null verschieden.

Abb. 4.5/4 zeigt die magnetische Widerstandsänderung in n-Si und
n-Ge in Abhängigkeit vom Winkel φ zwischen der Stromrichtung [100]
und der Richtung des magnetischen Feldes, die in der (010)-Ebene
liegt [4.2]. Für den Winkel 0° tritt der longitudinale Magnetowiderstand auf, der in n-Ge groß ist und in n-Si näherungsweise verschwindet. Dies läßt sich nur dadurch erklären, daß diese Richtung für Silizium eine Hauptachse der elliptischen Täler des Leitungsbandes darstellt.

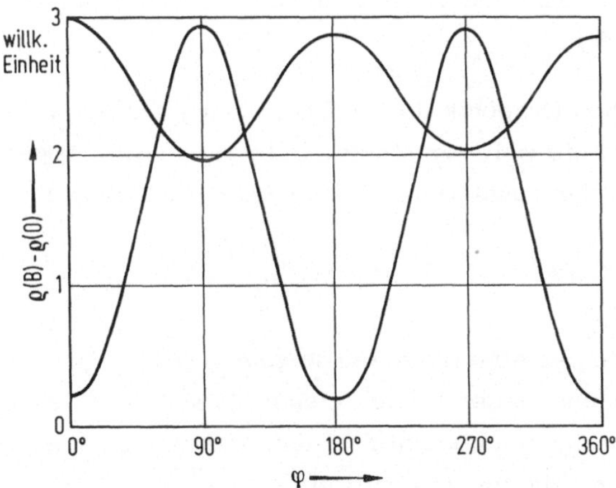

Abb. 4.5/4. Magnetische Widerstandsänderung $\varrho(B) - \varrho(O)$ für n-Si
(dünn) und n-Ge (dick) in Abhängigkeit vom Winkel φ zwischen der
Stromrichtung [100] und der Richtung des in einer (010)-Ebene liegende Magnetfeldes (Abb. 7.2 in [4.2]).

Um die galvanomagnetischen Effekte in Vieltalhalbleitern nicht nur
phänomenologisch, sondern auch modellmäßig zu erfassen, bedarf es
einer langwierigen Rechnung, die sich jedoch unter alleiniger Verwen-

dung der Kraftgleichung (4.5/1) durchführen läßt [4.29]. Dabei greift
man zunächst eines der Minima heraus und legt die Koordinatenachsen
in die Richtungen der Hauptachsen des Ellipsoides:

$$m_q \frac{v_q}{\tau_m} = -e(E_q + v_r B_s - v_s B_r). \qquad (4.5/1a)$$

Dabei nimmt die effektive Masse m_q die beiden Werte m_l und m_t an;
auch eine Anisotropie der Impulsrelaxationszeit kann leicht eingeführt
werden. Die Auflösung der Kraftgleichungen (4.5/1a) nach den Komponenten der Geschwindigkeit liefert nach entsprechender Vereinfachung
für schwaches Magnetfeld drei Gleichungen von der Form Gl.(4.5/20),
die für ein einzelnes Tal gelten. Anschließend muß über die Energieverteilung gemittelt und dann die Beiträge aller Täler zum gesamten
Strom zusammengesetzt werden. Schließlich muß man noch die so gewonnenen Gleichungen (4.5/20) nach den Komponenten der elektrischen
Feldstärke auflösen, da im Experiment stets die Stromrichtung einge-
prägt ist und konstant bleibt, während man die Richtung des Magnetfeldes variiert und Spannungen an den verschiedenen Potentialkontakten
mißt, aus denen dann der Hall-Koeffizient und der Magnetowiderstand
bestimmt werden.

Als wesentliches Ergebnis dieser Berechnung erhält man den Magnetowiderstand und die Hall-Konstante. In letzterer tritt gegenüber Gl.
(4.5/14) noch der zusätzliche Faktor $3K(K+2)(2K+1)^{-2}$ auf, wobei

$$K = m_l/m_t \qquad (4.5/21)$$

die Anisotropie der effektiven Masse gemäß Gl.(1.6/6) angibt. Für
Ge ist $K = 20$ und dieser Faktor gleich 0,78; für Si liegt er noch näher
bei Eins. Der Anisotropiefaktor K läßt sich übrigens aus Kurven der
in Abb.4.5/4 gezeigten Art ermitteln.

Auch für die Vieltalstruktur erhält man eine Sättigung des Magnetowiderstandes im starken Magnetfeld. Der longitudinale Magnetowiderstand
wird überdies - ähnlich wie die Hall-Konstante Gl.(4.5/16) - vom Streumechanismus unabhängig. Er eignet sich daher in diesem Grenzfall besonders gut zur Bestimmung des Anisotropiefaktors K, da er nur von
diesem abhängt.

4.5.4 Zweibandleitung

Für den Fall ambipolarer Leitung addieren sich die Stromdichten, die
von den Elektronen und Löchern stammen, während die äußeren Felder
$\vec{E}$ und $\vec{B}$ für alle Ladungsträger die gleichen sind. Wir können demnach
Gl. (4.5/5) unmittelbar verwenden und müssen nur die Koeffizienten
der Gl. (4.5/9) bis (4.5/11) unter Berücksichtigung des Vorzeichens
der Ladung aufaddieren und kommen so zu

$$M_i = M_i^{(n)} + (-1)^i M_i^{(p)} \; . \qquad (4.5/22)$$

Für schwaches Magnetfeld erhalten wir dabei

$$M_o = e(\mu_n n + \mu_p p) = \sigma(0) \; , \qquad (4.5/23)$$

$$M_1 = e(r_{Hn}\mu_n^2 n - r_{Hp}\mu_p^2 p) \; , \qquad (4.5/24)$$

so daß sich unter Einführung des Beweglichkeitsverhältnisses

$$b = \mu_n/\mu_p \qquad (4.5/25)$$

nach Gl. (4.5/13) die Hall-Konstante und analog zu Gl. (4.5/19) die
Hall-Beweglichkeit mit

$$R = \frac{1}{e} \frac{r_{Hp}p - b^2 r_{Hn}n}{(p + bn)^2} \; , \qquad (4.5/26)$$

$$\mu_{HA} = R\,\sigma(0) = \mu_p \frac{r_{Hp}p - b^2 r_{Hn}n}{p + bn} \qquad (4.5/27)$$

ergibt. Die ambipolare Hall-Beweglichkeit μ_{HA} hat ebenso wie die
Hall-Konstante für $r_{Hp}p = b^2 r_{Hn}n$ eine Nullstelle; das Hall-Feld der
Elektronen kompensiert hier gerade das der Löcher. Ist beispielsweise
die Elektronenbeweglichkeit viel größer als die Löcherbeweglichkeit,
dann tritt die Nullstelle nicht im Bereich der Eigenleitung sondern bei
p-Leitung auf und zwar an einer Stelle, für die nicht nur $p \gg n$, sondern sogar der Beitrag der Löcher zur Leitfähigkeit $e\,p\,\mu_p$ viel größer
als der der Elektronen ($e n \mu_n$) ist.

Dies wird durch Abb. 4.5/5 und Abb. 4.5/6 veranschaulicht. Erstere
[4.30] zeigt Leitfähigkeit und Hall-Konstante für 3 n-leitende

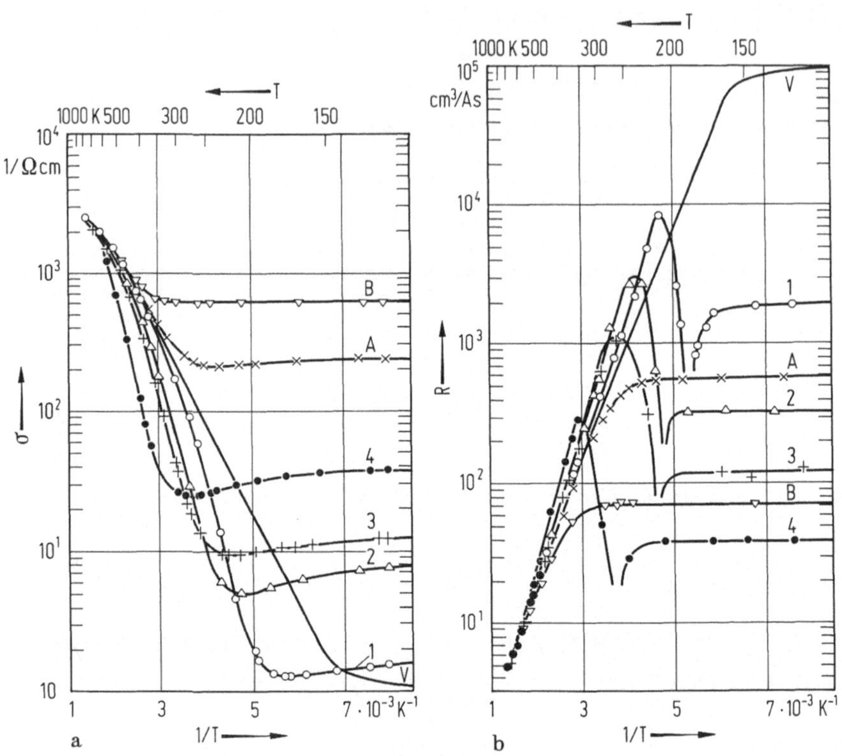

Abb. 4.5/5. a) Leitfähigkeit σ und b) Hall-Konstante R in Abhängigkeit von 1/T für die folgenden InSb-Proben: $N_D - N_A = 10^{13}\,\mathrm{cm}^{-3}$ (V), $1,3 \cdot 10^{16}\,\mathrm{cm}^{-3}$ (A), $10^{17}\,\mathrm{cm}^{-3}$ (B); 1 – 4: $N_A - N_D$ zwischen $4 \cdot 10^{15}\,\mathrm{cm}^{-3}$ und $2 \cdot 10^{17}\,\mathrm{cm}^{-3}$ (Abb. 4.2 in [4.30]).

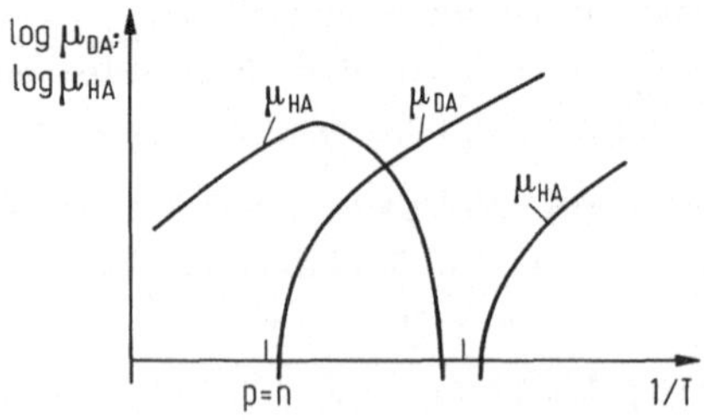

Abb. 4.5/6. Schematische Darstellung des Logarithmus der ambipolaren Hall-Beweglichkeit μ_{HA} und Driftbeweglichkeit μ_{DA} in Abhängigkeit von der reziproken Temperatur. Die Nullstelle der Hall-Beweglichkeit liegt bei $r_p p \mu_p^2 = r_n n \mu_n^2$.

236

(V: $N_D - N_A = 10^{19}\,m^{-3}$, A: $1,3 \cdot 10^{22}\,m^{-3}$, B: $10^{23}\,m^{-3}$) und 4 p-leitende ($1 - 4$, $N_A = 4 \cdot 10^{21}\,m^{-3}$ bis $2 \cdot 10^{23}\,m^{-3}$) Proben von InSb in Abhängigkeit von der Temperatur. Die reinste Probe V ist oberhalb 150 K eigenleitend. Die Leitfähigkeit wächst so wie die Elektronendichte exponentiell mit der Temperatur. Wegen des großen Beweglichkeitsverhältnisses $b \approx 50$ tritt die geringste Leitfähigkeit nicht in der Nähe der Eigenleitung ($p = n = n_i$, n_i: Eigenleitungsdichte), sondern für Löcherleitung mit $p = \sqrt{b}\,n_i$, $n = n_i/\sqrt{b}$ auf. Die Krümmung der Leitfähigkeitskurve bei hoher Temperatur ist eine Folge der Entartung, die wegen des großen Unterschiedes zwischen m_p^* und m_n^* und des kleinen Bandabstandes $E_c - E_v \approx 0,2$ eV auftritt. Dagegen fällt die Hall-Konstante Abb. 4.5/5b im Bereich der Eigenleitung, wo nur die Elektronendichte eingeht, exponentiell mit der Temperatur: $R \approx - r_{Hn}/(e\,n_i)$. Bei tiefer Temperatur geht sie für die n-leitenden Proben monoton in den konstanten Wert des Störleitungsbereiches $R = - r_{Hn}/[e(N_D - N_A)]$ über. Für die p-leitenden Proben wird die erwähnte Nullstelle durchlaufen, bevor sich der Wert $R = r_{Hp}/(e\,N_A)$ einstellt.

Abb. 4.5/6 zeigt für eine p-leitende Probe schematisch den Temperaturverlauf der ambipolaren Hall-Beweglichkeit μ_{HA} im Vergleich zur ambipolaren Driftbeweglichkeit μ_{DA}. Während die Driftbeweglichkeit nach Gl. (4.4/21) für $p = n$ verschwindet, tritt die Nullstelle der Hall-Beweglichkeit für verschwindende Hall-Konstante auf.

Beim ambipolaren Hall-Effekt werden Elektronen und Löcher an ein und dieselbe Oberfläche des Halbleiters getrieben (Suhl-Effekt), während die andere Oberfläche an Ladungsträgern verarmt. Weist eine der beiden Oberflächen stark erhöhte Oberflächenrekombination auf, dann fließt bei jener Polung ein größerer Strom, bei der die Ladungsträger auf die Rekombinationsoberfläche zulaufen ("Magnetische Gleichrichtung") [4.31]. In entsprechend hohen Feldern entstehen durch den Suhl-Effekt beträchtliche Dichtegradienten, und die Annahme konstanter Trägerdichte wird damit hinfällig.

Bei ambipolarer Leitung haben wir auch einen erhöhten Magnetowiderstand zu erwarten. Das erkennt man sofort, wenn man bedenkt, daß bei reiner n-Leitung (p-Leitung) das Hall-Feld gerade die mittlere Transversalbewegung der Elektronen (Löcher) kompensiert, so daß der physikalische Magnetowiderstand allein durch die thermische Geschwindigkeitsverteilung der Ladungsträger zustande kommt. Bei gemischter Leitung kompensieren sich jedoch die Hall-Felder der Elektronen und Löcher mindestens teilweise, so daß eine mittlere Transversalbewegung für beide Trägersorten auftreten muß. Somit ergibt sich auch für energieunabhängige Impulsrelaxationszeit ein Magnetowiderstand, für den man aus den Gl. (4.5/17) und (4.5/22) bei Beschränkung auf quadratische Glieder in B mit

$$M_o^{(n)} = en\,\mu_n(1 - \mu_n^2 B^2), \quad M_o^{(p)} = ep\,\mu_p(1 - \mu_p^2 B^2)$$

$$\frac{\rho(B) - \rho(0)}{\rho(0)B^2} = \frac{np\,\mu_n\,\mu_p}{(n\,\mu_n + p\,\mu_p)^2}\,(\mu_n + \mu_p)^2 \qquad (4.5/28)$$

erhält.

Für den Grenzfall starken Magnetfeldes ergibt sich aus Gl. (4.5/13), (4.5/22) unter Verwendung der Gl. (4.5/9) und (4.5/10) ein einfaches Resultat für die ambipolare Hall-Konstante:

$$R_\infty = \frac{1}{e(p - n)}\;. \qquad (4.5/29)$$

Dieser Wert ist, unabhängig von der Eigenleitungsdichte n_i, durch $p - n = N_A - N_D$ gegeben. Er wird also nicht etwa, wie man zunächst meinen könnte, bei hoher Temperatur mit $p \approx n \approx n_i$ besonders groß. Jedoch ist in diesem Fall ein besonders hohes Magnetfeld erforderlich, um R_∞ zu erreichen, weil dazu die Bedingung

$$\mu_n\mu_p\,|p - n|\,B \gg n\,\mu_n + p\,\mu_p$$

erfüllt sein muß.

Gl. (4.5/29) läßt sich ebenso einfach erklären wie Gl. (4.5/16). Das starke Magnetfeld ist als die eigentlich treibende Kraft anzusehen, die zusammen mit dem Hall-Feld die Driftgeschwindigkeit der Elektronen und der Löcher bestimmt:

$$\vec{v}_n = \vec{v}_p = \frac{\vec{E}_H \times \vec{B}}{B^2}\;.$$

Löcher und Elektronen bewegen sich mit gleicher Geschwindigkeit in die gleiche Richtung, so daß sich ihre Ströme für $n = p$ genau kompensieren. Somit liefert gemäß

238

$$\vec{i} = ep\,\vec{v}_p - en\,\vec{v}_n = e(p - n)\vec{v}_n$$

nur die Differenz p – n einen Strom $i = e(p - n)E_H/B$; damit haben wir Gl.(4.5/29) in einfacher Weise erhalten.

Der ambipolare Hall-Effekt tritt nicht nur in Eigenhalbleitern, sondern auch in Halbmetallen auf, in denen eine gleich große und nahezu temperaturunabhängige Anzahl von Elektronen und Löchern vorhanden ist. Daher weisen Halbmetalle einen im Vergleich zu Metallen starken Magnetowiderstand auf, weshalb früher Wismutspiralen zur Messung magnetischer Felder verwendet wurden.

In p-Halbleitern liegt bereits im Bereich der Störleitung Zweibandleitung vor, da sowohl schwere als auch leichte Löcher vorhanden sind. Während letztere wegen ihrer geringen Konzentration auf die Driftbeweglichkeit keinen Einfluß haben, dominieren sie in bezug auf den Hall-Effekt und den Magnetowiderstand im schwachen Magnetfeld, da dabei die Trägerdichte mit höheren Potenzen der Beweglichkeit gewichtet wird. So erkennt man z.B. aus Gl.(4.5/26), daß es für den Beitrag zu R auf das Produkt $p\mu_p^2$ ankommt. Bei wachsendem Magnetfeld wird der Einfluß der leichten Löcher jedoch schnell unterdrückt, so daß die Hall-Konstante auf den Wert abnimmt, der den schweren Löchern entspricht. Dies zeigt Abb.4.5/7 am Beispiel von p-Ge [4.32]. Sie zeigt

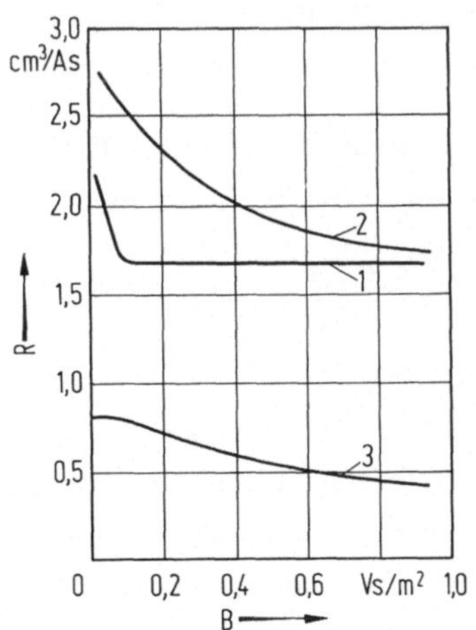

Abb.4.5/7. Hall-Konstante R in Abhängigkeit von der magnetischen Induktion B für eine p-Ge Probe mit Stromfluß in [111]-Richtung bei den Gittertemperaturen 1 : T = 90 K; 2 : T = 205 K; 3 : T = 297,7 K (Abb.23 in [4.32]).

auch, wie leicht eine Hall-Messung bei nur einem konstant gehaltenen
Wert des Magnetfeldes zu Fehlinterpretation führen kann.

Bei tiefen Temperaturen treten die in den Abschn. 2.3 und 2.4 erwähnten Erscheinungen der Störbandleitung und hopping-Leitung auf, deren
Eigenschaften wesentlich von der Leitfähigkeit durch Elektronen im Leitungsband bzw. durch Löcher im Valenzband abweichen. Daher hat man
auch hier im Übergangsbereich eine "Zweibandleitung", die experimentell durch ein Maximum der Hall-Konstanten in Abhängigkeit von der
Temperatur in Erscheinung tritt.

Abschließend sei noch auf einen Sonderfall hingewiesen. In GaSb liegen
die L-Täler nur etwa 80 meV höher als das Zentraltal, so daß sie wegen
ihrer größeren Zustandsdichte bei Zimmertemperatur etwa gleich besetzt sind wie letzteres. Hier tritt also eine Zweibandleitung durch
leichte Γ-Elektronen und schwere L-Elektronen auf.

4.5.5 Magnetische Quanteneffekte

Im starken Magnetfeld und/oder bei tiefen Temperaturen treten Erscheinungen auf, die unter anderem für eine genaue Bestimmung der effektiven Masse von Ladungsträgern in Halbleitern von großer Bedeutung sind.
Deshalb müssen wir uns mit diesen befassen, obwohl die Voraussetzungen für ihr Auftreten beim Betrieb von Halbleiterbauelementen sicher
nie gegeben sind.

Wir gehen dabei vom klassischen Bild eines Elektrons der Masse m_n^*
aus, das sich im Magnetfeld mit der konstanten Winkelgeschwindigkeit

$$\omega_c = \frac{eB}{m_n^*} \qquad (4.5/30)$$

auf einem Kreis bewegt. Ein in der Ebene der Kreisbewegung im gleichen Drehsinn wie das Elektron umlaufendes zirkular polarisiertes elektrisches Wechselfeld wird immer dann eine starke Wechselwirkung mit
dem kreisenden Elektron aufweisen, wenn seine Kreisfrequenz nahezu
mit ω_c übereinstimmt. In diesem Fall wird das Elektron je nach Phasenlage des Feldes diesem entweder Energie entziehen oder Energie
an das Feld abgeben. Im ersteren Fall wächst, im letzteren verringert

240

sich der Radius der Kreisbahn, sodaß das Elektron eine Spirale beschreibt. Voraussetzung für eine nennenswerte Wechselwirkung ist die ungestörte Erhaltung der relativen Phasenlage von Feld und Kreisbewegung über mehrere Umläufe des Elektrons.

Das beschriebene Phänomen der Zyklotron-Resonanz tritt auch für Leitungselektronen im Festkörper auf und äußert sich durch die Absorption elektromagnetischer Strahlung in der Umgebung der Zyklotron-Resonanzfrequenz $\omega_c/2\pi$. Durch Ausmessung der Frequenz des Absorptionsmaximums läßt sich ω_c und damit nach Gl. (4.5/30) die effektive Masse m_n^* unmittelbar bestimmen. Die dazu notwendige ungestörte Erhaltung der Wechselwirkung mit dem Strahlungsfeld über mehrere Umläufe des Elektrons auf seiner Kreisbahn ist jedoch nur dann gewährleistet, wenn seine Umlaufzeit $2\pi/\omega_c$ viel größer als die Stoßzeit ist. Denn jeder Streuprozeß führt zu einer Störung dieser Wechselwirkung. Da die Impulsrelaxationszeit τ_m ein Maß für die Stärke der Störung des Elektrons durch einen Streuprozeß ist, gilt als Bedingung für eine scharfe Zyklotron-Resonanz

$$\omega_c \tau_m = \frac{e}{m_n^*} \tau_m B = \mu B \gg 1. \qquad (4.5/31)$$

Gemäß Gl. (4.5/4) ist sie dann erfüllt, wenn der Hall-Winkel $\vartheta_H \approx 90^\circ$ beträgt. Für kleiner werdendes μB wird die Resonanz verwaschen ("Verbreiterung durch Stöße") und verschwindet für $\mu B \leqslant 1$, wie dies in Abb. 4.5/8 schematisch dargestellt ist.

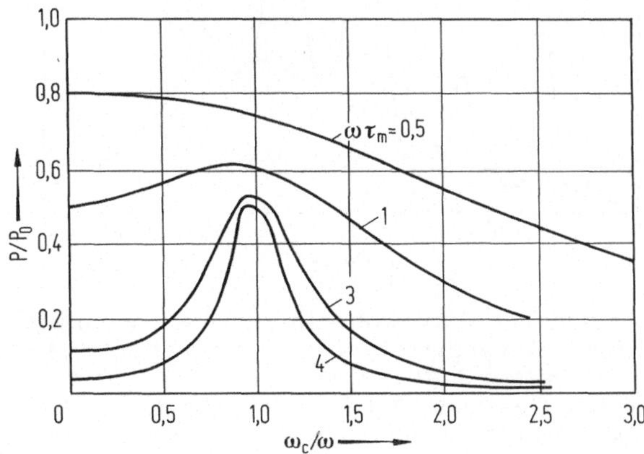

Abb. 4.5/8. Absorbierte Mikrowellenleistung P (normiert) zu der Kreisfrequenz ω in Abhängigkeit von ω_c/ω (Abb. 3 in [4.33]).

Um die Bedingung (4.5/31) für die Zyklotron-Resonanz gut zu erfüllen
wird man das Magnetfeld und die Beweglichkeit groß zu machen haben.
Letzteres erfordert die Anwendung tiefer Temperaturen. Dabei ist außerdem die Verfügbarkeit von Strahlungsquellen der Frequenz $\omega_c/2\pi$
zu berücksichtigen. Experimentiert man z.B. im Mikrowellengebiet
bei etwa 30 GHz, dann darf die Impulsrelaxationszeit nicht unter 10 ps
liegen. Da bei Zimmertemperatur τ_m einige Zehntel ps beträgt, kann
man nur mit sehr reinen Proben bei tiefer Temperatur arbeiten. Die
benötigten Magnetfelder sind dabei leicht zu realisieren: Selbst wenn
die effektive Masse etwa gleich der freien Elektronenmasse ist, kommt
man mit 1 T aus. Will man hingegen schärfere Resonanzen erzielen,
dann muß man Strahlungsfrequenz und Magnetfeld erhöhen. Verwendet
man z.B. einen Cyan-Laser mit etwa 0,3 mm Wellenlänge als Strah-
lungsquelle, dann liegt das zugehörige Magnetfeld für n-InSb mit der
extrem kleinen effektiven Masse $m_n^* = 0,014\,m_o$ zwar bei 0,4 T, aber
schon für n-GaAs ($m_n^* \approx 0,07\,m_o$) über 2 T und schließlich für $m_n^* \approx m_o$
bei 30 T, also an der Grenze stationär realisierbarer Magnetfelder.

Für die Elementhalbleiter ergeben sich wegen der in Abschn. 1.6 behandelten anisotropen Vieltalstruktur des Leitungsbandes und der Verwerfungen des Valenzbandes mehrere Resonanzen. Abb. 4.5/9 zeigt ein

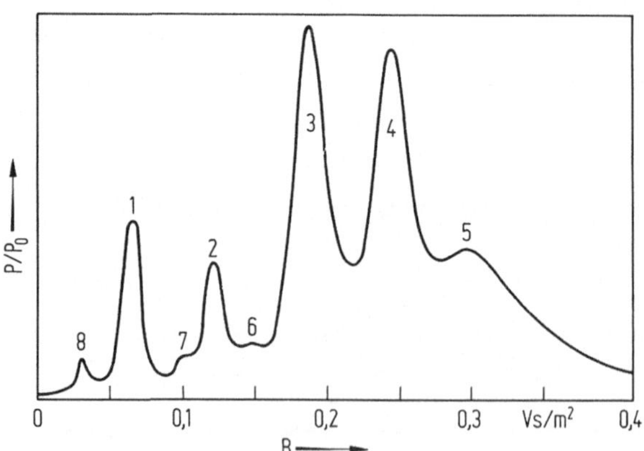

Abb. 4.5/9. Absorbierte Mikrowellenleistung P (normiert) bei der
Frequenz 23 GHz in Abhängigkeit von der magnetischen Induktion, deren Richtung 10° mit der (110)-Ebene und 30° mit der [100]-Richtung
einschließt für eine Ge-Probe bei T = 4 K (Abb. 17 in [4.33]). 1–4 Resonanzen der Leitungselektronen; 5 Resonanz der schweren Löcher;
6,7 2. bzw. 3. Harmonische der Resonanz der schweren Löcher; 8 Resonanz der leichten Löcher.

242

typisches Beispiel, das an Ge bei einer Gittertemperatur von 4 K,
einer Meßfrequenz von 23 GHz und für eine Richtung des Magnetfeldes,
die mit keiner Symmetrierichtung des Kristalls zusammenfällt, gewonnen wurde [4.33]. Vier Resonanzen werden durch die Elektronen erzeugt, weil das Magnetfeld für jedes der 4 L-Täler eine andere Richtung
bezüglich der Hauptachsen hat. Je eine Resonanz ist den schweren und
den leichten Löchern zuzuordnen, wobei die schweren Löcher zusätzlich
noch harmonische Resonanzen $\omega = 2\omega_c$, $\omega = 3\omega_c$, ... liefern. Derartige
Experimente, bei denen meist Stärke und Richtung des Magnetfeldes
verändert und die Meßfrequenz konstant gehalten wird, gestatten die
vollständige Bestimmung der Parameter m_l, m_t, A, B, C [vgl. Gl.
(1.6/4)] der Bandstruktur.

Wenn das Magnetfeld in eine Symmetrierichtung fällt, reduziert sich
die Anzahl der Resonanzen. So erhält man z.B. in Ge für beliebige
Richtungen in der (110)-Ebene drei, für die [111]- und [110]-Richtun-
gen zwei und für die [100]-Richtung nur eine Resonanz der Leitungselektronen, wie dies Abb.4.5/10 zeigt. Hier sind die Werte der effek-

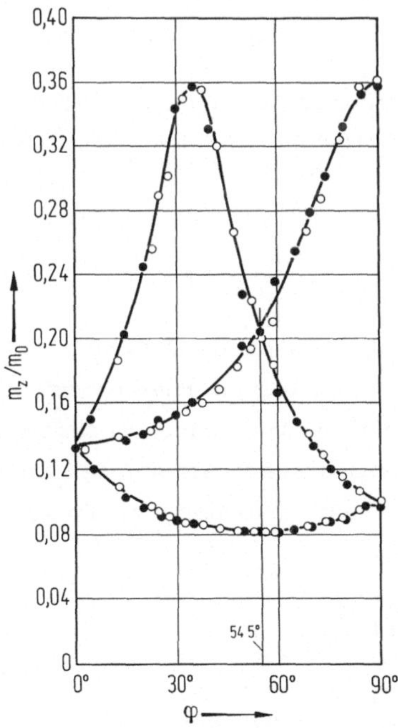

Abb.4.5/10. Zyklotron-Resonanzmassen m_z^* der Leitungselektronen
in Ge in Abhängigkeit vom Winkel φ, den das in der (110)-Ebene liegende Magnetfeld mit der [001]-Richtung einschließt. $\varphi = 54{,}5°$: [1$\bar{1}$1]-
Richtung, $\varphi = 90°$: [1$\bar{1}$0]-Richtung (Abb.12 in [4.33]).

243

tiven Masse m_z^* über der Richtung des Magnetfeldes aufgetragen, die sich gemäß $eB/m_z^* = \omega$ aus der Lage der Absorptionsmaxima ergeben. Man nennt m_z^* die Zyklotron-Resonanzmasse; aus ihr läßt sich die longitudinale und transversale Masse m_1, m_t in einfacher Weise bestimmen. So ergibt z.B. die für ein Magnetfeld in [111]-Richtung einfach auftretende Resonanz unmittelbar m_t, während zu der einfachen Resonanz der [110]-Richtung $m_z^* = \sqrt{m_1 m_t}$ gehört.

Auch für Frequenzen, die von der Zyklotron-Resonanzfrequenz weit entfernt sind, werden elektromagnetische Wellen durch freie Ladungsträger im Magnetfeld beeinflußt. So erfolgt z.B. bei Ausbreitung einer linear polarisierten Welle in Feldrichtung eine Faraday-Drehung der Polarisationsebene und eine Umwandlung der linearen in eine elliptische Polarisation. Da die Faraday-Drehung von der effektiven Masse abhängt, liefert sie ebenfalls ein Mittel zu deren Bestimmung. Diese Messungen können im infraroten und sichtbaren Teil des Spektrums durchgeführt werden, ohne daß extrem hohe Magnetfelder erforderlich wären. Wegen der genannten Massenabhängigkeit bietet die Faraday-Drehung auch ein Mittel, die Umbesetzung vom Zentraltal in die Satellitentäler, die den Gunn-Effekt begleitet, experimentell zu untersuchen.

Bei sehr hohem Magnetfeld und/oder tiefer Gittertemperatur gelangt man schließlich in einen Bereich, in dem außer Gl.(4.5/31) auch noch die weitere Bedingung

$$\hbar \omega_c \gg k_B T \qquad (4.5/32)$$

erfüllt ist. Man bezeichnet diesen als Quantenbereich, weil hier die Zyklotron-Resonanz und ihre begleitenden Erscheinungen nicht mehr mit der klassischen Mechanik verstanden werden können. Ähnlich wie für die Kreisbahnen des Bohrschen Atommodells ist auch hier die Einführung der Quantenmechanik erforderlich, die zu diskreten äquidistanten Energieniveaus [4.34]

$$E_n = \left(n + \frac{1}{2} \right) \hbar \omega_c, \quad n = 0, 1, 2, \ldots, \qquad (4.5/33)$$

den Landau-Niveaus, führt. Diese Beziehung erinnert uns an die Energieniveaus des harmonischen Oszillators. Diese Übereinstimmung ist keineswegs zufällig, sondern Ausdruck einer weitgehenden Analogie

zwischen dem harmonischen Oszillator und der Elektronenbewegung im
Magnetfeld, die sich auch in der Form der Wellenfunktionen für die
Energieeigenwerte ausdrückt [4.34]. Die Existenz der Landau-Niveaus
tritt nur bei tiefen Temperaturen $k_B T < \hbar \omega_c$ in Erscheinung, weil an-
derenfalls die Elektronen über viele Landau-Niveaus verteilt sind.

Die Anwendung der Quantenmechanik führt somit zu dem Ergebnis, daß
die Elektronenbewegung normal zu einem starken Magnetfeld quantisiert
und die zugehörige kinetische Energie auf die diskreten Werte der Gl.
(4.5/33) beschränkt ist. In Richtung des Magnetfeldes (z-Richtung)
gibt es keine magnetische Kraftkomponente, weshalb der diskreten
Energie E_n der Transversalbewegung noch die kontinuierlich verteilte
Energie $\hbar^2 k_z^2 / 2 m_n^*$ der Longitudinalbewegung überlagert werden muß
[4.35]:

$$E = E_c + \frac{\hbar^2 k_z^2}{2 m_z^*} + \left(n + \frac{1}{2} \right) \hbar \omega_c + s g \mu_B B \, . \qquad (4.5/33a)$$

Der letzte Term entsteht durch den Spin, wobei $s = \pm 1/2$ die Spinquantenzahl, μ_B das Bohrsche Magneton und g ein vom Werte 2 des freien
Elektrons abweichender Faktor ist, der in der Größenordnung des Ver-
hältnisses zwischen freier Elektronenmasse m_o und effektiver Masse
m_n^* liegt [4.35].

Die Landau-Niveaus lassen sich in Analogie zur Bandstruktur in einem
dünnen Kanal (Abschn.2.6) verstehen. Dort war die Komponente des
$\vec{k}$-Vektors senkrecht zur Oberfläche und die zugehörige kinetische Energie diskret quantisiert, was zu einer Bandaufspaltung führt. Im Falle
der Landau-Niveaus ist es die zweidimensionale Bewegung normal zum
Magnetfeld, so daß nur die Energie der Bewegung parallel zum Magnetfeld kontinuierlich bleibt. Abb.4.5/11 zeigt die Aufspaltung des Leitungsbandes von InSb für ein Magnetfeld von 2T. Wir erkennen, daß sich die
Unterkante des Leitungsbandes um die "Nullpunktsenergie des harmonischen Oszillators" $1/2 \hbar \omega_c$ verschiebt (der analoge Effekt im Valenzband kann meist wegen $m_p^* \gg m_n^*$, $\omega_{cp} \ll \omega_{cn}$ vernachlässigt werden).
Damit verschiebt sich die Fundamentalabsorption zu kürzeren Wellen-
längen, ähnlich wie wir dies bei der Burstein-Verschiebung als Folge der
Entartung im Abschn.2.4 kennengelernt haben. Außerdem bekommt die
Absorption in Abhängigkeit von der Wellenlänge einen oszillierenden

Charakter, da sie immer maximal wird, wenn die Wellenlänge gerade
dem Abstand zwischen einem Landau-Niveau des Valenzbandes und einem Landau-Niveau des Leitungsbandes in $k_z = 0$ entspricht (Abb.
4.5/12, [4.37]).

In entarteten Halbleitern tritt der Shubnikov-de Haas-Effekt auf [4.2],
der in einem oszillierenden Magnetowiderstand in Abhängigkeit vom

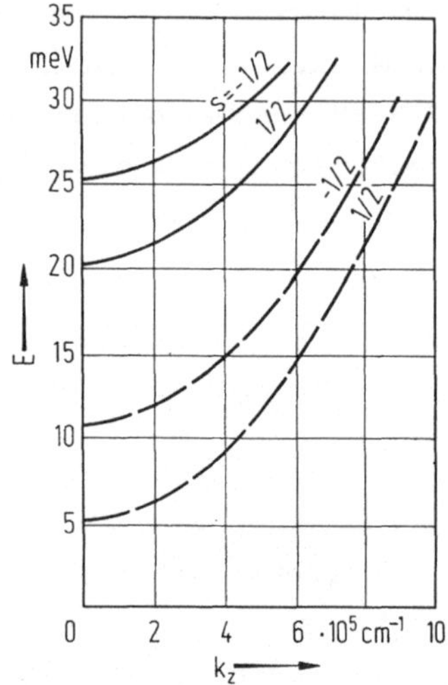

Abb. 4.5/11. Aufspaltung des Leitungsbandes von InSb für $B = 2T$,
$T = 4,2$ K, $m^* = 0,0139\ m_0$, $g = -50,3$ (nach [4.36]).

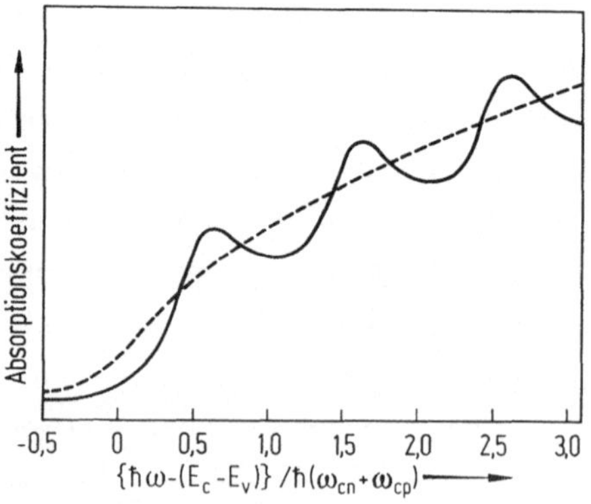

Abb. 4.5/12. Absorptionskoeffizient in Abhängigkeit von der normierten
Lichtfrequenz $\{\hbar\omega - (E_c - E_v)\}/\hbar(\omega_{cn} + \omega_{cp})$; ω_{cn} und ω_{cp} sind die Zyklotron-Resonanzkreisfrequenzen der Elektronen und Löcher. - - - - Ohne
Magnetfeld: ——— mit Magnetfeld; die Kurven gelten für direkte Band-
Band Übergänge (Abb. 9 in [4.37]).

Magnetfeld besteht. Zum Verständnis sei auf die Zustandsdichte als
Funktion der Energie (Abb.4.5/13) hingewiesen, die an der Unterkante

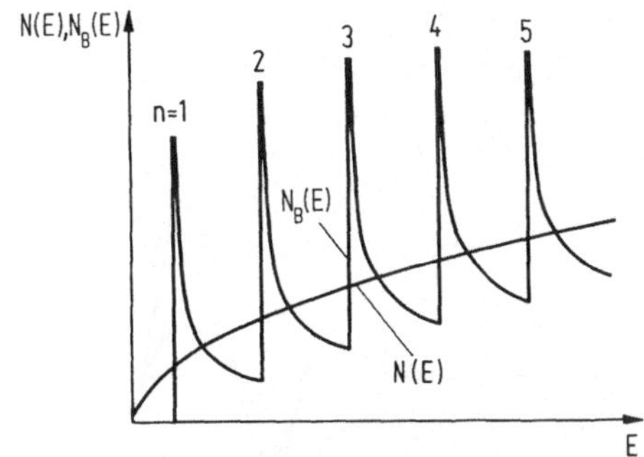

Abb.4.5/13. Schematische Darstellung der Zustandsdichte N(E) ohne
Magnetfeld und N_B(E) im Magnetfeld in Abhängigkeit von der Energie
E. Die Quantenzahl n der Landau-Niveaus ist angegeben (nach Abb.
9.5a in [4.2]).

jedes Landau-Niveaus, also für die Energiewerte E_n gemäß Gl.(4.5/33)
eine Unendlichkeitsstelle aufweist. Diese Umverteilung der Energiezu-
stände ist eine Folge der aus Gl.(4.5/33a) ersichtlichen Fixierung zweier Freiheitsgrade in den Landau-Grundtermen $(n + 1/2)\hbar\omega_c$, während
nur der Freiheitsgrad k_z das Auftreten der nach höheren Energiewerten
anschließenden Zustände ermöglicht. Bei wachsendem Magnetfeld ver-
schieben sich die Landau-Niveaus Gl.(4.5/33) und es tritt nun immer
wieder der Fall auf, daß das Fermi-Niveau mit einem der Wert E_n,
$E_{n-1}, \ldots, E_1$ zusammenfällt, was jedesmal zu einer ausgeprägten Änderung des Magnetowiderstandes führt und somit den in Abb.4.5/14
gezeigten oszillierenden Charakter zur Folge hat [4.2]. Schließlich
wird $E_1 = \frac{3}{2}\hbar\omega_c > E_F$ und es ist dann nur mehr das tiefste Landau-Niveau besetzt. Wie bereits am Ende von Abschn.4.5.2 angedeutet, tritt
der Unterschied zwischen longitudinalem und transversalem Magnetowiderstand im Quantenbereich stark zurück, so daß die Shubnikov-de Haas-
Oszillationen in beiden auftreten. Eine Sättigung des Magnetowiderstandes
für große Magnetfeldstärke wird dabei nicht beobachtet.

Die Zyklotron-Resonanz selbst besteht in der Absorption eines Lichtquants der Energie $\hbar\omega_c$, wodurch ein Ladungsträger in das nächst höhere
Landau-Niveau angehoben wird. Wie bei den optischen Band-Band-Übergängen des Abschn.1.9 erfolgt der Übergang wegen des vernachlässig-
baren Impulses des Lichtquants auch hier im Bänderschema (z.B. Abb.
4.5/11) rein vertikal. Ebenso wie beim harmonischen Oszillator sind
Übergänge, bei denen sich die Quantenzahl n nicht um ± 1 ändert, ver-

247

boten. Weiter muß die Spinquantenzahl s beim Übergang erhalten bleiben.

Die Nichtparabolizität des Leitungsbandes bewirkt, daß auch die Zyklotron-Resonanzmasse nicht konstant ist. Abb. 4.5/15 zeigt für einige

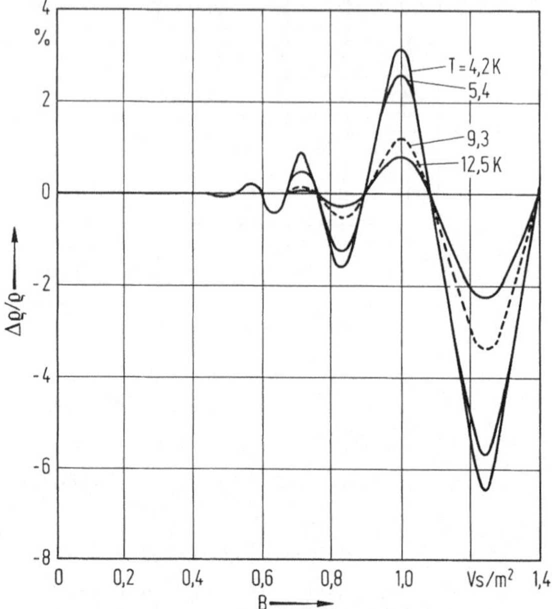

Abb. 4.5/14. Shubnikov-de Haas-Effekt in n-InAs bei verschiedenen Werten der Gittertemperatur (nach Abb. 9.7a in [4.2]).

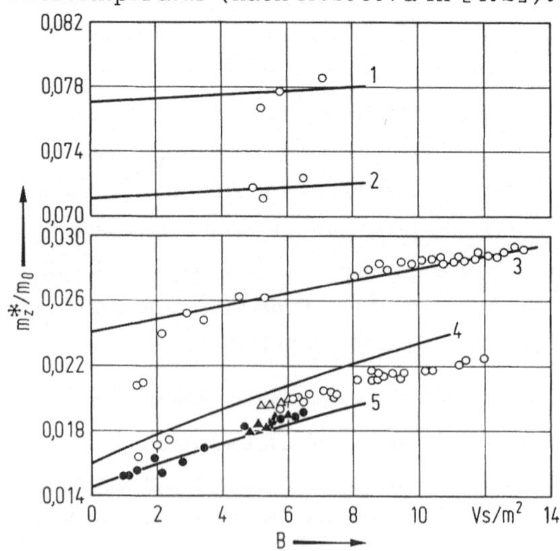

Abb. 4.5/15. Zyklotron-Resonanzmasse m_z^* in Abhängigkeit von der magnetischen Induktion B im Temperaturbereich um $T \approx 85$ K. 1 n-InP; 2 n-GaAs; 3 n-InAs; 4 p-InSb (Resonanz der leichten Löcher); 5 n-InSb (Abb. 12 in [4.38]).

248

III-V-Verbindungen ihre Änderung in Abhängigkeit vom Magnetfeld, bei dem die Resonanz auftritt [4.38]. Man erkennt hier deutlich, den zunehmenden Einfluß der Nichtparabolizität bei abnehmender Breite $E_c - E_v$ des verbotenen Bandes. Dieser Effekt spielt auch eine Rolle für die Breite der Zyklotron-Resonanz außerhalb des Quantenbereiches. Dort verteilen sich die Elektronen zufolge ihrer thermischen Energie über mehrere Landau-Niveaus, für die die Zyklotron-Resonanzfrequenz wegen der Nichtparabolizität nicht genau übereinstimmt.

Oszillationen des Magnetowiderstandes ergeben sich auch außerhalb des Quantenbereiches auf Grund des Magnetophonon-Effektes. Erreicht nämlich der Abstand zwischen zwei Landau-Niveaus bei Erhöhung des Magnetfeldes die Energie des longitudinalen optischen Phonons ($n\hbar\omega_c = \hbar\omega_o$), dann können Elektronen durch Absorption und Emission optischer Phononen von dem einen zu dem anderen Landau-Niveau gelangen. Dies führt zu schwachen Oszillationen im Magnetowiderstand, die hier aber nicht durch die Entartung bedingt sind. Bei bekannter Frequenz ω_o der optischen Phononen kann, ebenso wie durch die Zyklotron-Resonanz, die effektive Masse sehr genau bestimmt werden [4.2].

Schließlich sei noch der Quanten-Halleffekt besprochen, der 1980 bei Tieftemperaturmessungen an reinen Proben von MOS-Transistoren gefunden [4.38a] und inzwischen durch den Nobel-Preis ausgezeichnet wurde. Bei Messungen des Halleffekts in diesen Strukturen wurde in Abhängigkeit von der Gate-Spannung ein stufenförmiger Verlauf des Hall-Widerstands $\rho_{xy} = U_H/I$ festgestellt (Abb.4.5/16a). Für die Hallspannung dieser Stufen erhielt man experimentell eine einfache Beziehung, in der außer dem Source-Drain-Strom I nur die Elementargrößen h und e vorkommen.

$$U_H = \frac{h}{e^2 i}\,I, \quad i = 1,2,3\ldots \qquad (4.5/34)$$

Dieses experimentelle Resultat ist ausgezeichnet reproduzierbar und liefert die derzeit genaueste Bestimmung des Planckschen Wirkungsquantums.

Es gibt für diesen Zusammenhang auch eine einfache modellmäßige Ableitung, die aber nicht als streng stichhaltig anerkannt werken kann. Wir wollen sie trotzdem zur Erläuterung betrachten. Wir ge-

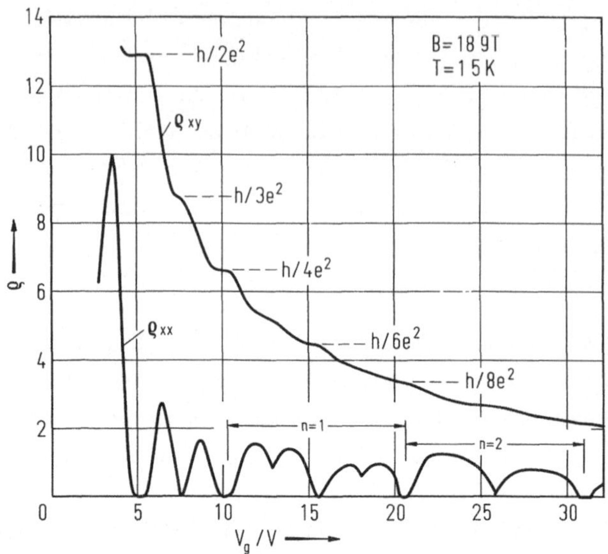

Abb.4.5/16a. Quanten-Halleffekt im MOS-Transistor als Funktion der Gate-Spannung (nach [4.38b].

hen dabei aus von der klassischen Formel für den Hall-Effekt, wie wir sie durch Einsetzen der Hallkonstanten R_n =1/en aus Gl.(4.5/3) erhalten:

$$U_H = \frac{1}{end}\, IB.$$

(4.5/3a)

Wenn wir uns dabei auf ein 2-dimensionales Elektronengas z.B. in einem Kastenpotential der Dicke d beziehen, so erkennen wir, daß das Produkt n d im Nenner gerade die Flächendichte der Elektronen N darstellt.

In einem vertikal zur Schicht angelegten Magnetfeld spaltet, wie oben dargelegt, das Leitungsband in einzelne Landauniveaus auf und diese weisen eine Zustandsdichte pro Flächeneinheit

$$N_L = \frac{eB}{h}$$

(4.5/35)

auf. Aus Gl.(4.5/3a) gelangt man nun zu Gl.(4.5/34), wenn man annimmt, daß die Stufen im Hall-Effekt immer dann auftreten, wenn

250

gerade i Landau-Niveaus voll besetzt sind; denn dann gilt

$$N = i \cdot eB/h$$

und Einsetzen in Gl.(4.5/3a) führt unmittelbar zum beobachteten Zusammenhang. Die Stufen in der Hall-Spannung treten also immer
dann auf, wenn durch die Gate-Spannung die Anzahl der Ladungsträger im Kanal so eingestellt wird, daß sie zur Füllung von i Landau-
Niveaus ausreicht. Alle voll besetzten Landau-Niveaus tragen zum
Ladungsträgertransport ebenso wenig bei wie etwa ein voll besetztes
Valenzband. Es gibt also auch keinen elektronischen Energieverlust,
keine Joulesche Wärme und daher trotz konstanten Stromflusses keine Spannung in Stromrichtung. Im klassischen Bild bewegen sich die
Elektronen senkrecht zu den gekreuzten Feldern, dem äußeren Magnetfeld und dem inneren elektrischen Hallfeld, auf Cycloidenbahnen
von Source zu Drain: Der Längswiderstand weist daher immer dann
Nullstellen auf, wenn die Landau-Niveaus gefüllt sind und entspre-

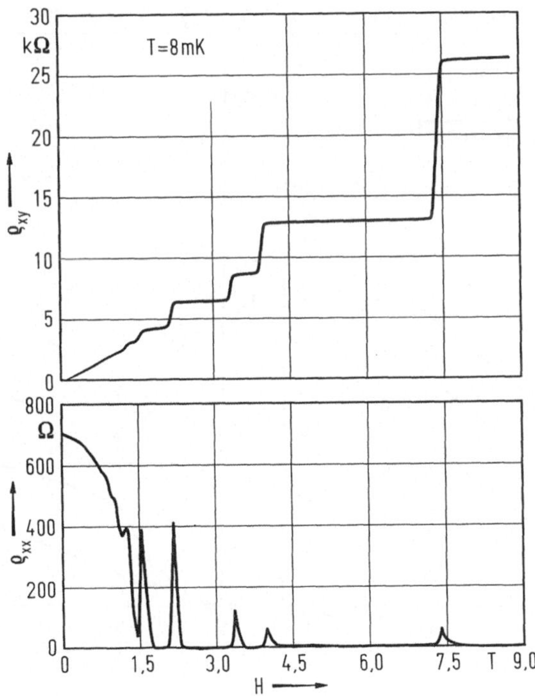

Abb.4.5/16b. Quanten-Halleffekt bei (GaAl)As-GaAs-(GaAl)As-
Heterostruktur als Funktion des Magnetfelds (nach [4.38b]).

chend die Hallspannung auf gleicher Stufe verharrt, wie dies die in
Abb.4.5/16a ebenfalls eingezeichnete Kurve für ρ_{xx} zeigt.

Der Quanten-Halleffekt kann nur dann beobachtet werden, wenn die
Homogenitätsvoraussetzungen für Gl.(4.5/3a) und (4.5/35) erfüllt
sind und ist daher grundsätzlich auf 2-dimensionale Elektronengase
beschränkt. Ebenso ist einsichtig, daß eine Heterostruktur mit Kastenpotential günstiger ist als der Oberflächenkanal eines MOS-Tran-
sistors. Dementsprechend wurden bei Proben aus Heterostrukturen
deutlich besser ausgeprägte Stufen der Hall-Konstante und Nullstellen des Längswiderstands gefunden. Dies zeigt Abb.4.5/16b, die
sich auf Ergebnisse an einer Heterostruktur aus einer GaAs-Schicht
eingebettet in (GaAl)As bezieht. In diesem Fall wurde nun auch
nicht die Trägerdichte durch die angelegte Gate-Spannung, sondern

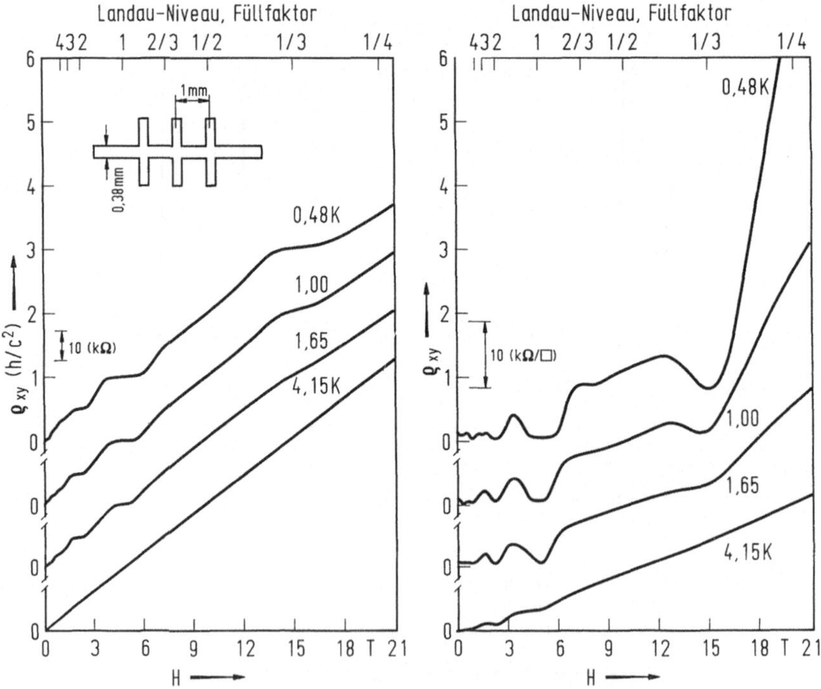

Abb.4.5/16c. Fraktioneller Quanten-Halleffekt in (GaAl)As-GaAs-
(GaAl)As-Heterostruktur ($N_{GaAs} = 1{,}23\ 10^{11}\ cm^{-2}$, μ = 90000 cm²/Vs)
(nach [4.38c].

das Magnetfeld und somit die Zustandsdichte in den Landau-Niveaus
geändert.

Noch überraschender war, daß in besonders reinen Proben begin-
nend bei Temperaturen unter 1 K weitere Strukturierungen gefunden
wurden, die Stufen im Halleffekt bei gebrochenen Füllgraden von
Landau-Niveaus (z.B. 1/3 oder 2/3 in Abb.4.5/16c) zeigten. Dieser sog. fraktionelle Quanten-Halleffekt wäre nach unserer bisherigen Deutung nur verständlich, wenn gebrochene Quantenzahlen
für Landau-Niveaus möglich wären und diese nach Bruchteilen der
Elementarladung unterstrukturiert wären. Auch dies zeigt, daß die
verwendete Ein-Elektronen-Betrachtung zum Quanten-Halleffekt
nicht ausreicht. Es handelt sich vielmehr um einen kooperativen
Effekt mit der Beteiligung mehrerer Elektronen, deren Anzahl in
irgendeiner Weise für den Nenner in den gebrochenen Quantenzahlen
verantwortlich ist. Auf die theoretischen Ansätze hierzu kann jedoch nicht weiter eingegangen werden, zumal eine völlige Klarheit
noch nicht erreicht ist.

4.6 Heiße Elektronen

4.6.1 Einführung

Systeme, die sich im oder nahe dem thermischen Gleichgewicht befinden, sind als Quellen elektromagnetischer Strahlung naturgemäß nicht
geeignet. Deshalb werden alle aktiven Halbleiterbauelemente weit ab
vom Gleichgewicht betrieben. Es gibt kaum ein derartiges Bauelement,
in dem die Ladungsträger nicht durch ein starkes elektrisches Feld aus
dem Ohmschen Bereich feldunabhängiger Leitfähigkeit herausgetrieben
und dadurch definitionsgemäß zu heißen Ladungsträgern gemacht werden. Wichtige Beispiele liefern die Kollektor-Basis-Diode des Bipolar-
transistors, der Bereich des abgeschnürten Kanals im Feldeffekttran-
sistor sowie Gunn-Diode und Lawinenlaufzeitdiode. Deshalb müssen
wir uns mit dem Verhalten der Ladungsträger im starken elektrischen
Feld auseinandersetzen.

Bekanntlich ist die Leitfähigkeit durch die Dichten der Ladungsträger n,
p, ihre effektiven Massen m^* und die mittleren Relaxationszeiten $\langle \tau_m \rangle$

bestimmt. Diese drei Größen können alle durch die Wirkung eines
starken elektrischen Feldes drastisch verändert werden.

Aus Abschn. 4.3 ist uns bekannt, daß die Streuraten und Relaxationszeiten der verschiedenen Streuprozesse in charakteristischer Weise
von der Elektronenenergie abhängen, wobei im allgemeinen die Wechselwirkung mit dem Gitter bei wachsender Elektronenenergie stärker,
die mit Störstellen schwächer wird. Daher haben wir für heiße Elektronen eine Abnahme der Leitfähigkeit durch mit der Feldstärke sinken-
des $\langle \tau_m \rangle$ zu erwarten, wenn die Gitterstreuung dominiert, während
bei dominanter Coulomb-Streuung d.h. bei sehr tiefer Gittertemperatur, die Leitfähigkeit mit dem Feld zunehmen wird. Der erstere Fall
tritt bei Zimmertemperatur so gut wie immer auf und ist daher von
wesentlich größerem technischen Interesse. Insbesondere werden wir
sehen, daß die verstärkte Emission energiereicher optischer Phononen
häufig zu einer Sättigung der Driftgeschwindigkeit in hohen elektrischen
Feldern führt. Dieses Phänomen bestimmt z.B. in vielen Punkten die
grundsätzlichen Eigenschaften der eben erwähnten Halbleiterbauelemente.

Eine qualitativ vergleichbare Wirkung hat die Zunahme der effektiven
Masse mit wachsender Elektronenenergie in einem nicht parabolischen
Band. Sind Nebenminima des Leitungsbandes mit wesentlich größerer
effektiver Masse vorhanden, dann kommt es gemäß dem Abschn. 1.10
und 4.3 auf dem Wege der felderzwungenen Umbesetzung sogar zur Abnahme der Leitfähigkeit durch Zunahme der mittleren effektiven Masse
mit der Feldstärke, worauf der Erscheinungskomplex des Gunn-Effektes beruht.

Bei weiterer Erhöhung der elektrischen Feldstärke vergrößert sich
die mittlere Energie der Elektronen auch dann weiter, wenn die Driftgeschwindigkeit sättigt. So kommt es schließlich durch Stoßionisation
zu dem in Abschn. 4.3 bereits erwähnten Lawinendurchbruch, der sich
in einer drastischen Erhöhung der Ladungsträgerdichten n, p und damit
in der Leitfähigkeit äußert.

Wir wollen uns im folgenden mit den geschilderten Effekten in der Leitfähigkeit heißer Elektronen befassen.

<u>4.6.2 Bilanzgleichungen</u>

Eine qualitative Behandlung warmer und heißer Elektronen läßt sich -
trotz der in Abschn. 4.1 hervorgehobenen Nachteile dieser Methode -
besonders übersichtlich an Hand der Impuls- und Energiebilanz des
Elektronenensembles durchführen. Diese Bilanzgleichungen lassen
sich aus der Boltzmann-Gleichung (4.1/10) gewinnen, wenn man einmal mit dem Impuls $\vec{p} = \hbar \vec{k}$, andererseits mit der Energie E multipliziert und über den gesamten Impulsraum integriert. So erhält man
die Beziehungen

$$\frac{\partial}{\partial t} \langle \vec{p} \rangle + e \vec{E} = \langle \left(\frac{\partial \vec{p}}{\partial t} \right)_c \rangle , \qquad (4.6/1)$$

$$\frac{\partial}{\partial t} \langle E \rangle + e \vec{E} \cdot \langle \vec{v} \rangle = \langle \left(\frac{\partial E}{\partial t} \right)_c \rangle , \qquad (4.6/2)$$

in denen die Mittelwerte über die gestörte Vf zu bilden sind, also die
Bedeutung wie in Gl. (4.1/29) haben. (Man beachte den Unterschied
gegenüber den durch Gl. (4.4/5) definierten Mittelwerten der Abschnitte 4.4 und 4.5.) Die Gleichungen besagen, daß die zeitliche
Änderung des Impulses und der Energie einerseits durch die Aufnahme
von Impuls bzw. Energie aus dem elektrischen Feld, andererseits
durch Abgabe von Impuls bzw. Energie bei den Stoßprozessen bewirkt
wird. Die rechten Seiten sind alle Kollisionsterme und hängen von der
Form der Vf und von der Art der Streuprozesse ab. Sie lassen sich
im allgemeinen nicht durch die Mittelwert $\langle \vec{p} \rangle$ und $\langle E \rangle$ ausdrücken.
Ihr Zusammenhang mit der Vf und den Streuraten kann in der Form

$$\langle \left(\frac{\partial \vec{p}}{\partial t} \right)_c \rangle = \frac{2}{(2\pi)^3 n} \int d^3 k \, f(\vec{k}) \left(\frac{\partial \vec{p}}{\partial t} \right)_c , \qquad (4.6/3)$$

$$\left(\frac{\partial \vec{p}}{\partial t} \right)_c = - \int d^3 k' \, S(\vec{k}, \vec{k}') \, \hbar \, (\vec{k} - \vec{k}') , \qquad (4.6/4)$$

$$\langle \left(\frac{\partial E}{\partial t} \right)_c \rangle = \frac{2}{(2\pi)^3 n} \int d^3 k \, f(\vec{k}) \left(\frac{\partial E}{\partial t} \right)_c , \qquad (4.6/5)$$

$$\left(\frac{\partial E}{\partial t} \right)_c = - \int d^3 k' \, S(\vec{k}, \vec{k}') \, (E - E') . \qquad (4.6/6)$$

geschrieben werden. Darin bedeuten $(\partial \vec{p}/\partial t)_c$ und $(\partial E/\partial t)_c$ den Im-
puls- bzw. Energieverlust pro Zeiteinheit, den ein Elektron im Zustand

$\vec{k}$, gemittelt über alle möglichen Streuprozesse, erfährt. Die Kollisionsterme der Gl. (4.6/1) und (4.6/2) erhält man daraus durch Mittelung über die Vf der Ladungsträger.

Vergleichen wir Gl. (4.6/4) mit Gl. (4.1/19) und Gl. (4.1/20), dann erkennen wir, daß für elastische und für isotrope Streuprozesse, für die eine Impulsrelaxationszeit sinnvoll definiert werden kann,

$$\left(\frac{\partial \vec{p}}{\partial t}\right)_c = -\frac{\hbar \vec{k}}{\tau_m(E)} \qquad (4.6/7)$$

gilt. Die Impulsbilanz Gl. (4.6/1) ist also eine Kraftgleichung, die sich von Gl. (4.5/1) nur durch die Berücksichtigung der statistischen Elektronenverteilung unterscheidet.

In der Energiebilanz verschwindet der Kollisionsterm selbstverständlich für alle elastischen Streuprozesse, z.B. Coulomb-Streuung, ganz unabhängig davon, in welcher Weise τ_m von der Energie abhängt.

Für Streuung an optischen Phononen ist $E - E'$ in Gl. (4.6/6) konstant, nämlich $\hbar \omega_o$ für Emission und $-\hbar \omega_o$ für Absorption eines Phonons. Deshalb gilt für diesen Fall

$$\left(\frac{\partial E}{\partial t}\right)_c = -\hbar \omega_o (\lambda_{em} - \lambda_{abs}), \qquad (4.6/6a)$$

wobei λ_{em} und λ_{abs} die totale Streurate für Emission bzw. Absorption optischer Phononen darstellt, die für polare Wechselwirkung aus Gl. (4.3/23) und für nicht polare aus Gl. (4.3/26) entnommen werden kann. Diese Raten hängen nur von der Elektronenenergie E ab.

Ohne Kenntnis der Vf $f(\vec{k})$ lassen sich die Kollisionsterme nicht weiter umformen. Will man die Bestimmung der Vf heißer Elektronen vermeiden und mit den Bilanzgleichungen auskommen, dann muß man einen Ansatz für $f(\vec{k})$ machen, in dem $\langle \vec{p} \rangle = \hbar \langle \vec{k} \rangle$ und $\langle E \rangle = 3k_B T_e/2$ als unbestimmte Parameter auftreten. Der meist verwendete Ansatz ist die gedriftete Maxwell-Verteilung gemäß Gl. (4.1/25). Wie in Abschn. 4.1 erörtert, führt dieser Ansatz meist nicht zu einer quantitativ befriedigenden Bestimmung der Vf. Er eignet sich jedoch gut um einen qualitativen Überblick über das Verhalten heißer Elektronen zu gewinnen. Zur weiteren Vereinfachung wird die Driftenergie als klein

256

gegen die thermische Energie der Elektronen angenommen: ($\hbar^2 \langle \vec{k} \rangle^2 \ll$ $m^* k_B T_e$). Für die einfache Bandstruktur gilt dann

$$f(\vec{k}) = \frac{h^3}{2} \frac{n}{(2\pi m^* k_B T_e)^{3/2}} \left\{ 1 + \frac{\hbar^2 \vec{k} \cdot \langle \vec{k} \rangle}{m^* k_B T_e} \right\} \exp \left\{ - \frac{E}{k_B T_e} \right\} . \tag{4.6/8}$$

Man verzichtet dabei nur auf die Erfassung stark anisotroper Verteilungsfunktionen, für die der Ansatz (4.1/25) sowieso ungeeignet ist. Wie bereits in Abschn. 4.1 ausgeführt wurde, ist die gedriftete Maxwell-Verteilung für hohe Elektronendichten gerechtfertigt; dabei hat die Bilanzgleichungsmethode den in Abschn. 4.3 erwähnten Vorteil, daß man die Elektron-Elektron-Streuung nicht explizit in den Kollisionstermen zu berücksichtigen braucht, da Stöße zwischen Elektronen weder den Gesamtimpuls noch die Gesamtenergie des Elektronenensembles verändern.

Für reine Kristalle mit niedriger Trägerdichte jedoch ist Gl. (4.6/8) quantitativ unrichtig. Wir wollen dies am Beispiel des schwachen elektrischen Feldes näher erläutern, indem wir Gl. (4.6/8) mit der richtigen Lösung Gl. (4.4/2) vergleichen. Für diesen Fall ist $T_e = T$, und Gl. (4.6/8) erhält mit $v = \hbar k/m^*$ die Form

$$f(\vec{k}) = f_{oo}(E) \{ 1 + (\langle \hbar k_z \rangle \, v/k_B T) \cos \vartheta \} .$$

Somit wäre Gl. (4.6/8) nur dann die richtige Lösung der Boltzmann-Gleichung, wenn $\langle \hbar k_z \rangle = - e E_z \tau_m(E)$ erfüllt werden könnte. Da die linke Seite als Mittelwert über die Vf von der Energie nicht abhängt, ist dies nur für eine energieunabhängige Relaxationszeit möglich. Wenn die Relaxationszeit, so wie das für alle wichtigen Streuprozesse der Fall ist, eine Energieabhängigkeit aufweist, dann ist Gl. (4.6/8) schon im Fall schwacher Felder keine Lösung der Boltzmann-Gleichung. Setzt man diese Vf trotzdem in die Impulsbilanz ein, dann muß sich der Fehler auf die so berechnete Beweglichkeit auswirken.

Andererseits hat der Ansatz (4.6/8) aber den großen Vorteil, daß die beiden Kollisionsterme der Bilanzgleichungen (4.6/3) und (4.6/5) zu Funktionen des Driftimpulses $\langle \vec{p} \rangle$ und der Elektronentemperatur T_e werden. Dabei trägt nur der ungerade Anteil der Vf zur Impulsbilanz bei, so daß der mittlere Impulsverlust Gl.(4.6/3) proportional zu $\langle \vec{p} \rangle$ wird und der Proportionalitätsfaktor nur mehr von T_e abhängt. Man kann daher die Impulsbilanz (4.6/1) in der üblichen Form

$$\frac{\partial}{\partial t} \langle \vec{p} \rangle + e\vec{E} = - \frac{\langle \vec{p} \rangle}{\bar{\tau}_m(T_e)} \qquad (4.6/9)$$

schreiben und dadurch die mittlere Impulsrelaxationszeit $\bar{\tau}_m$ definieren. In der Energiebilanz hingegen trägt nur der gerade Anteil der Vf zum mittleren Energieverlust Gl.(4.6/5) bei, der somit von $\langle \vec{p} \rangle$ unabhängig wird und sich nur mit T_e verändert. Es ist weitgehend üblich, den mittleren Energieverlust auf die "Aufheizung" der Elektronen $T_e - T$ zu beziehen, so daß die Energiebilanz (4.6/2) für die einfache Bandstruktur mit $\langle \vec{v} \rangle = \langle \vec{p} \rangle / m^*$ die Form

$$\frac{3}{2} k_B \frac{\partial T_e}{\partial t} + \frac{e}{m^*} \vec{E} \cdot \langle \vec{p} \rangle = - \frac{3}{2} k_B \frac{T_e - T}{\bar{\tau}_\varepsilon(T_e)} \qquad (4.6/10)$$

annimmt, wodurch eine mittlere Energierelaxationszeit $\bar{\tau}_\varepsilon$ definiert wird. Dieser Ansatz bringt zum Ausdruck, daß das Elektronenensemble durch die Streuprozesse insgesamt Energie an das Gitter abgibt, wenn seine mittlere Energie $\langle E \rangle$ größer ist als die thermische Gitterenergie $3 k_B T/2$, hingegen für $\langle E \rangle < 3 k_B T/2$ Energie aus den thermischen Gitterschwingungen aufnimmt.

Die hier eingeführten "mittleren" Relaxationszeiten $\bar{\tau}_m$ und $\bar{\tau}_\varepsilon$, die von der Elektronentemperatur T_e abhängen, haben eine ganz andere Bedeutung als die energieabhängige Impulsrelaxationszeit $\tau_m(E)$. Letztere gibt den Impulsverlust, den ein Elektron mit der Energie E im Mittel über alle bei dieser Energie möglichen Streuprozesse erleidet. Erstere hingegen beziehen sich nicht auf ein Elektron, sondern auf ein gesamtes Elektronenensemble, das einer Maxwell-Verteilung mit der Elektronentemperatur T_e gehorcht.

Die Bilanzgleichungen (4.6/9) und (4.6/10) gestatten die Berechnung von $\langle \vec{p} \rangle$ und T_e. Mit ihrer Hilfe diskutieren wir nun qualitativ das Verhalten heißer Elektronen für die verschiedenen Streuprozesse. Dabei liefert die Energiebilanz (4.6/10) die Aufheizung $T_e - T$ des Elektronenensembles und die Impulsbilanz (4.6/9) die zugehörige Beweglichkeit $e\bar{\tau}_m(T_e)/m^*$. Für die weitere Diskussion benötigen wir die Abhängigkeit der mittleren Relaxationszeiten von der Elektronentemperatur. Für Streuprozesse mit $\tau_m(E)$ folgt durch Einsetzen der Gl. (4.6/7) und (4.6/8) in Gl. (4.6/3) und Durchführung der Integraton, daß $\bar{\tau}_m(T_e)$ durch eine Mittelwertbildung gemäß Gl. (4.4/5) aus $\tau_m(E)$ hervorgeht:

$$\frac{1}{\bar{\tau}_m(T_e)} = \frac{4}{3\sqrt{\pi}} \int_0^\infty \frac{x^{3/2} e^{-x} dx}{\tau_m(k_B T_e x)} \quad . \qquad (4.6/11)$$

So erhalten wir für akustische Deformationspotentialstreuung mit den Gl. (4.3/19) und (4.4/6)

$$\frac{1}{\bar{\tau}_{mac}(T_e)} = \frac{8\sqrt{2}}{3\pi\sqrt{\pi}} \; \frac{\Xi_a^2 k_B T m^*}{v_s^2 \rho_m \hbar^4} (m^* k_B T_e)^{1/2} \quad . \qquad (4.6/12)$$

Die Gleichung zeigt im Grenzfall $T_e \to T$ durch Vergleich mit Gl. (4.4/6), daß die aus der Impulsbilanz berechnete Beweglichkeit $e\bar{\tau}_m(T)/m^*$ für diesen Streuprozeß um den Faktor $9\pi/32 = 0{,}884$, also rund 10 % zu klein ausfällt - eine Folge des durch den Ansatz (4.6/8) gemachten Fehlers.

Die Energierelaxationszeit der akustischen Deformationspotentialstreuung ist unendlich, wenn man die akustische Streuung als elastisch betrachtet. Vernachlässigt man die Energie der akustischen Phononen nicht, dann erhält man eine endliche Energierelaxation, die aber aus zwei Gründen viel langsamer als die Impulsrelaxation erfolgt:

a) Jede Streuung löscht die Richtung des Elektronenimpulses, d.h. die Richtung $\vec{k}'$ ist von der Richtung $\vec{k}$ unabhängig. Im Mittel geht also pro Stoß der gesamte Impuls verloren. Hingegen geht bei jedem Emissionsprozeß nur der Bruchteil $\hbar\omega_a/E$ der Energie verloren.

b) Da die Absorptionsprozesse den größten Teil der Energie an die Elektronen zurückliefern, ist nur die Differenz zwischen den Zahlen der Emissions- und Absorptionsprozesse für die Energierelaxation wirksam.

Da gemäß Gl. (4.3/14) für die Raten der Emission und Absorption

$$\frac{S_{em}}{S_{abs}} = \frac{n_q + 1}{n_q} \, , \quad \frac{S_{em} - S_{abs}}{S_{em} + S_{abs}} = \frac{1}{2n_q + 1} \approx \frac{\hbar\omega_a}{2k_B T}$$

gilt, erhalten wir gemäß a) und b)

$$\frac{\bar\tau_{m\,ac}}{\bar\tau_{\varepsilon\,ac}} \sim \frac{\hbar\omega_a}{E} \, \frac{\hbar\omega_a}{2k_B T} = \frac{v_s^2}{2k_B T} \, \frac{\hbar^2 q^2}{E} \, ,$$

wobei die Dispersionsbeziehung $\omega_a = v_s q$ verwendet wurde. Da die Wellenzahl q der streuenden Phononen in derselben Größenordnung wie die Wellenzahl k der Elektronen liegt, ist die Näherung $\hbar^2 q^2 \approx \hbar^2 k^2 = 2m^*E$ sinnvoll. Tatsächlich ergibt die genaue Rechnung [4.3]

$$\frac{\bar\tau_{m\,ac}}{\bar\tau_{\varepsilon\,ac}} = \frac{2m^* v_s^2}{k_B T} \tag{4.6/13}$$

in qualitativer Übereinstimmung mit unseren anschaulichen Überlegungen. Das Verhältnis der Relaxationszeiten ist also von der Elektronentemperatur unabhängig und hat bei Zimmertemperatur die Größenordnung 10^{-2} bis 10^{-4}. Die Energierelaxation durch akustische Phononen ist also erwartungsgemäß sehr gering und spielt nur bei sehr tiefer Gittertemperatur $(T < 20K)$ eine Rolle.

Wir fragen nun nach der Form der Strom-Spannungs-Kennlinie für den nur bei sehr tiefen Temperaturen und schwachem elektrischen Feld möglichen Fall, in dem sowohl Impulsrelaxation als auch Energierelaxation durch akustische Phononen dominiert wird. Für $\partial/\partial t = 0$ erhält man aus den Gl. (4.6/9) und (4.6/10)

$$\langle \vec{p} \rangle = - e \bar\tau_m(T_e)\vec{E} \, , \tag{4.6/9a}$$

$$3m^* k_B(T_e - T) = 2 e^2 E_z^2 \, \bar\tau_m(T_e)\bar\tau_\varepsilon(T_e) . \tag{4.6/10a}$$

Da das Produkt der Relaxationszeiten in letzterer Beziehung gemäß Gl. (4.6/12) und (4.6/13) proportional $1/T_e$ ist, folgt für akustische Streuung im Bereich heißer Elektronen $T_e \gg T$ ein Anwachsen der

Elektronentemperatur proportional zur elektrischen Feldstärke und
aus Gl. (4.6/9a) die Zunahme des Driftimpulses (und damit des Stromes) mit der Quadratwurzel der elektrischen Feldstärke. Es tritt
keine Geschwindigkeitssättigung auf. Weiter ergibt sich aus den Gl.
(4.6/9a) und (4.6/10a) zusammen mit den Gl. (4.6/12) und (4.6/13),
daß die kritische Feldstärke E_c bei der Aufheizeffekte in Erscheinung
treten, also etwa $T_e \approx 1,5\ T$ wird, durch $v_s \approx \mu E_c$ gegeben ist, also
dadurch, daß die Driftgeschwindigkeit der Elektronen die Schallgeschwindigkeit erreicht. Für n - Ge bei Zimmertemperatur ergibt
dies etwa 200 Vcm^{-1}, während in Wirklichkeit E_c etwa 1 $kVcm^{-1}$
beträgt. Daraus wird offensichtlich, daß in realen Halbleitern bei Temperaturen über 20 K viel stärkere Energierelaxationsmechanismen
existieren als durch akustische Phononen, wodurch $\bar{\tau}_\varepsilon$ wesentlich kleiner wird.

Ehe wir auf die Mechanismen der Energierelaxation weiter eingehen,
soll noch eine Anomalie erwähnt werden, die durch eine starke Wechselwirkung akustischer Phononen mit bewegten Ladungsträgern entsteht. Sie tritt in piezoelektrischen Kristallen für Driftgeschwindigkeiten nahe der Schallgeschwindigkeit und darüber auf. Dieser akusto-
elektrischer Effekt [4.39], [4.40] besteht in einer starken energetischen Wechselwirkung zwischen der Driftbewegung der Ladungsträger und dazu parallel sich ausbreitenden Schallwellen, durch die letztere verstärkt werden können. Er weist Analogien sowohl zu der Verstärkung in der Wanderfeldröhre als auch zur Mach-Welle eines mit
Überschallgeschwindigkeit bewegten Körpers auf. Die Verstärkung
akustischen Rauschens bis zur nichtlinearen Begrenzung führt zu den
vielfältigen Erscheinungsformen akustischer Domänen. Das sind Ge-
biete starker akustischer Erregung und erhöhter elektrischer Feldstärke, die sich oft mit Schallgeschwindigkeit durch den Kristall bewegen. Hierdurch können sowohl eine vorzeitige Sättigung des Stromes
in Abhängigkeit von der elektrischen Feldstärke als auch Stromoszil-
lationen auftreten. Da der akustoelektrische Effekt von starken Abweichungen der Phononenverteilung vom thermischen Gleichgewicht begleitet wird, kann man nicht mehr mit den mittleren Phononenzahlen
Gl. (4.2/19) und (4.2/20) rechnen.

Als wirksamer Mechanismus der Energierelaxation heißer Elektronen
kommt in erster Linie die Wechselwirkung mit optischen Phononen in

Frage. Tatsächlich liegen ja ihre charakteristischen Temperaturen etwa im Bereich zwischen 250 K und 700 K, so daß bei Zimmertemperatur bereits ein beträchtlicher Teil der Elektronen imstande ist, optische Phononen zu emittieren und damit die Energie sehr rasch auf das Gitter zu übertragen. Daher ist auch ein Bereich der Kennlinie, in dem der Strom proportional zur Wurzel der Feldstärke zunimmt, nicht wirklich zu erwarten. Für die Energieabgabe durch optische Deformationspotentialstreuung folgt aus den Gl.(4.6/6a) und (4.3/26)

$$\left(\frac{\partial E}{\partial t}\right)_c = - \frac{(m^*)^{3/2} D_{op}^2}{\sqrt{2}\,\pi\hbar^2\,\rho_m} \left\{ \sqrt{E - \hbar\omega_o}\,(n_q + 1) - \sqrt{E + \hbar\omega_o}\,n_q \right\}.$$

$$(4.6/14)$$

Beschränken wir uns auf den Grenzfall sehr heißer Elektronen $T_e \gg \hbar\omega_o/k_B = \Theta$, dann bleibt in Gl.(4.6/14) nur das Glied der spontanen Emission übrig:

$$\left(\frac{\partial E}{\partial t}\right)_c \approx \frac{-(m^*)^{3/2} D_{op}^2}{\sqrt{2}\,\pi\hbar^2\,\rho_m} \sqrt{E}.$$

$$(4.6/14a)$$

Die Mittelung gemäß Gl.(4.6/5) über den symmetrischen Anteil der gedrifteten Maxwell-Verteilung (4.6/8) ergibt

$$\left\langle \left(\frac{\partial E}{\partial t}\right)_c \right\rangle = \frac{2}{\sqrt{\pi}} \int_0^\infty x^{1/2} e^{-x} \left(\frac{\partial E}{\partial t}\right)_c dx = \frac{-\sqrt{2}}{\pi\sqrt{\pi}}\, \frac{(m^*)^{3/2} D_{op}^2}{\hbar^2\,\rho_m} \sqrt{k_B T_e}$$

und damit eine mittlere Energierelaxationszeit gemäß

$$\frac{1}{\bar{\tau}_{\varepsilon\,op}} = \frac{2\sqrt{2}\,D_{op}^2 (m^*)^{3/2}}{3\pi\sqrt{\pi}\,\rho_m\,\hbar^2} (k_B T_e)^{-1/2}.$$

$$(4.6/15)$$

Wenn also die Impulsrelaxation sehr heißer Elektronen durch akustische, die Energierelaxation hingegen durch optische Deformationspotentialstreuung erfolgt, dann ist $\bar{\tau}_m \cdot \bar{\tau}_\varepsilon$ konstant und man erhält aus Gl.(4.6/10a) eine quadratisch mit der elektrischen Feldstärke zunehmende Aufheizung. Die Beweglichkeit nimmt über $\bar{\tau}_m \sim T_e^{-1/2}$ verkehrt proportional zur Feldstärke ab und die Driftgeschwindigkeit sättigt bei rasch zunehmender Elektronentemperatur. Schließlich wird

262

T_e so groß, daß Stoßmultiplikation einsetzt und ein Lawinendurchbruch entsteht.

Die Sättigung der Driftgeschwindigkeit wird oft fälschlich dadurch erklärt, daß alle Elektronen, die die Energie $\hbar\omega_o$ erreichen, sofort ein optisches Phonon emittieren und ihre Energie verlieren. Das wäre nur bei extrem großer Kopplungskonstante D_{op} richtig und entspricht nicht den tatsächlichen Verhältnissen. Diese Betrachtungsweise erklärt im Gegensatz zu obigen Überlegungen nicht die weitere Erhöhung der Elektronentemperatur im Sättigungsbereich, die zum Lawinendurchbruch führt. Überdies führt sie zu einem temperaturunabhängigen, nur durch die Energie der optischen Phononen bestimmten Sättigungswert der Driftgeschwindigkeit, während dieser im Experiment mit wachsender Temperatur abnimmt.

In qualitativer Übereinstimmung damit läßt sich aus Gl.(4.6/9a) und (4.6/10a) unter Verwendung der Gl.(4.6/12) und (4.6/15) ein Temperaturgang des Sättigungswertes mit $T^{-1/2}$ ableiten, der von der Zahl der akustischen Phononen herrührt. Abb.4.6/1 zeigt als Beispiel die

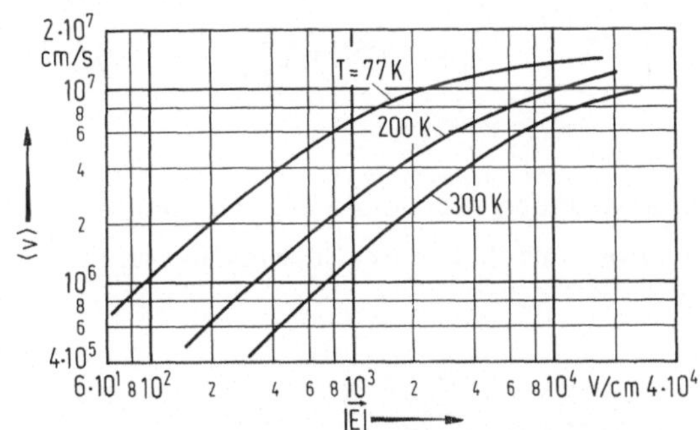

Abb.4.6/1. Driftgeschwindigkeit $\langle v\rangle$ in Abhängigkeit von der elektrischen Feldstärke $|\vec{E}|$ für eine n–Si Probe mit dem spezifischen Widerstand 20 Ωcm bei Zimmertemperatur. Feldrichtung: [111]. (nach Abb. 2 in [4.5]).

Driftgeschwindigkeit für n–Si in Abhängigkeit von einem in [111]-Richtung angelegten elektrischen Feld für 3 verschiedene Werte der Gittertemperatur [4.5]. Man erkennt die erwähnte Abnahme der Sättigungsgeschwindigkeit, die allerdings schwächer als mit $T^{1/2}$ erfolgt. Deutlicher ist eine Zunahme mit wachsender Gittertemperatur in der kriti-

schen Feldstärke, bei der die Abweichungen von den geradlinigen Ästen
der Kurven einsetzen, zu sehen.

Auch dieser Sachverhalt wird vom obigen Modell qualitativ richtig beschrieben. Damit haben wir einen ersten Einblick in das phänomenolo-
gische Verhalten der Elementhalbleiter gewonnen. Allerdings werden
wir in Abschn. 4.6.4 sehen, daß die Vieltalstruktur eine Fülle zusätzlicher Effekte hervorruft. Zusammenfassend halten wir fest, daß die
Geschwindigkeitssättigung auftritt, weil sich mit wachsender Energieaufnahme aus dem Feld die Kopplung mit den Gitterschwingungen derart erhöht, daß sich bezogen auf die Driftgeschwindigkeit des Ensembles beide Einflüsse gerade kompensieren.

Wenden wir uns nun den Verbindungshalbleitern zu. In den technisch
wichtigsten Substanzen wie GaAs und InP erfolgt sowohl die Impulsrelaxation als auch die Energierelaxation für die Elektronen des Γ-Ta-
les durch polar optische Streuung. Der Energieverlust ergibt sich aus
Gl. (4.6/6a) und den totalen Streuraten für Emission und Absorption
gemäß Gl. (4.3/23)

$$\left(\frac{\partial E}{\partial t}\right)_c = \frac{eE_o}{\hbar k}\,\hbar\omega_o \left\{ (n_q+1)\ln\left|\frac{\sqrt{E'}+\sqrt{E-\hbar\omega_o}}{\sqrt{E'}-\sqrt{E-\hbar\omega_o}}\right| - n_q\ln\left|\frac{\sqrt{E'}+\sqrt{E+\hbar\omega_o}}{\sqrt{E'}-\sqrt{E+\hbar\omega_o}}\right| \right\}.$$

$$(4.6/16)$$

Auch hier begnügen wir uns mit dem Fall sehr heißer Elektronen
$E \gg \hbar\omega_o$ und erhalten durch Taylor-Entwicklungen unter den Loga-
rithmen

$$\left(\frac{\partial E}{\partial t}\right)_c = \frac{eE_o\,\hbar\omega_o}{\sqrt{2m^*E'}}\,\ln\frac{4E}{\hbar\omega_o}\,. \qquad\qquad (4.6/17)$$

Somit sinkt der Energieverlust mit wachsender Energie. Das bedeutet
aber, daß für die polar optische Streuung im Grenzfall sehr heißer
Elektronen bei Erhöhung der Feldstärke immer weniger Energie an
das Gitter abgeführt wird, so daß der innere Durchbruch (vgl. Abschn.
4.3) eintritt. [1]

---

[1] Wie in Anschluß an Gl. (4.3/26) erwähnt wurde, tritt für die einfache
Bandstruktur des Γ-Tales eine optische Deformationspotentialstreuung,
die den inneren Durchbruch verhindern könnte, nicht auf.

Die Relaxationszeiten und Bilanzgleichungen sind zur quantitativen Behandlung der polar optischen Streuung ungeeignet. Man muß für diesen Fall die genaue Form der Vf durch die in Abschn. 4.1 behandelten numerischen Methoden bestimmen. Die wichtigsten Ergebnisse dieser Verfahren werden im folgenden Abschnitt behandelt.

Vorher wollen wir noch den Fall warmer Elektronen kurz betrachten. Hier treten nur geringe Abweichungen vom Ohmschen Gesetz auf. Daher ist es zweckmäßig, die Strom-Spannungs-Kennlinie als Potenzreihe in der Feldstärke darzustellen. Da im isotropen Halbleiter bei Richtungsumkehr des Feldes auch der Strom seine Richtung umkehrt, müssen alle geraden Potenzen verschwinden, so daß man eine Feldabhängigkeit der Driftgeschwindigkeit von der Form

$$\langle \vec{v} \rangle = \mu_o \vec{E}[1 + \beta(\vec{E})^2], \quad \mu = \mu_o[1 + \beta(\vec{E})^2] \qquad (4.6/18)$$

zu erwarten hat. Den Koeffizienten β in der Beweglichkeit warmer Elektronen erhält man mit Hilfe von Gl. (4.6/10a):

$$\mu = \mu_o + \frac{e}{m^*} \frac{d\bar{\tau}_m}{dT_e} \Delta T_e, \quad \frac{3}{2} k_B \Delta T_e = \frac{e^2 \bar{\tau}_m \bar{\tau}_\varepsilon}{m^*} (\vec{E})^2 = e\mu_o \bar{\tau}_\varepsilon (\vec{E})^2$$

$$\beta = \frac{e^2 \bar{\tau}_\varepsilon}{m^*} \frac{d\bar{\tau}_m}{d(3k_B T_e/2)} \cdot \qquad (4.6/19)$$

Daraus geht hervor, daß man $\bar{\tau}_\varepsilon$ durch Messung von β ermitteln kann. Das Vorzeichen von β wird durch die Abhängigkeit der Impulsrelaxationszeit von der Elektronentemperatur bestimmt. Für Deformationspotentialstreuung nimmt $\bar{\tau}_m$ mit steigendem T_e ab, so daß β negativ ist. Bei Coulomb-Streuung sind die Verhältnisse umgekehrt, so daß $\beta > 0$ wird. Somit wechselt bei zunehmender Störstellendichte und/oder abnehmender Gittertemperatur β im allgemeinen sein Vorzeichen, was bedeutet, daß die Abnahme der Beweglichkeit mit wachsender Feldstärke in eine Zunahme übergeht.

Abschließend wollen wir die Bilanzgleichungen für eine Diskussion der Frequenzabhängigkeit des Stromtransportes verwenden. Zunächst ergibt die Impulsbilanz (4.6/9) für ein schwaches, harmonisch mit der Kreisfrequenz ω veränderliches elektrisches Wechselfeld eine Leitfähigkeit, die in komplexer Schreibweise

$$\sigma(\omega) = \frac{\sigma_o}{1 + j\omega\bar{\tau}_m} = \frac{\sigma_o}{1 + \omega^2\bar{\tau}_m^2} - \frac{j\omega\bar{\tau}_m\sigma_o}{1 + \omega^2\bar{\tau}_m^2} \qquad (4.6/20)$$

lautet. Gl.(4.6/20) ist als Drude-Formel bekannt. Solange die Frequenz klein gegen die reziproke Impulsrelaxationszeit ist, behält die Leitfähigkeit den frequenzunabhängigen Wert σ_o. Erst im Bereich der Stoßfrequenzen beginnt die Leitfähigkeit abzusinken und erhält gleichzeitig eine induktive Phasenverschiebung. Der Imaginärteil von σ verringert den Verschiebungsstrom und damit die Dielektrizitätskonstante ε. Ist schließlich die Frequenz groß gegen $1/\bar{\tau}_m$, dann sinkt der Realteil der Leitfähigkeit und damit die Absorption der elektromagnetischen Strahlung durch die freien Ladungsträger wegen $\omega^{-2} \sim \lambda^2$ quadratisch mit abnehmender Wellenlänge λ.

Bei Zimmertemperatur muß man in den Submillimeter-Bereich vordringen, um die Frequenzabhängigkeit der Leitfähigkeit experimentell untersuchen zu können. Kühlt man jedoch ab und vergrößert damit $\bar{\tau}_m$, dann läßt sie sich schon ab etwa 20 GHz nachweisen. Im nahen Infrarot läßt sich die freie Ladungsträgerabsorption nur in stark dotierten Proben beobachten, weil sie in reinen Kristallen bereits zu schwach ist. Aussagen über $\bar{\tau}_m$ der Gitterstreuung sind dabei nicht zu gewinnen, weil bei so hoher Dotierung bereits die Störstellenstreuung dominiert. Bei noch höheren Frequenzen schließlich wird die Absorption freier Ladungsträger durch diejenige der Band-Band-Übergänge (vgl. Kap.3) überdeckt.

Im Fall heißer Elektronen sind beide Zeitkonstanten $\bar{\tau}_m$ und $\bar{\tau}_\varepsilon$ für die Frequenzabhängigkeit der Leitfähigkeit maßgebend. Daher kann man durch Untersuchung der Leitfähigkeit heißer Elektronen mit Mikrowellen die Energierelaxationszeit $\bar{\tau}_\varepsilon$ bestimmen [4.2, 4.41, 4.42], die ihrerseits z.B. für die Frequenzgrenze des Gunn-Effektes maßgebend ist. Dabei erfolgt die Aufheizung der Ladungsträger entweder durch das Mikrowellenfeld selbst oder durch ein starkes Gleichfeld, dem ein schwaches Mikrowellenfeld zur Messung überlagert ist. Im letzteren Fall ist die Mikrowellenleitfähigkeit anisotrop, d.h. parallel und normal zum Gleichfeld verschieden. Diese Anisotropie bietet ebenfalls Möglichkeiten zur Bestimmung der Relaxationszeiten.

4.6.3 Heiße Elektronen in Verbindungshalbleitern

Wir betrachten Verbindungshalbleiter, deren tiefstes Tal des Leitungsbandes im Γ-Punkt liegt. Bei diesen herrscht die polar optische Streuung vor, die stark anisotrop ist. Wir wollen nun veranschaulichen, daß dies eine Form der Vf zur Folge hat, die sich in die negative Feldrichtung ausweitet, hingegen transversal dazu einengt. Im $\vec{k}$-Raum konzentriert sich die Verteilung somit auf die zur Feldrichtung antiparallele k_z-Achse. Man spricht von "strömenden Verteilungen". Der Mechanismus ist dabei für kleinere und für große Feldstärken etwas unterschiedlich, wie in Abb. 4.6/2a bzw. b angedeutet. Bei kleiner Feldstärke und/oder

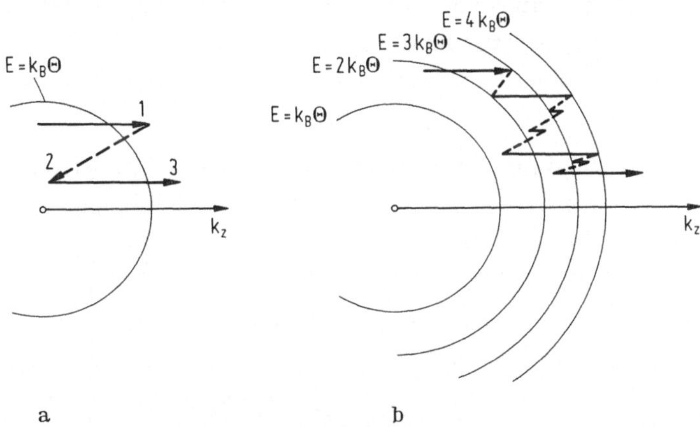

Abb. 4.6/2. Schematische Darstellung der Bewegung eines Elektrons im k-Raum unter der Wirkung eines elektrischen Feldes E_z und der Streuung durch polar optische Phononenemission. a) Schwaches Feld; b) starkes Feld.

starker Koppelfeldstärke E_o emittieren die Ladungsträger bald nach Erreichen der Energie $k_B\Theta$ ("Debye-Kante") ein Phonon und verlieren nahezu ihre ganze Energie (Streuung von 1 nach 2 in Abb. 4.6/2a). Da sie anschließend im elektrischen Feld nur Impuls antiparallel zur Feldrichtung aufnehmen (Bewegung von 2 nach 3), kommt es zu der "strömenden" Vf. Dieser Effekt tritt auch bei nichtpolaren Halbleitern durch optische Deformationspotentialstreuung auf und wurde erstmalig in p-Ge beobachtet, wo die optische Deformationspotentialstreuung besonders stark ist (vgl. Abschn. 4.6.4). Natürlich erfordert er eine weit unter der Debye-Temperatur liegende Gittertemperatur $T \ll \Theta$.

Bei hohen Feldern tritt bei der polar optischen Streuung ein ähnlicher
Konzentrationseffekt durch viele aufeinander folgende Phononenemis-
sionen auf. Dies beruht auf dem Faktor $|\vec{k} - \vec{k}'|^{-2}$ in Gl.(4.3/21),
durch den Kleinwinkelstreuungen gegenüber solchen, bei denen die
Richtung von $\vec{k}$ und $\vec{k}'$ stark verschieden ist, wesentlich bevorzugt
werden. Da zudem immer der gleiche Energiebetrag $\hbar\omega_o$ abgegeben
wird, wird das Elektron vorwiegend in Richtung auf den Ursprung
des $\vec{k}$-Raumes gestreut. Wegen der Beschleunigung in k_z-Richtung
wird es schließlich schrittweise fokussiert. Somit sind sowohl für
warme als auch für heiße Elektronen stark anisotrope strömende Verteilungen zu erwarten. Die Begriffe "Diffusionsnäherung", "Relaxationszeiten" und "gedriftete Maxwell-Verteilung" versagen deshalb.
Im folgenden sollen die Ergebnisse der in Abschn.4.1 angeführten numerischen Verfahren an Hand charakteristischer Beispiele besprochen
werden.

Abb.4.6/3 zeigt Verteilungsfunktionen der Elektronen im $\vec{k}$-Raum für
n-InSb bei einer Gittertemperatur von 77 K. Die Funktionen sind ent-

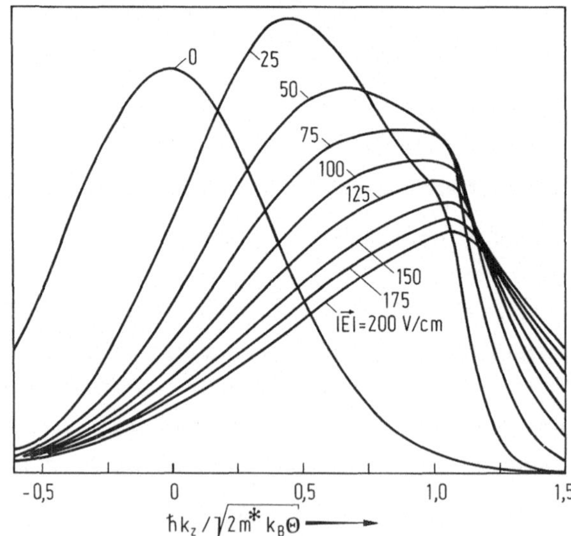

Abb.4.6/3. Berechnete Verteilungsfunktionen heißer Elektronen in InSb
bei T = 77 K längs der k_z-Achse in Abhängigkeit von $\hbar k_z/\sqrt{2m^* k_B \Theta}$
für verschiedene Werte der elektrischen Feldstärke, nach [4.4].

lang der Achse der Zylindersymmetrie, die durch die Richtung des
elektrischen Feldes gegeben ist, dargestellt. Für verschwindende elek-

trische Feldstärke ergibt sich die zur Gittertemperatur gehörige Maxwell-Verteilung. Für 25 V/cm ist das Maximum der Vf angewachsen, da die Elektronen durch die Emission optischer Phononen auf die Umgebung der Zylinderachse (k_z) konzentriert werden. Eine ausgeprägte Änderung des Abfalls tritt an der Stelle auf, in der die Emission optischer Phononen einsetzt ($\hbar^2 k_z^2 \approx 2\,m^* k_B \Theta$). Der schwächere Abfall unterhalb dieser Debye-Kante zeigt an, daß die Elektronen dort stärker aufgeheizt werden, da kein Mechanismus für die Energieabgabe an das Gitter vorhanden ist. Dieser Knick in der Vf wird für höhere Feldstärke immer stärker ausgeprägt, was den wachsenden Einfluß der Emissionsprozesse widerspiegelt. Hier zeigt sich ganz klar, daß eine gedriftete Maxwell-Verteilung ungeeignet ist, die tatsächlichen Verhältnisse wiederzugeben. Für Feldstärken über 80 V/cm hat das Maximum die Debye-Kante erreicht und bleibt dort. Es ist typisch, daß das Maximum der Vf in eine Grenzfläche des $\vec{k}$-Raumes fällt, wo ein zusätzlicher starker Streuprozeß einsetzt. Bei weiter wachsender Feldstärke erkennt man nun eine beträchtliche Aufheizung auch oberhalb der Debye-Kante, die schließlich zum "inneren Durchbruch" führt. Diese äußert sich in InSb in einem Lawinendurchbruch, da auf Grund des schmalen verbotenen Energiebandes (etwa 0,2 eV), die zur Paarerzeugung nötige Energie beträchtlich geringer ist als jene, die für eine Umbesetzung in höhere Minima des Leitungsbandes und damit für den Gunn-Effekt erforderlich wäre.

Aus den eben besprochenen Verteilungsfunktionen kann man die Driftgeschwindigkeit in Abhängigkeit von der elektrischen Feldstärke berechnen. In Abb. 4.6/4 stellt die Kurve 1 das Ergebnis der bisherigen Betrachtungen dar. Die gegenüber den Meßwerten (Meßpunkte in Abb. 4.6/4) bestehende Diskrepanz beruht auf der Wirkung der nicht parabolischen Bandstruktur und der Coulomb-Streuung. Die Nichtparabolizität drückt wegen der höheren effektiven Masse bei großer Elektronenenergie die Driftgeschwindigkeit bei hohen Feldern (2), während bei kleinen Feldern vor allem die Coulomb-Streuung wirksam wird. Die Berücksichtigung beider Effekte (3) ergibt ausgezeichnete Übereinstimmung mit der Messung [4.42].

Für die technische Anwendung sind in Hinblick auf den Gunn-Effekt die Verteilungsfunktionen in n-GaAs bei 300 K Gittertemperatur von großem Interesse. Betrachten wir nochmals die totalen Streuraten in

Abb. 4.3/4. Bereits in Abschn. 4.3 haben wir uns mit dem Einsetzen
der polaren Emission optischer Phononen (λ_{poe}) bei der Debye-Ener-
gie und mit der Abnahme der polaren Streuraten bei hoher Energie be-

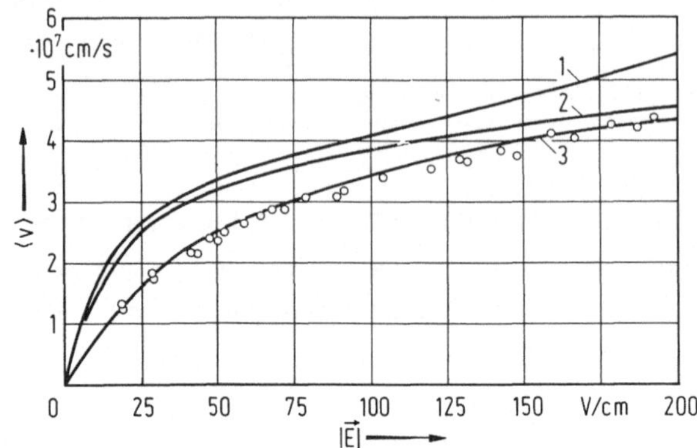

Abb. 4.6/4. Driftgeschwindigkeit in n-InSb bei T = 77 K in Abhängig-
keit von der Feldstärke $|\vec{E}|$ nach [4.4]. 1 Parabolische Bandstruk-
tur, $N_i = 0$, $m^* = 0,014\,m_0$; 2 nichtparabolische Bandstruktur, $N_i = 0$,
$m^* = 0,012\,m_0$ im Γ-Talboden; 3 nichtparabolische Bandstruktur,
$N_i = 4 \cdot 10^{14}\,cm^{-3}$, $n = 10^{14}\,cm^{-3}$.

faßt. Weiters haben wir erkannt, daß die nicht äquivalente Zwischen-
talstreuung durch Absorption ($\lambda_{\Gamma Xa}$) und Emission ($\lambda_{\Gamma Xe}$) von Zwischentalphononen bei einer Energie einsetzt, die etwa der Energiedif-
ferenz zwischen dem zentralen Γ-Tal und den Hochtälern $\Delta_{\Gamma X}$ (Abb.
4.3/5) entspricht. Die in den folgenden Abbildungen dargestellten Ergebnisse einer Monte Carlo-Rechnung [4.6] spiegeln die genannten
Effekte wider.

Abb. 4.6/5 zeigt schematisch die Form der resultierenden Vf heißer
Elektronen für eine Feldstärke von 15 k Vcm^{-1}. Die ausgezogene Kurve stellt die Verteilung in der k_z-Achse dar, die strichpunktierte Kurve gilt für $k_z = 0$ in Richtung normal zur angelegten Feldstärke E_z.
Zum Vergleich ist gestrichelt und verkleinert die zur Gittertemperatur gehörige Maxwell-Verteilung eingetragen. Ähnlich wie in Abb.
4.6/3 tritt eine Änderung des Abfalls entlang der k_z-Achse auf, die
hier vom Einsetzen der Zwischentalstreuung herrührt. Unterhalb des
Einsatzpunktes dieser Streuprozesse zeigt der schwache Anstieg eine
starke Aufheizung der Elektronen an. Das Maximum der Vf liegt bei
viel kleineren Energien, und zwar wieder in der Nähe der Debye-Kan-

270

te. Die Transversalverteilung zeigt Nebenmaxima in der Umgebung von $E = \Delta_{\Gamma X}$. Man kann hier von einer Inversion sprechen, da in einem gewissen Bereich Zustände höherer Energie stärker besetzt sind als solche niederer Energie.

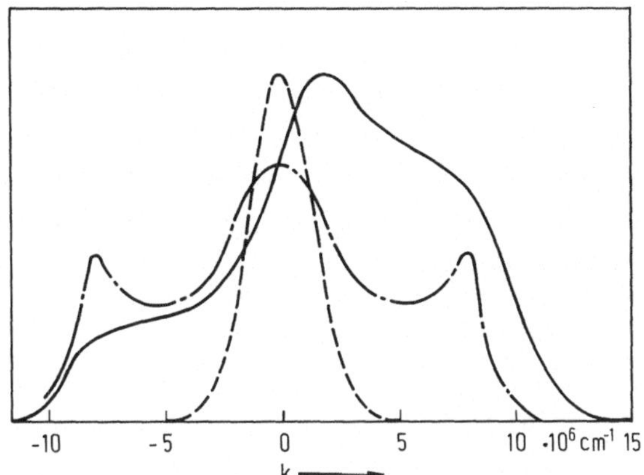

Abb. 4.6/5. Schematische Darstellung der Vf im Γ-Tal von GaAs bei einer Feldstärke von etwa 15 kVcm^{-1}: Die ausgezogene Kurve stellt die Vf in der k_z-Achse dar, die strichpunktierte gilt für $k_z = 0$ normal zur Feldrichtung. Die gestrichelte Kurve ist die (verkleinert dargestellte) Gleichgewichtsverteilung für $T = 300$ K (Abb. 5 in [4.6]).

Die Ursache wird durch Abb. 4.6/6 erläutert. Die Rückstreuung aus den X-Tälern in das Γ-Tal erzeugt eine Gleichverteilung der Impuls-

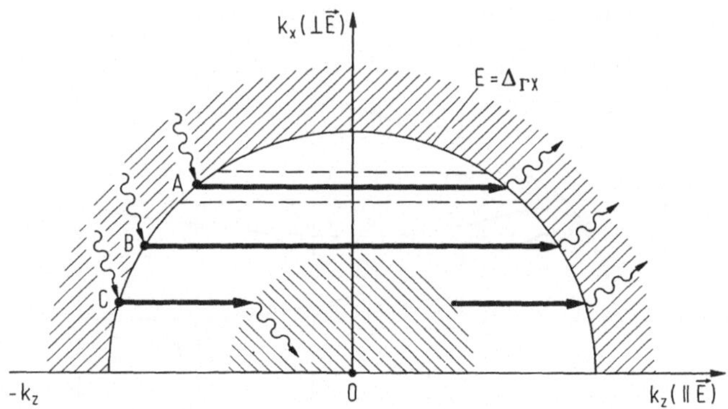

Abb. 4.6/6. Schematische Darstellung der Elektronenbahnen im k-Raum. Die innere schraffierte Zone stellt den Bereich starker polar optischer Streuung dar. In der äußeren schraffierten Zone herrscht starke nichtäquivalente Zwischentalstreuung. Ein nach A rückgestreutes Elektron durchquert das Innere der Kugel $E = \Delta_{\Gamma X}$ mit großer Wahrscheinlichkeit ohne Streuprozeß, während das Elektron C polar optische Streuungen erleiden wird (Abb. 6 in [4.6]).

richtung der Elektronen bei nur geringfügiger Änderung ihrer Energie.
Die rückgesteuerten Elektronen sind daher etwa gleichmäßig über die
eingezeichnete Kugelfläche verteilt. Da die polare Streuung bei hohen
Energien weniger wirksam ist, wird beispielsweise das Elektron A
mit großer Wahrscheinlichkeit ungestreut auf der eingezeichneten Geraden parallel zur Feldrichtung die Kugel durchqueren, während für
das Elektron C polare Streuprozesse wahrscheinlich sind. Die Elektronendichte wird nun in jener Zone am größten sein, in der die "Bahnen" im k-Raum parallel zur Feldrichtung nahezu tangential zur Kugelfläche E = $\Delta_{\Gamma X}$ (Energiedifferenz zwischen Γ und X-Tälern) liegen,
woraus sich die Inversion ergibt.

Ein wesentliches Ergebnis dieser Rechnungen stellt die Abhängigkeit
der Driftgeschwindigkeit von der elektrischen Feldstärke dar, weil sie
bei der Dimensionierung von Bauelementen, die auf dem Gunn-Effekt
beruhen, verwendet wird. Man erhält sie gemäß

$$\langle v \rangle = \frac{n_\Gamma \langle v \rangle_\Gamma + n_X \langle v \rangle_X}{n_\Gamma + n_X} \qquad (4.6/21)$$

als gewogenes Mittel der Driftgeschwindigkeiten im Γ-Tal und in den
X-Tälern unter Verwendung der Besetzung n_Γ, n_X dieser Täler.

Abb. 4.6/7 zeigt, daß $\langle v \rangle_\Gamma$ von der Stärke der Zwischentalstreuung
entscheidend abhängt. Letztere wird durch die bereits in Abschn. 4.3

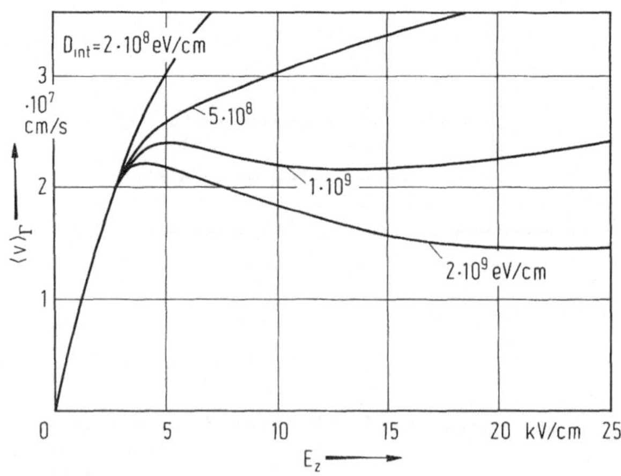

Abb. 4.6/7. Driftgeschwindigkeit $\langle v \rangle_\Gamma$ im Γ-Tal als Funktion der elektrischen Feldstärke, (Abb. 10 in [4.6]).

erwähnte Koppelkonstante D_{int} gekennzeichnet. Stärkere Zwischentalstreuung führt zu Sättigung der Driftgeschwindigkeit im Γ-Minimum
($D_{int} = 1 \cdot 10^9$ eV/cm) und schließlich sogar zu einem fallenden Ast
($D_{int} = 2 \cdot 10^9$ eV/cm).

Ebenso drastisch wirkt sich D_{int} auf die relative Besetzung der X-Täler $n_X/(n_\Gamma + n_X)$ aus, die Abb. 4.6/8 zeigt. Bei schwacher Zwischen-

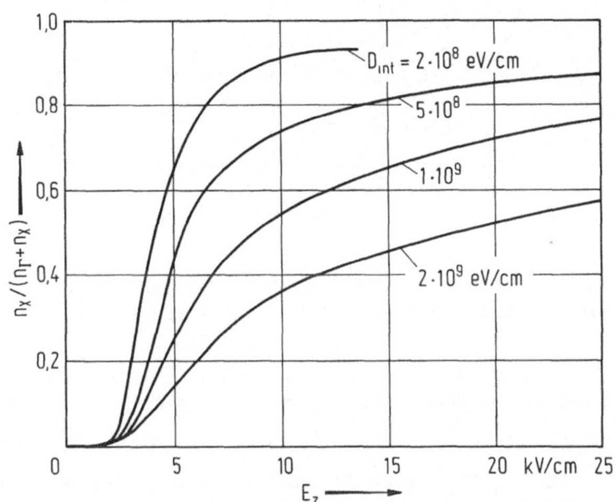

Abb. 4.6/8. Relative Besetzung $n_X/(n_\Gamma + n_X)$ der Hochtäler als Funktion der elektrischen Feldstärke (Abb. 11 in [4.6]).

talstreuung wird die Aufheizung des Γ-Tales durch das Vorhandensein
der X-Täler nur wenig gestört, wodurch die rapide Umbesetzung für
$D_{int} = 2 \cdot 10^8$ eV/cm zu erklären ist. Bei starker Zwischentalstreuung
hingegen erhöht sich die Elektronentemperatur im Γ-Tal nur allmählich
mit wachsender Feldstärke und die Umbesetzung wächst entsprechend
geringfügig.

Die beiden geschilderten Einflüsse der Zwischentalstreuung haben auf
die gemittelte Driftgeschwindigkeit entgegengesetzte Wirkung, so daß
die in Abb. 4.6/9 dargestellten Kennlinien nicht sehr stark von D_{int} abhängen. Durch Vergleich mit experimentell ermittelten Kennlinien ergibt sich für GaAs $D_{int} \approx 1 \cdot 10^9$ eV/cm.

Was kann man daraus für die Wahl eines optimalen Materials für Gunn-
Effekt-Bauelemente lernen? Der Wirkungsgrad für die Konversion von

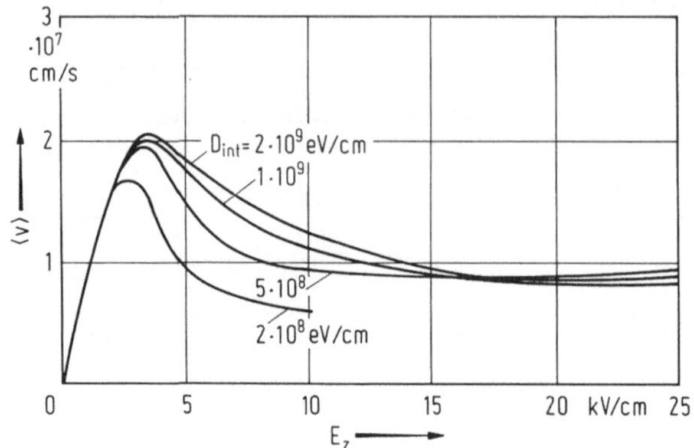

Abb. 4.6/9. Mittlere Driftgeschwindigkeit $\langle v \rangle$ nach Gl. (4.6/21) als
Funktion der elektrischen Feldstärke (Abb. 9 in [4.6]).

Gleichstromleistung in Hochfrequenzleistung durch einen Gunn-Oszil-
lator hängt vor allem vom Verhältnis zwischen Maximum und Minimum
der Driftgeschwindigkeit ("peak-to-valley-ratio") ab [4.43]. Abb. 4.6/9
zeigt, daß man dieses Verhältnis selbst dann nicht wesentlich ändern
könnte, wenn man Materialien mit verschiedenem D_{int} zur Verfügung
hätte, weil für hohe Kopplungskonstanten zwar $\langle v \rangle_\Gamma$ einen günstigen
(fallenden) Verlauf aufweist, jedoch die ebenfalls günstige abrupte Umbesetzung nur für schwache Kopplung auftritt.

Einen Ausweg haben Hilsum und Mitarbeiter [4.44] mit dem Konzept
des "Dreiniveau-Oszillators" gezeigt. Wenn ein Material mit zwei
Sorten von Hochtälern gefunden werden kann, so daß die energetisch
niedriger liegenden schwach, die höher liegenden stark mit dem Γ-Tal
gekoppelt sind, dann erfolgt eine abrupte Umbesetzung in die ersteren,
während die letzteren dafür sorgen, daß $\langle v \rangle_\Gamma$ nicht zu stark mit der
Feldstärke anwachsen kann, sondern eine Sättigung aufweist. Es gibt
Verbindungshalbleiter, die zwei Sorten von Hochtälern besitzen. So
liegen z. B. in InP L-Täler in einem Abstand $\Delta_{\Gamma L} \approx 0,6$ eV und X-Täler
in einem Abstand $\Delta_{\Gamma X} \approx 0,9$ eV über dem Zentraltal. Wäre $(D_{int})_{\Gamma L}$
viel kleiner als $(D_{int})_{\Gamma X}$, dann könnte mit diesem Material der Drei-
niveau-Oszillator realisiert werden. Ob dies wirklich zutrifft, ist der-

274

zeit noch nicht entschieden. Jedenfalls stellen die eingeleiteten Untersuchungen an InP ein weiteres Beispiel für die in Abschn. 1. 9 erwähnte Methode des "Band Structure Engineering" dar, d. h. eine Suche
nach Halbleitermaterialien, die für eine bestimmte Anwendung die
günstigste Bandstruktur haben.

Außer dem Wirkungsgrad ist auch die Grenzfrequenz von Gunn-Effekt-
Bauelementen von großem Interesse. Einen ersten rohen Hinweis liefert die Energierelaxationszeit $\bar{\tau}_\varepsilon$ der Elektronen im Γ-Tal. So ist z. B.
für GaAs bei Zimmertemperatur $\omega\bar{\tau}_\varepsilon \approx 1$ für etwa 100 GHz [4.41], so
daß man ungefähr dort die Grenzfrequenz vermuten könnte. Dies wurde
zunächst durch eine Berechnung der Sprungantwort der Vf mit Hilfe der
iterativen Methode [4.45] bestätigt.

Als Beispiel für die dabei gewonnenen Ergebnisse zeigt Abb. 4.6/10 die
Driftgeschwindigkeiten $\langle v\rangle_\Gamma$, $\langle v\rangle_X$ und ihren Mittelwert $\langle v\rangle$ sowie die

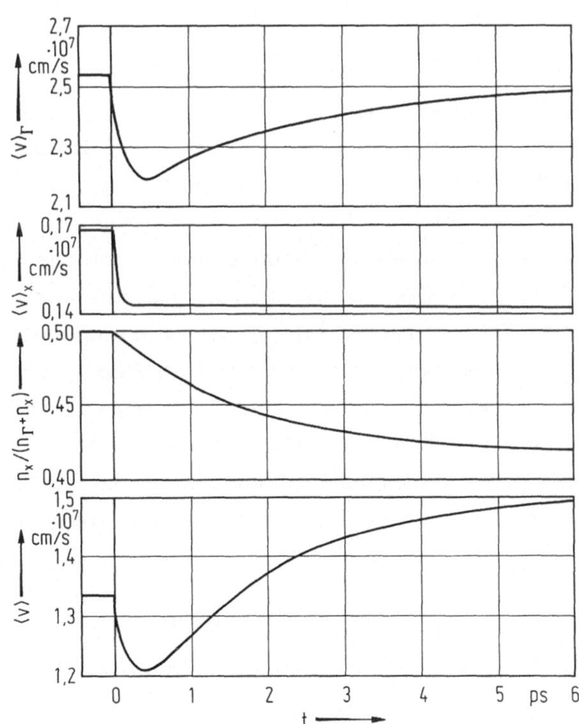

Abb. 4.6/10. Für Leitungselektronen in GaAs berechnete Driftgeschwindigkeiten $\langle v\rangle_\Gamma$, $\langle v\rangle_X$ und ihr Mittelwert $\langle v\rangle$ sowie die relative Besetzung der Hochtäler $n_X/(n_\Gamma + n_X)$ in Abhängigkeit von der Zeit nach einem Feldstärkesprung von 6 kVcm^{-1} auf 5 kVcm^{-1} (Abb. 2 in [4.45]).

Besetzung n_X der Hochtäler in Abhängigkeit von der Zeit nach einem Sprung der elektrischen Feldstärke von 6 kV/cm auf 5 kV/cm. Das sofortige Reagieren der Hochtalgeschwindigkeit beruht auf der Stärke der Streuprozesse (kurze Relaxationszeiten) der Elektronen in den X-Minima. Im Zentraltal hingegen gibt es, wie durch Abb. 4.6/6 erläutert wurde, einen Bereich sehr schwacher Streuung (Elektron A). Deshalb erfolgt die Energierelaxation langsam, d.h. die Energieverteilung dieser Elektronen benötigt einige Pikosekunden, um sich dem neuen Wert des elektrischen Feldes anzupassen. Deshalb stellt sich auch der neue Wert der Besetzung n_X so langsam ein. Der anfängliche Abfall von $\langle v \rangle_\Gamma$ entspricht der Impulsrelaxationszeit, der anschließende langsame Anstieg der Energierelaxationszeit. Die mittlere Driftgeschwindigkeit v ergibt sich gemäß Gl. (4.6/21) aus den übrigen Größen. Erst nach 1,7 ps erreicht sie ihren Ausgangswert; d.h. daß für Vorgänge, die innerhalb von weniger als 1,7 ps ablaufen, ein negativer Widerstand überhaupt nicht wirksam werden kann.

Die weiteren Arbeiten zeigten jedoch, daß die Annahme eines räumlich homogenen elektrischen Feldes unzureichend ist. Deshalb wurde die iterative Methode zur Lösung der Boltzmann-Gleichung in solcher Weise erweitert, daß nicht nur die Zeitabhängigkeit, sondern auch die Ortsabhängigkeit der Vf berücksichtigt werden kann [4.46]. Dabei wird, ähnlich wie dies im Kap. 2 für quantenmechanische Eigenfunktionen angewandt wurde [vgl. z.B. Gl. (2.2/8)], die (im vorliegenden Falle nichtstationäre) Vf nach einem System von stationären Verteilungsfunktionen zu verschiedenen ausgewählten Werten der elektrischen Feldstärke entwickelt. Die Ergebnisse zeigen Relaxationserscheinungen, die im räumlich homogenen Fall nicht auftreten [4.47]. Ein wesentliches Ergebnis der erweiterten Methode besteht darin, daß erst die Simulation des gesamten Bauelementes technisch relevante Daten liefert.

4.6.4 Heiße Elektronen in Elementhalbleitern

Die komplizierte Bandstruktur der Elementhalbleiter Ge und Si macht ihre getrennte Betrachtung erforderlich.

Darüber hinaus ist zu berücksichtigen, daß insbesondere die optischen Phononen wegen der gleichen Ladung aller Gitterbausteine keine Oszillation molekularer Dipole hervorrufen und somit die Wirkungsquerschnit-

te mit Phononen sich von denen polarer Halbleiter unterscheiden. Es ist
daher lehrreich zunächst einen hypothetischen Halbleiter heranzuziehen,
der eine sphärische und parabolische Eintalstruktur aufweist. Entsprechende Monte-Carlo-Berechnungen wurden von Jacobini und Reggiani
[4.46a] durchgeführt. Als Streumechanismus wurden akustische und
nichtpolare optische Phononen berücksichtigt. Die verwendeten Konstanten entsprachen etwa denen schwerer Löcher in Germanium, so
daß die Resultate in guter Näherung mit diesem experimentell genau untersuchten Fall verglichen werden können. Ergebnisse für die mittlere
Energie, die Driftgeschwindigkeit und den Diffusionskoeffizienten finden
sich in Abb.4.6/11 für Zimmertemperatur und für 8 K.

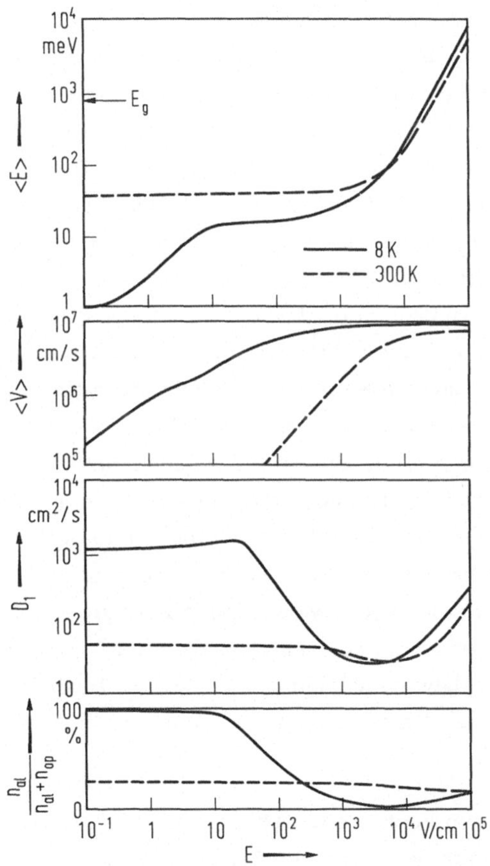

Abb.4.6/11. Phononenwechselwirkung in Elementhalbleitern (Eintal-
Modell). a) mittlere Elektronenenergie x E x; b) mittlere Driftgeschwindigkeit < v > ; c) longitudinaler Diffusionskoeffizient D_1;
d) Anteil von Stößen mit akustischen Phononen (E_g Bandabstand).

Bei der Diskussion ist es zweckmäßig mit der tiefen Temperatur zu beginnen: In der Energie erkennt man deutlich 4 verschiedene Bereiche. Für kleine Feldstärken ($< 0,2$ V/cm) bleibt die mittlere Energie zunächst konstant auf dem Wert, der der thermischen Gitterenergie entspricht. Dieser Bereich ist durch einfaches Ohmsches Verhalten gekennzeichnet. Im anschließenden Gebiet bis etwa 10 V/cm ist nur die akustische Phononenstreuung wirksam. Deshalb nehmen die Elektronen Energie aus dem Feld auf, wodurch der Anstieg der mittleren Energie verständlich wird. Die Abhängigkeit der Driftgeschwindigkeit von der Feldstärke ergibt sich mit $\sqrt{E}$. Diesen Zusammenhang hat Shockley bereits vor 40 Jahren angegeben und damit historisch die 1. Theorie warmer Elektronen aufgestellt. Damals war allerdings die Rolle optischer Phononen noch unbekannt, die im anschließenden 3. Bereich zwischen 10 und 1000 V/cm maßgebend wird. Er ist durch ein "strömendes Verhalten" gekennzeichnet, das durch die optische Deformationspotential-Streuung bewirkt wird. Die Emission der energetischen optischen Phononen verhindert ein weiteres Ansteigen der mittleren Energie der Ladungsträger. Gleichzeitig weist die Driftgeschwindigkeit ein Sättigungsverhalten auf und der Diffusionskoeffizient nimmt sogar deutlich ab. Letzteres kommt daher, weil bei einem "strömenden" Verhalten keine Diffusion zufolge thermischer Geschwindigkeit zu erwarten ist. Im 4. Bereich oberhalb 1000 V/cm schließlich bleibt zwar die optische Deformationspotentialstreuung dominant; sie ist jedoch nicht mehr in der Lage, die aus dem elektrischen Feld aufgenommene Energie der Ladungsträger an das Gitter abzuführen, so daß die Energie abermals mit der Feldstärke ansteigt. In diesem Bereich tritt die übliche wohlbekannte Sättigung der Driftgeschwindigkeit bei einem Wert nahe 10^7 cm/s auf. Der Diffusionskoeffizient steigt zufolge der wachsenden Energie der Ladungsträger an. Diese wachsende Energie führt schließlich zu massiver Stoßionisation, also zum Lawinendurchbruch. Das 4. Teilbild zeigt den Anteil der akustischen Streuprozesse und unterstreicht die dargelegten Erklärungen.

Betrachten wir nun noch die Ergebnisse für Zimmertemperatur (----). Dort erstreckt sich der Ohmsche Bereich bis weit über 1000 V/cm. Eine "strömende" Verteilung tritt überhaupt nicht mehr auf, sondern es kommt ab etwa 10000 V/cm zu der Sättigung der Driftgeschwindigkeit.

Nach diesen Betrachtungen über die Phononenwechselwirkung in Elementhalbleitern können wir nun zur Diskussion der Verhältnisse bei Mehrtal-Bandstrukturen übergehen.

Für n-Si spielen nur die 6 tiefsten äquivalenten Δ-Täler des Leitungsbandes eine Rolle; für n-Ge müssen hingegen außer den 4 L-Tälern auch die um 0,18 eV höher liegenden 6 Δ-Täler berücksichtigt werden, während das um nur 0,14 eV höher liegende Γ-Tal wegen seiner kleinen Zustandsdichte vernachlässigt werden kann. Während die Leitfähigkeit im schwachen Feld auf Grund der kubischen Symmetrie des Gitters isotrop ist, treten, wie in Abschn.1.8 gesagt, bei heißen Elektronen Anisotropien auf. Diese sind in n-Ge wegen des großen Unterschiedes zwischen longitudinaler und transversaler Masse ($K \approx 20$) besonders ausgeprägt. Bei tiefer Gittertemperatur kommt es dadurch sogar zu fallenden Kennlinien und begleitenden Instabilitäten [4.48].

Wie Abb.4.6/12 andeutet, ist auf Grund der Anisotropie für ein einzelnes Tal das elektrische Feld und die Stromdichte nicht parallel. Zerlegt man das Feld in die Komponenten parallel zu den Hauptachsen,

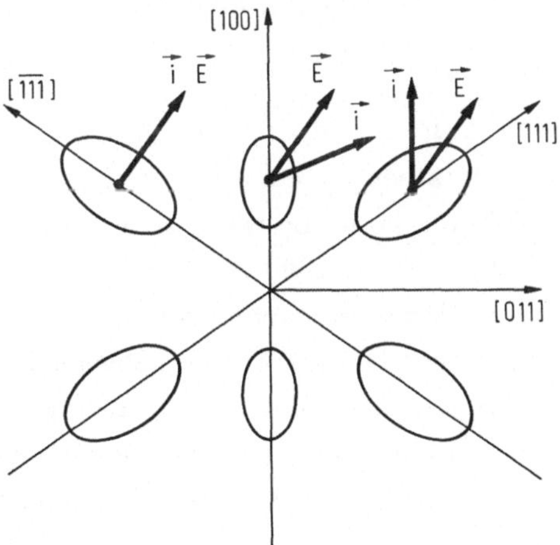

Abb.4.6/12. Schematische Darstellung der anisotropen L-Täler des Leitungsbandes von Ge. In jedem einzelnen Tal weicht die Richtung der Stromdichte i⃗ von der Richtung der elektrischen Feldstärke E⃗ ab.

dann liefert die Komponente parallel zur großen Achse der Ellipsoide konstanter Energie wegen der großen longitudinalen Masse nur eine

kleine Stromdichte. Daher ist die resultierende Stromdichte gegen die
Feldrichtung zur kleinen Achse des Ellipsoides hin verschoben. Allerdings heben sich die zur Feldrichtung transversalen Komponenten der
Stromdichte in den verschiedenen Tälern auf, wenn alle Täler gleich
stark besetzt sind. Die Gleichbesetzung gilt generell für schwache
Felder, für die Feldrichtung [100] jedoch auch bei großer Feldstärke, da alle L-Täler äquivalent sind.

Für ein Feld in [111]-Richtung ist hingegen diese Äquivalenz aufgehoben. Im [111]-Tal ist die große longitudinale Masse wirksam und es
fließt ein kleiner Strom; die drei übrigen Täler [11$\bar{1}$], [1$\bar{1}$1], [1$\bar{1}\bar{1}$]
sind äquivalent; ihre wirksame effektive Masse ist viel kleiner und
sie führen einen größeren Strom. Daraus ergibt sich, daß die Elektronen im ersteren Tal "kühler" bleiben, während die mittlere Elektronenenergie in den drei letzteren größer wird. Da die Wahrscheinlichkeit
für eine Zwischentalstreuung, die das Elektron aus einem heißen in
ein kühles Tal bringt, größer ist als für den gegenläufigen Prozeß,
erfolgt eine Umbesetzung von den heißen in die kühlen Täler. Somit
befinden sich in letzteren mehr Elektronen mit der kleineren Leitfähigkeit und die Gesamtleitfähigkeit wird kleiner als bei Gleichverteilung.
Stromdichte und Driftgeschwindigkeit sind somit für die [100]-Richtung
größer als für die [111]-Richtung.

Die hierdurch hervorgerufene Anisotropie hängt von der Stärke der
äquivalenten Zwischentalstreuung ab. Die Differenzen in der Elektronentemperatur können sich ja um so weniger ausbilden, je stärker die
Zwischentalstreuung ist. Da die Zahl der für die Absorption durch
Elektronen verfügbaren Zwischentalphononen mit wachsender Gittertemperatur zunimmt, wird die Anisotropie schwächer. Sie erreicht
bei Zimmertemperatur nur etwa 20 %, bei 77 K hingegen bereits 50%.
Aus ähnlichen Gründen nimmt sie bei sehr hoher Feldstärke wieder
ab und durchläuft somit in Abhängigkeit von der Feldstärke ein Maximum.

Fließt der Strom nicht in der Richtung einer kristallographischen Sym-
metrieachse, dann weicht die Feldrichtung von der Stromrichtung ab.
Dieser von Shibuya vorausgesagte und von Sasaki gefundene Effekt [4.2]
wird durch den dominierenden Beitrag des kühlsten und daher am stärksten besetzten Tales zur Leitfähigkeit bewirkt. Wegen der ungleichen

Besetzung kompensiert sich die Anisotropie der Täler nicht, sondern
es bleibt im wesentlichen ein unkompensierter Rest der Anisotropie des
kühlsten Tales übrig. Abb.4.6/13 [4.49] zeigt die relative Größe der
zur Stromrichtung transversalen Komponente E_T des elektrischen Feldes in Abhängigkeit von dem Winkel φ zwischen der Stromrichtung und
der [100]-Richtung. Die Transversalkomponente verschwindet nur für
die drei Symmetrierichtungen [100] ($\varphi = 0$), [011] ($\varphi = 90^{\circ}$) und [111]
($\varphi = 54,5^{\circ}$).

Die starke Umbesetzung von den heißen in die kühlen Täler in n-Ge
führt bei kleiner Gittertemperatur sogar zu einem fallenden Ast der

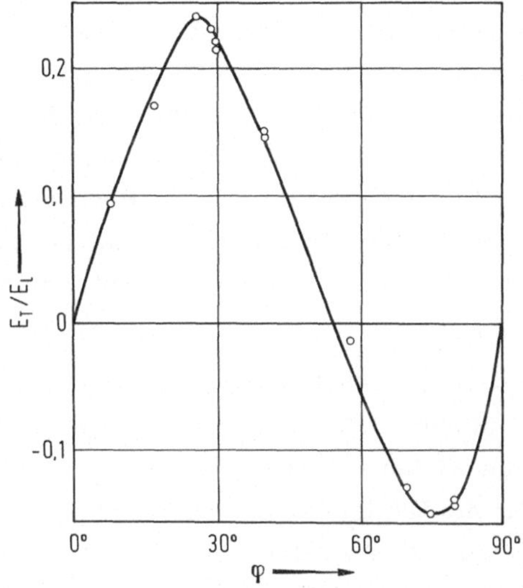

Abb.4.6/13. Relative Größe der zur Stromrichtung transversalen
Feldkomponente E_T/E_L in Abhängigkeit von Winkel φ zwischen der
in einer (011)-Ebene gelegenen Stromrichtung und der [100]-Richtung
(Abb.30b in [4.49]).

Strom-Spannungs-Kennlinie in [111]-Richtung [4.48]. Hingegen ist
der fallende Ast der Kennlinie in [100]-Richtung, der für Feldstärken
von mehr als 1 kV/cm und Gittertemperaturen unter 150 K beobachtet
wurde [4.50] wahrscheinlich auf eine Umbesetzung von den L-Tälern
in die Δ-Täler zurückzuführen, wobei auch die Nichtparabolizität der
L-Täler beitragen könnte.

Schließlich tritt eine weitere Art negativer differentieller Leitfähigkeit
für heiße Elektronen in Kombination mit dem in Abschn.1.8 besproche-

nen Piezowiderstandseffekt auf. Ein uniaxialer Druck in [111]-Richtung
z.B. senkt die Energie des [111]-Tales im Vergleich zu den übrigen
L-Tälern ab, so daß das erstere wesentlich stärker besetzt ist. Dann
wirkt für ein Feld senkrecht zur [111]-Richtung nur die kleine transversale Masse; somit ist die Beweglichkeit groß und es tritt eine ra-
sche Aufheizung ein. Letztere führt zur Umbesetzung in die übrigen
L-Täler, die für die gegebene Feldrichtung eine größere effektive Masse haben. Auch dabei erhält man eine negative differentielle Leitfähigkeit [4.48].

Für p-Ge ist auf Grund der besonderen Bandstruktur eine der wenigen
direkten experimentellen Bestimmungen der Energieverteilung heißer
Ladungsträger gelungen [4.51]. Da durch vertikale Übergänge im $E(k)$-
Diagramm schwere Löcher in das leichte Löcherband gelangen, wenn sie
ein Photon absorbieren, kann man durch Studium der Infrarotabsorption
auf die Besetzung der Valenzbänder rückschließen. Es ergab sich für
77 K eine stark "strömende" Vf, die sich durch eine kräftige optische
Deformationspotentialstreuung erklären läßt. Rechnungen mit der iterativen Methode nach Budd [4.52] und mit der Monte Carlo-Methode
nach Kurosawa [4.53] führten zu guter Übereinstimmung mit dem Experiment.

Die Erscheinungen in Si sind ähnlicher Natur wie in Ge. Allerdings ist
die Anisotropie der effektiven Masse wesentlich geringer: $K = m_l/m_t \approx 5$
[4.2]. Auch fehlt die Wirkung nichtäquivalenter Hochtäler. Daher tritt
ein fallender Ast für die Driftgeschwindigkeit der Elektronen in Abhängigkeit von der elektrischen Feldstärke nur in [100]-Richtung, nicht
aber in [111]-Richtung auf [4.54]. Die entsprechenden Kurven für die
Löcher zeigen in beiden Richtungen bei sehr tiefer Gittertemperatur eine
plateauartige Struktur bei etwa 100 V/cm [4.55], wofür die in Abschn.
4.4 erwähnte Nichtparabolizität des schweren Löcherbandes verantwortlich ist, die durch die geringe Spin-Abspaltung (0,044 eV) des dritten
Teilbandes hervorgerufen wird. Die Verwerfungen des Löcherbandes
bewirken eine entsprechende Anisotropie, die für die Gittertemperaturen 300 K und 77 K in **Abb.4.6/14** dargestellt ist [4.55].

Abschließend sei bemerkt, daß Löcher und Elektronen in Si und auch
in anderen Substanzen trotz des Unterschiedes ihrer Beweglichkeiten
bei 300 K Gittertemperatur zu etwa gleichen Werten der Sättigungsgeschwindigkeit nahe $1 \cdot 10^7$ cm/s tendieren. Umso mehr gilt dies für

282

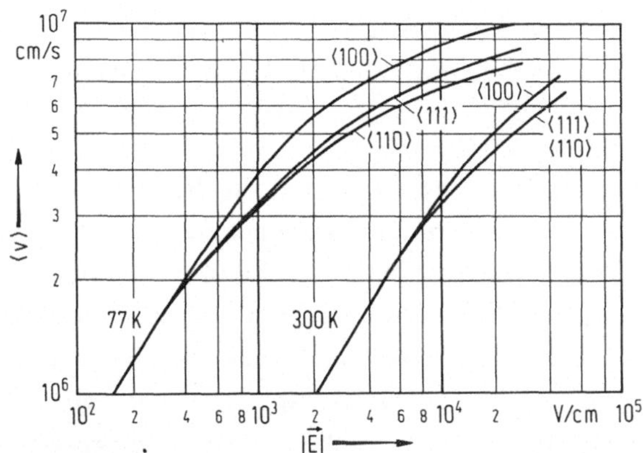

Abb.4.6/14. Driftgeschwindigkeit der Löcher in Si bei T = 77 K und
T = 300 K als Funktion eines elektrischen Feldes in [100]-, [111]-,
und [110]-Richtung; [4.55].

Proben verschiedener Dichte N_i geladener Störstellen, da die Coulomb-
Streuung in hohen elektrischen Feldern ihre Wirkung verliert.

4.6.5 Stoßionisation

Wenn ein Ladungsträger die Ionisierungsenergie E_i erreicht, dann
kann er seine Energie unter Bildung eines Elektron-Loch-Paares abgeben. Da es sich dabei nach Abb.3.3/7 um die Umkehrung des Auger-Effektes handelt, gilt für die Ionisationsenergie von Elektronen
$E_i = E_2' - E_c$ mit E_2' aus Gl.(3.3/26), also

$$E_i = (E_c - E_v) \frac{m_p^* + 2m_n^*}{m_p^* + m_n^*} . \qquad (4.6/22)$$

Der Wert des Bruches liegt zwischen 1 und 2 und fällt umso kleiner
aus, je leichter die Elektronen im Vergleich zu den Löchern sind. Für
$m_n^* = m_p^*$ erhält man $3(E_c - E_v)/2$. Im allgemeinen wird E_i für Elektronen und Löcher verschieden sein und für die leichteren Ladungsträger
den kleineren Wert annehmen. Da auch Phononen an dem Ionisationsprozeß beteiligt sein können, wodurch die Erfüllung des Impulssatzes er-
leichtert wird, sollten die Ionisierungsenergien noch niedriger liegen,
als Gl.(4.6/22) angibt, so daß man meist mit einem E_i rechnen kann,
das nur 10 % bis 20 % größer als der Bandabstand ist.

Prinzipiell sind für das Erreichen der Ionisierungsenergien zwei Extremfälle zu unterscheiden, zwischen denen die physikalische Realität liegt:

a) Im Modell von Shockley [4.56] erfolgt die Paarerzeugung durch jene Ladungsträger, die die Ionisierungsenergie ohne jede Emission optischer Phononen aufnehmen. Nimmt man eine konstante freie Weglänge l_p für die Phononenemission an, dann ist die Wahrscheinlichkeit dafür, daß ein Elektron eine Wegstrecke z ohne Emission eines optischen Phonons zurücklegt, durch $\exp(-z/l_p)$ gegeben. Da das Elektron innerhalb einer Laufstrecke z im homogenen Feld $\vec{E} = (0,0,-E_z)$, $E_z > 0$, die Energie $E = eE_z z$ aus dem elektrischen Feld aufnimmt, ist die Wahrscheinlichkeit w für das Erreichen der Ionisationsenergie

$$w = \exp\left(-\frac{E_i}{e\,E_z\,l_p}\right).$$

Nimmt man weiter an, daß l_i die freie Weglänge für den Ionisationsprozeß eines Elektrons mit $E > E_i$ sei, dann wird der Bruchteil

$$\frac{1}{r} = \frac{\dfrac{1}{l_i}}{\dfrac{1}{l_i} + \dfrac{1}{l_p}} \approx \frac{l_p}{l_i} \quad \text{für} \quad l_i \gg l_p$$

der hochenergetischen Elektronen Paare erzeugen, während $1 - 1/r$ durch Phononenemission verlorengeht.

Wir wollen nun die durch Stoßionisation bedingte Generationsrate berechnen. Unter der Voraussetzung thermischen Gleichgewichtes wurde sie in Gl. (3.3/13) als Ionisationsrate pro Zeiteinheit $g_a n$ angesetzt, wobei das Elektron die notwendige Energie durch Stoßprozesse mit anderen Partnern aufnahm. Hier wollen wir sie entsprechend einer felderzwungenen Ionisation in der Form

$$G_{an} = \alpha_n n |\langle v_n \rangle|, \quad G_{ap} = \alpha_p p |\langle v_p \rangle| \qquad (4.6/23)$$

(vgl. auch Gl. (7/56) in Band 1 dieser Buchreihe) schreiben, wobei die Ionisationsrate α_n bzw. α_p als die Zahl der pro Längeneinheit durch ein primäres Elektron bzw. Loch erzeugten Paare definiert ist. Aus obigen Überlegungen erhalten wir die Ionisationsrate mit Hilfe einer Energiebilanz: Auf der Strecke $1/\alpha_n$ erzeugt das Primärelektron im Mittel ein Paar und verliert dabei E_i. Nun verhält sich aber die Wahrscheinlichkeit für Phononenemission zu der für Ionisation wie

$$\frac{1 - \frac{1}{r}}{\frac{1}{r}\,w} \approx \frac{r}{w} \quad (\text{für } r \gg 1),$$

so daß für jeden Ionisationsprozeß im Mittel r/w Phononen der Energie $\hbar\omega_o$ erzeugt werden. Daher verteilt sich die vom Primärelektron im Mittel aus dem Feld aufgenommene Energie eE_z/α_n auf optische Phononen und Paarerzeugung gemäß

$$\frac{eE_z}{\alpha_n} = \frac{r}{w}\,\hbar\omega_o + E_i \; .$$

Durch die Annahme $r \gg 1$ wird dies zu $r\hbar\omega_o/w$, woraus man

$$\alpha_n = \frac{e\,E_z}{r\hbar\omega_o}\,\exp\left(-\,\frac{E_i}{eE_z l_p}\right) \qquad (4.6/24a)$$

erhält.

Daß dieses Modell eine sehr grobe Vereinfachung darstellt, geht schon daraus hervor, daß die Energie optischer Phononen klein gegen die Ionisationsenergie ist, weshalb die Emission eines einzigen Phonons die Energieaufnahme des Ladungsträgers aus dem Feld nicht völlig unterbricht. Dabei kommt es wesentlich auf die Winkelverteilung bei der Phononenstreuung an. Wird nämlich das Elektron in jene Hälfte des $\vec{k}$-Raumes gestreut, in der es durch die Feldwirkung Energie abgibt, statt solche aufzunehmen, dann scheidet es für die Ionisation tatsächlich so lange aus, bis es wieder in die andere Hälfte des $\vec{k}$-Raumes eingedrungen ist.

Dennoch zeigt sich, daß die Feldabhängigkeit der Ionisationsraten gemäß Gl. (4.6/24a) sich gut zur Darstellung von Meßergebnissen eignet. Für Ionisationsenergien in der Größenordnung der Energielücke und freie Weglängen l_p zwischen 10^{-7} cm und 10^{-6} cm erhält man qualitativ vernünftige Ergebnisse. Eine quantitative Theorie der Ionisationsraten läßt sich hingegen nur mit Hilfe der Vf heißer Elektronen und unter Benützung der Boltzmann-Gleichung durchführen. Dem Shockley-Modell liegt offensichtlich eine "strömende" Verteilung bei hoher Elektronenenergie zugrunde; die $\vec{k}$-Vektoren liegen praktisch alle parallel zur Feldrichtung.

b) Im Gegensatz dazu beruht das ältere Modell von Wolff [4.57] auf der Annahme, daß jeder Ladungsträger vor Erreichen der Ionisierungsenergie eine große Anzahl von Streuungen durch optische Phononen erfährt. In nicht polaren Halbleitern wird dadurch die Impulsrichtung gelöscht, so daß der mittlere Impuls (Driftimpuls) der Elektronen trotz starker Aufheizung klein bleibt. Dies führt unmittelbar zur Diffusionsnäherung für die Vf. Die zugehörige Abhängigkeit der Ionisationsrate von der Feldstärke kann man auch aus den Bilanzgleichungen gewinnen, die für akustische und optische Deformationspotentialstreuung auf $T_e \sim E_z^2$ geführt haben. Da die Vf nur schwach anisotrop ist, läßt sie sich gut durch $\exp\{- E/k_B T_e\}$ annähern, so daß die Zahl energiereicher Ladungsträger ($E > E_i$) und die Ionisationsrate proportional $\exp\{- E_i/(k_B T_e)\}$ wird. Unter Einführung einer Konstanten E_{zi} mit der Dimension einer elektrischen Feldstärke kann man daher schreiben

$$\alpha = \alpha_\infty \exp\left\{-\left(\frac{E_{zi}}{E_z}\right)^2\right\}. \qquad (4.6/24\text{b})$$

Im Rahmen einer Theorie, die weder die Diffusionsnäherung noch eine strömende Verteilung voraussetzt, erhält Baraff das Ergebnis von Shockley als Grenzfall für $|e E_z l_p| \lesssim \hbar \omega_o$, also für schwache Felder bzw. geringe freie Weglänge l_p, während sich für $|e E_z l_p| \gg \hbar \omega_o$ als Grenzfall Gl. (4.6/24b) ergibt [4.58].

Abb.4.6/15 zeigt die Anpassung von experimentell für Silizium ermittelten Daten [4.59] an die Theorie von Baraff. Auf der Abszisse ist das Argument der Exponentialfunktion in Gl. (4.6/24a) aufgetragen. Als Wert der Ionisationsenergie wurde 1,6 eV gewählt, doch lassen auch kleinere Werte eine gute Anpassung bei Veränderung von l_p zu. Für die Energie der optischen Phononen wurde 0,06 eV angenommen. Die freie Weglänge l_p fällt für Löcher ($4,4 \cdot 10^{-7}$ cm) merklich kleiner aus als für Elektronen ($6,9 \cdot 10^{-7}$ cm), woraus die wesentlich geringere Ionisation der Löcher in Silizium klar hervorgeht.

Abb.4.6/16 zeigt die Ionisationsraten der technisch wichtigsten Halbleiter bei 300 K Gittertemperatur (Abb.104 des Bandes 1 dieser Buchreihe). Neuere experimentelle Ergebnisse [4.60] weisen allerdings auf ein Überwiegen der Löcherionisation $\alpha_p > \alpha_n$ in GaAs hin. Eine möglichst genaue Kenntnis der Ionisationsraten ist z.B. in Hinblick auf die Lawinenlaufzeitdioden von größter Bedeutung.

Eine besondere Rolle spielen InAs und InSb wegen der starken Anisotropie der polar optischen Streuung. Sie führt zu einer strömenden Elektronenverteilung, wobei jedoch im Gegensatz zum Shockley-Modell die Elektronen vor Erreichen der Ionisationsenergie viele Kleinwinkelstreuungen durch polare Emission optischer Phononen erfahren und parallel zur Feldrichtung fokussiert werden. Nur die viel unwahrscheinlicheren Großwinkelstreuungen unterbrechen die Energieaufnahme der Elektronen aus dem Feld. Auf diesen Gedanken fußt die sehr einfache, für schwache Felder gültige Theorie, die Dumke [4.61] für diese Materialien entwickelt hat.

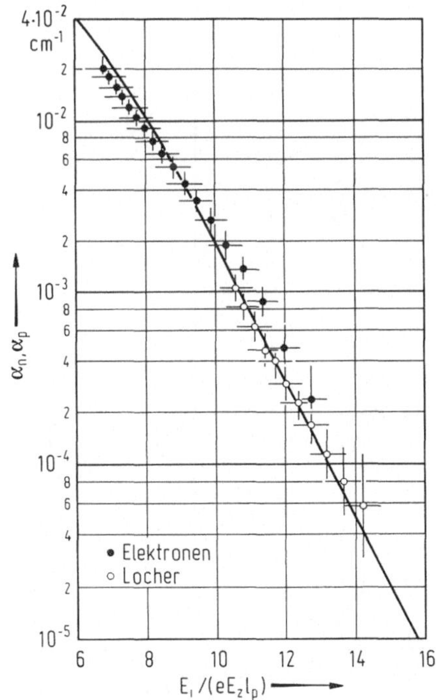

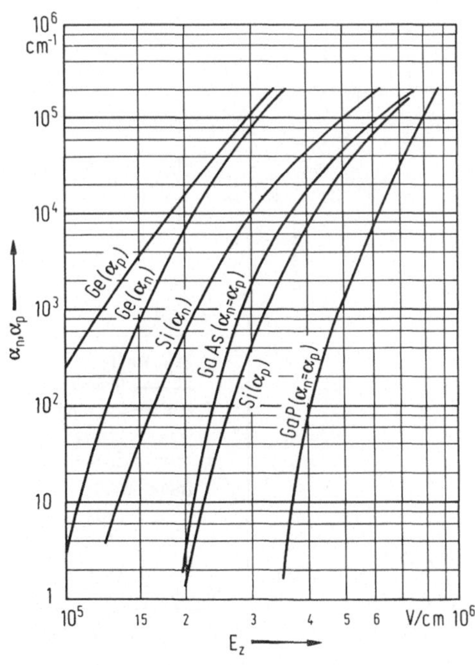

Abb.4.6/15. Anpassung experimentell ermittelter Ionisationsraten für Si an die Theorie von Baraff (Abb.14 in [4.59]).

Abb.4.6/16. Ionisationsraten technisch wichtiger Halbleiter bei T = 300 K als Funktion der Feldstärke (Abb.104 in Band 1 dieser Buchreihe.

In allen bisherigen Erörterungen zur Stoßionisation fehlt der Bezug auf eine realistische Bandstruktur. Für Silizium und Galliumarsenid wurden jedoch Monte-Carlo-Berechnungen der Stoßionisation unter Berücksichtigung der tatsächlichen Bandstruktur durchgeführt [4.63]. Für Silizium wurde dabei sowohl das X-Band als auch das L-Band berücksichtigt und sowohl X-X-Streuung als auch X-L-Streuung in die Rechnung einbezogen. Ein Problem solcher Berechnungen wird durch die großen Streuraten bei hohen Energien verursacht, die 10^{14} pro Sekunde erreichen. Dem entspricht zufolge der Unbestimmtheitsrelation eine Unsicherheit der Energie von etwa 100 meV.

Die Abb.4.6/17 zeigt die berechneten Resultate für Silizium in verschiedenen kristallographischen Richtungen verglichen mit experimentellen Daten verschiedener Autoren. Größere systematische Un-

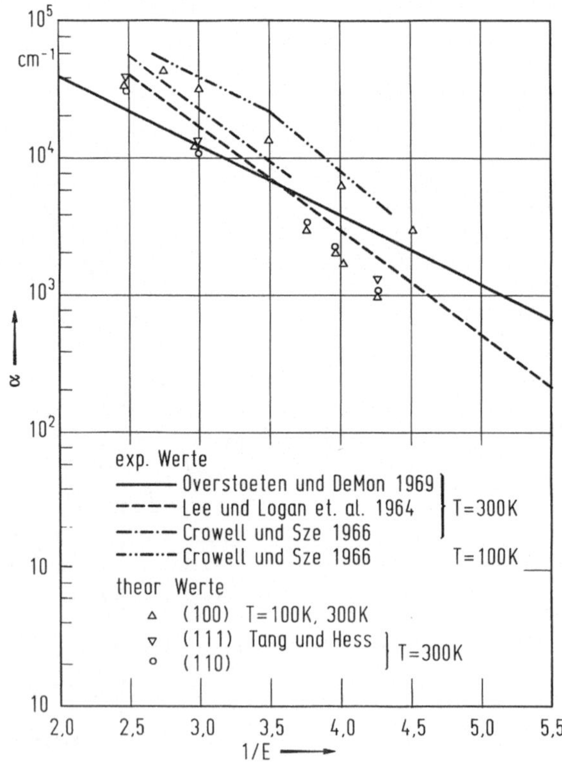

Abb.4.6/17. Elektron-Ionisationsraten α bei Silizium, aufgetragen gegen den Reziprokwert des elektrischen Feldes E in Abhängigkeit von Orientierung und Temperatur (nach [4.63]).

288

terschiede konnten dabei nicht gefunden werden. Hingegen wirkt sich
die Einbeziehung des höheren Leitungsbandes sehr wohl auf die Ergebnisse aus und ist ausschlaggebend für die gefundene Übereinstimmung
mit den Experimenten.

4.6.6 Transport in kleinen Strukturen

Bekanntlich ist die Miniaturisierung für elektronische Bauelemente
seit vielen Jahren von zentraler Bedeutung. Insbesondere gilt dies
für MOS-Schaltkreise und -Speicher, wo es darum geht, die durch
Miniaturisierung bedingten Effekte zu beherrschen und zu optimieren.
Hier wollen wir uns darauf konzentrieren, die in kleinen Strukturen
prinzipiell zu erwartenden Abweichungen vom bisher behandelten
Transportverhalten zu verstehen und zu werten. Diese treten dann
auf, wenn die Transitzeiten durch die kleinen Strukturen so klein sind,
daß ein stationärer Zustand nicht erreicht wird.

Als erstes Beispiel diene der unter der englischen Bezeichnung "velocity overshoot" bekannte Effekt. Um ihn prinzipiell zu erklären, neh-
me man an, daß ein Kollektiv von Elektronen zur Zeit $t = 0$ von einem bestimmten Ort startet. Diese Elektronen, die sich in einem
starken elektrischen Feld bewegen mögen, werden für sehr kurze
Zeit in Feldrichtung beschleunigt ohne gestreut zu werden. Sie erlangen somit eine große Driftgeschwindigkeit. Später werden in wachsendem Maß die bereits besprochenen Streuprozesse wirksam, wobei
sich die Driftgeschwindigkeit verringert und die ungeordnete Bewegung der Elektronen zunimmt. Der Effekt des "overshoot" wird dadurch begünstigt, daß die Energierelaxation langsamer erfolgt als die
Impulsrelaxation. Den prinzipiellen Verlauf der Driftgeschwindigkeit
über dem Ort bei einseitiger Injektion kalter Elektronen zeigt
Abb.4.6/18. Der Effekt ist in Silizium schwächer als in den III-V-
Halbleitern einerseits wegen der höheren Beweglichkeit in diesen Verbindungshalbleitern, die höhere Werte der Driftgeschwindigkeit bedingt. Andererseits erfolgt dort die Energieabgabe an das Gitter im
allgemeinen langsamer. Das hängt mit ihrer Bandstruktur und zwar
mit der Umbesetzung vom Zentraltal in die Seitentäler in hohen elektrischen Feldern zusammen. Bei plötzlichem Einschalten eines starken elektrischen Feldes erlangen die Elektronen zunächst im Zentraltal sehr hohe Driftgeschwindigkeiten. Erst später setzt die Umbesetzung in die Seitentäler ein, die zum Verlust der überhöhten Driftge-

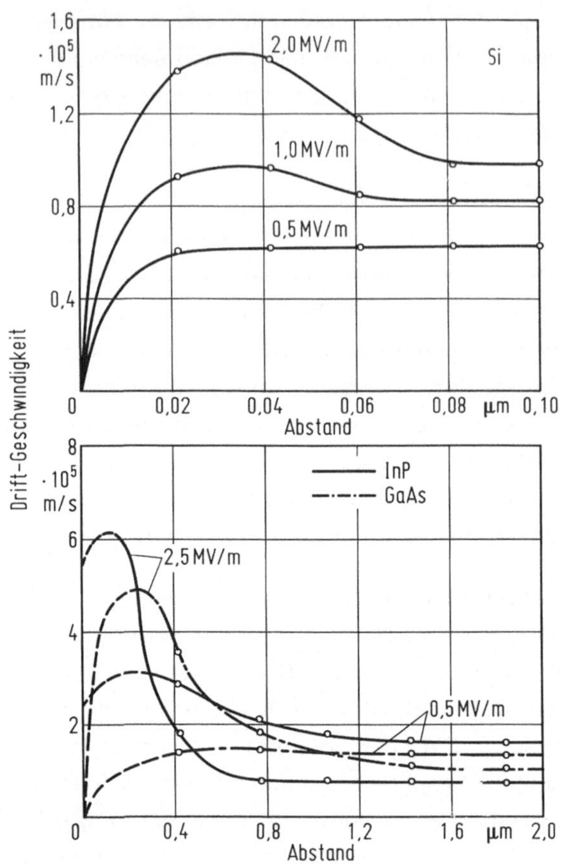

Abb.4.6/18. Velocity Overshoot. Drift-Geschwindigkeit in Abhängigkeit vom Abstand bei Injektion kalter Elektronen in Si, GaAs und InP [4.64].

schwindigkeit führt. In Silizium und Germanium gibt es kein Zentraltal mit extrem kleiner effektiver Masse, so daß der "velocity overshoot" bei weitem weniger stark ist.

In Bauelementen wurde der Effekt sowohl durch Monte-Carlo-Simulation abgeschätzt als auch nachgewiesen: Bei III-V-Verbindungen wird er bereits bei Gate-Längen unter 1 μm bedeutsam (vgl. Band 16 dieser Reihe, Abschn.7.1), bezüglich Silizium herrscht Einhelligkeit darüber, daß er bei Zimmertemperatur erst im Zehntel-Mikrometer-Bereich Bedeutung gewinnt; jedoch fehlen hierzu endgültige quantitative Aussagen. Unabhängig davon ist der "velocity overshoot" als solcher für Bauelemente eher günstig, weil er die Geschwindigkeit und damit die Frequenzgrenze des Bauelements erhöht.

Neben diesem positiven Effekt infolge der Erhöhung des Geschwindigkeitsschwerpunkts der Ladungsträger tritt aber gleichzeitig ein negativer auf; denn die Anzahl der Teilchen mit besonders hoher Energie nimmt entsprechend zu. Diese Teilchen sind für verschiedene Störeffekte maßgeblich:

Da ist zunächst der bereits in Abschn.4.6.5 besprochene Lawinendurchbruch zu nennen. Er wird ausgelöst von den Elektronen mit ausreichender Energie für die Trägerpaarerzeugung. Er tritt damit besonders in Drain-Nähe auf, wo natürliche Feldüberhöhung die Situation noch erschwert. Durch sorgfältige Wahl der Dotierungsverteilung läßt sich die Hochfeldspitze beim Drain abbauen, wodurch sich allerdings die Breite der Hochfeldzone ausweitet. Man spricht in diesem Fall von einem schwach dotierten Drain (lightly doped drain, LDD). Die Ausweitung der Hochfeldzone verlängert die mögliche Lawinenstrecke und kann damit auch zu einem Durchgreifen des Drainfeldes in der Kanalzone, dem sog. punch through führen. Durch diesen wird die Steuerfähigkeit des Kanals vom Gate her ernstlich beeinträchtigt. Da zwischen Lawinendurchbruch und punch through Austauschbarkeit besteht, ist sorgfältige Dimensionierung des Dotierungsprofils unter Kenntnis der erzielten energetischen Verteilung der Ladungsträger eine wichtige Voraussetzung für weitere Miniaturisierung.

Der Lawinendurchbruch ist aber nur eine der negativen Auswirkungen der Stoßionisation. Wie Abb.4.6/19 schematisch zeigt, können durch Stoßionisation erzeugte Ladungsträger bei Hochintegration zusätzliche Störungen hervorrufen. Sie verursachen Verlustströme ins Halbleiterinnere ("bulk-Strom"); sie können bei der in dynamischen Speichern über 1 Mbit notwendigen Kompaktheit auch zu Nachbarspeicherzellen diffundieren und im schlimmsten Fall Speicherinhalte verändern.

Wichtiger noch als die zuletzt beschriebenen Störungen durch Stoßionisation im Halbleitervolumen ist ein weiterer Einfluß solcher hochenergetischer Elektronen. Sie können gerade im Bereich der oben erwähnten Hochfeldzone ins Gate-Oxid injiziert werden und sich dort

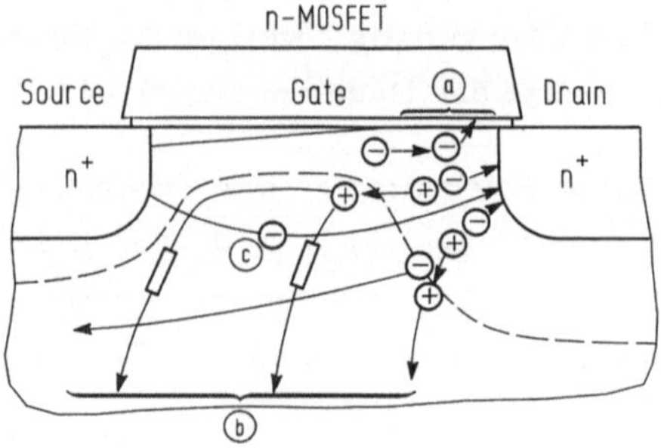

Abb.4.6/19. Kurzkanal-Störeffekte. a) Lawinendurchbruch beim
Drain und Injektion heißer Ladungsträger ins Gate-Oxid; b) nicht
thermische Leckströme durch Sekundär-Stoßionisation; c) parasitärer npn-Transistor.

an Traps innerhalb des Oxids anlagern. Dadurch entsteht eine Ladung
im Oxid, die die Charakteristik von MOS-Bauelementen in unzulässi-
ger Weise verschiebt und damit Langzeitinstabilitäten hervorruft.
Diese Injektion und Speicherung von Ladungsträgern hängt sowohl von
der Energieverteilung der strömenden Elektronen im Kanal als auch
von Lage und Einfangquerschnitt der Haftstellen im Oxid ab. Diese
hinwiederum werden bedingt durch die Struktur der aufgewachsenen
Oxidschicht und damit durch das spezifische Oxydationsverfahren
(vgl. auch das zu Abb.2.7/4 Gesagte). Technologien der Oxydation
und Maßnahmen zum Abbau von Feldspitzen müssen daher Hand in
Hand gehen. Vermerkt sei hier noch, daß sich diese Injektion heißer Ladungsträger auch positiv für die Realisierung programmierba-
rer Festwertspeicher nutzen läßt. Die durch eine entsprechend dünne
Oxidschicht injizierten Elektronen werden dabei entweder in Traps an
der Grenzfläche zu einer zusätzlich aufgebrachten Siliziumnitrid-
schicht oder in einem unkontaktierten "floating" Gate gespeichert.
Für eine eingehende Beschreibung dieser Speichereffekte sei sowohl
auf Band 2, Abschn.5.8.1, als auch Band 14, Abschn.2.8, dieser
Reihe verwiesen.

In Abb.4.6/19 ist schließlich noch als weiterer Störfaktor bei minia-
turisiertem Aufbau das Auftreten parasitärer Bauelemente wie z.B.
einer transistorartigen npn-Struktur angedeutet. Auch solche para-
sitären Strukturen entziehen sich der Steuerung vom Gate her und müssen vermieden werden. Sie werden besonders gefährlich, wenn es
sich um thyristorartige 4-Schicht-Strukturen handelt, die bei höherer

Spannung zünden (latch up). Hierdurch kann die Bauelementfunktion vernichtet oder sogar das Bauelement zerstört werden.

Alle besprochenen in Abb. 4.6/19 dargestellten Effekte beruhen letztlich auf der angestrebten Verkleinerung der Strukturen. Sie stellen eine Herausforderung nicht nur an den verbesserten Entwurf von Bauelementen bzw. Schaltungen, sondern auch an ein vertieftes Verständnis der Probleme des Ladungstransports dar.

Literaturverzeichnis

1.1 Ehrenfest, P.: Adiabatische Invarianten und Quantentheorie.
Ann. d. Phys. 51 (1916) 327-352.

1.2 Teller, E.: Über das Wasserstoffmolekülion. Z. Phys. 61 (1930)
458-480.

1.3 Finkelnburg, W.: Einführung in die Atomphysik. 5./6. Aufl.
Berlin, Göttingen, Heidelberg: Springer 1958, 380-382.

1.4 Pederson, D.O.; Studer, J.J.; Whinnery, J.R.: Introduction
to Electronic Systems, Circuits and Devices. Toronto, New York,
London: McGraw Hill 1966, 111.

1.5 Wiech, G.: Röntgenspektroskopische Untersuchung der Struktur
des Valenzbandes von Silicium, Siliciumcarbid und Siliciumdi-
oxid. Z. Phys. 207 (1967) 428-445.

1.6 Phillips, J.C.: Bonds and Bands in Semiconductors. New York,
London: Academic Press 1973.

1.7 Welker, H.: Über halbleitende Verbindungen vom Typus $A^{III}B^{V}$.
Tech. Rundsch. 50 (1956) 1-16.

1.8 Gatos, H.C.; Lavine, M.C.: Chemical Behavior of Semiconductors Etching Characteristics. In: Progress in Semiconductors 9.
London: Temple Press 1965, 1-45.

1.9 Madelung, O.: Grundlagen der Halbleiterphysik. Berlin, Heidelberg, New York: Springer 1970.

1.10 Pollak, F.H.; Higginbotham, C.W.; Cardona, M.: Band Structure of GaAs, GaP, InP, and AlSb: The k.p Method. In: Proc.
VIII. Int. Conf. Phys. Semicond., Kyoto 1966, 20-26.

1.11 Herman, F.; Kortum, R.L.; Kuglin, C.D.; Short, R.A.: New
Studies of the Band Structure of the Diamond-Type Crystalls.
In: Proc. VIII. Int. Conf. Phys. Semicond., Kyoto 1966, 7-14.

1.12 Kohnke, E.E.; Ewald, A.W.: Hall Effect in Gray Tin Filaments.
Phys. Rev. 102 (1956) 1481-1486.

1.13 Higginbotham, C.W.; Pollak, F.H.; Cardona, M.: Band Structure and Optical Constants of InSb, InAs, and GaSb: The k.p
Method. In: Proc. IX. Int. Conf. Phys. Semicond., Moscow
1968, 57-63.

1.14 Walter, J.P.; Cohen, M.L.: Pseudopotential Calculations of
Electronic Charge Densities in Seven Semiconductors.Phys.
Rev. 4 B (1971) 1877-1892.

1.15 Thompson, A.G.; Cardona, M.; Shaklee, K.L.; Woolley, J.C.:
Electroreflectance in the GaAs-GaP Alloys. Phys. Rev. 146
(1966) 601-610.

1.16 Casey, H.C.; Trumbore, F.A.: Single Crystal Electrolumines-
cent Materials. Mater. Sci. Eng. 6(1970) 69-109.

1.17 Gunn, J.B.: Microwave Oscillations of Current in III-V-Semi-
conductors. Solid State Commun. 1 (1963) 88-91.

1.18 Hutson, A.R.; Jayaraman, A.; Chynoweth, A.G.; Coriell,
A.S.; Feldman, W.L.: Mechanism of the Gunn Effect from a
Pressure Experiment. Phys. Rev. Lett. 14 (1965) 639-641.

1.19 Wasse, M.P.; Lees, J.; King, G.: The Effect of Pressure on
Gunn Phenomena in Gallium Arsenide. Solid-State Electron. 9
(1966) 601-604.

1.20 Geyling, F.T.; Forst, J.J.: Semiconductor Strain Transducers.
Bell Syst. Tech. J. 39 (1960) 705-731.

1.21 Zerbst, M.: Piezowiderstandseffekt in Galliumarsenid. Z. Naturforsch. 17a (1962) 649-651.

1.22 Edwards, A.L.; Slykhouse, T.E.; Drickamer, H.G.: The Effect
of Pressure on Zinc Blende and Wurtzite Structures. J. Phys.
Chem. Solids 11 (1959) 140-148.

1.23 De Alvarez, C.V.; Cohen, M.L.: Pressure Coefficients for
Band Gaps in Silicon. Solid State Commun. 14 (1974) 317-320.

1.24 Paul, W.: Band Structure of the Intermetallic Semiconductors
from Pressure Experiments. J. Appl. Phys. 32 (1961) 2082-
2094.

1.25 Wajda, J.; Grynberg, M.: Interband Piezo-Absorption Measure-
ments in GaAs. Phys. Status Solidi 37 (1970) K55-K57.

1.26 Pitt, G.D.; Lees, J.: Electrical Properties of the GaAs X_{1c}
Minima at Low Electric Fields from a High Pressure Experiment. Phys. Rev. B2 (1970) 4144-4160.

1.27 Sell, D.D.; Stokowski, S.E.: Modulated Piezoreflectance and
Reflectance Studies of GaAs. In: Proc. X. Int. Conf. Phys.
Semicond., Cambridge/Mass. 1970, 417-422.

1.28 Neuberger, M.: III-V-Semiconducting Compounds. Handbook of
Electronic Materials 2 (1971), Plenum, New York.

1.29 Welker, H.; Weiß, H.: Halbleiter. Landolt Börnstein II, 6
      (1959), 251-361.

1.30 Cohen, M.L.; Bergstresser, T.K.: Band Structures and Pseu-
      dopotential Form Factors for fourteen Semiconductors of the
      Diamond and Zincblende Structures. Phys. Rev. 141 (1966)
      789-796.

1.31 Lawaetz, P.: Valence Band Parameters in Cubic Semiconduc-
      tors. Phys. Rev. B 1, 4 (1971) 3460-3467.

1.32 Van Vechten, J.A.: Quantum Dielectric Theory of Electronega-
      tivity in Covalent Systems, II Ionization Potentials and Interband
      Transition Energies. Phys. Rev. 187 (1969) 1007-1020.

2.1   Franz, W.; Tewordt, L.: Befreiung von Elektronen aus Valenz-
      band und Störstellen durch Feld und Stoß. In: Schottky, W.: Halb-
      leiterprobleme III. Braunschweig: Vieweg 1956, 1-19.

2.2   Wolfe, C.M.; Stillman, G.E.: High Purity GaAs. In: Paulus,
      K.: Gallium Arsenide and Related Compounds Proc. 3rd Int.
      Symp. on Gallium Arsenide. Phys. Soc. Conf. Ser. No. 9. Lon-
      don, Bristol: Inst. Phys. 1971, 3-17.

2.3   Kittel, C.: Quantentheorie der Festkörper. München, Wien,
      Oldenbourg: 1970, 211-212.

2.4   Thomas, D.G.; Hopfield, J.J.; Frosch, C.J.: Isoelectronic
      Traps Due to Nitrogen in Gallium Phosphide. Phys. Rev. Lett.
      15 (1965) 857-860.

2.5   Dean, P.J.; Frosch, C.J.; Henry, C.H.: Optical Properties
      of the Group IV Elements Carbon and Silicon in Gallium Phos-
      phide. J. Appl. Phys. 39 (1968) 5631-5646.

2.6   Van der Does de Bye, J.A.W.; Vink, A.T.; Bosman, A.J.;
      Peters, R.C.: Kinetics of Green and Red-Orange Pair Lumines-
      cence in GaP. J. Lumin. 3 (1970) 185-197.

2.7   Morgan, T.N.: How Big is an Impurity? - Studies of Local Strain
      Fields in GaP. In: Miasek, M.: Proc. XI. Int. Conf. Phys. Se-
      micond. Amsterdam, London, New York: Elsevier; Warsaw:
      Polish Scientific Publ. 1972, S. 989-1000.

2.8   Whitaker, J.; Bolger, D.E.: Shallow Donor Levels and High Mo-
      bility in Epitaxial Gallium Arsenide. Solid State Commun. 4
      (1966) 181-184.

2.9   Eddolls, D.V.; Knight, J.R.; Wilson, B.L.H.: The Preparation
      and Properties of Epitaxial Gallium Arsenide. In: Stickland, A.C.:
      Gallium Arsenide. London: Institute of Physics, Physical Society,
      Proc. Int. Symp., Reading 1966, 3-9.

2.10 Cusano, D.A.: Radiative Recombination from GaAs Directly
      Excited by Electron Beams. Solid State Commun. 2 (1964) 353-
      358.

2.11 Zschauer, K.-H.: Properties of Luminescent GaAs p-n-Junctions with Alloyed p-Region. Solid State Commun. 5 (1967) 123-126.

2.12 Pankove, J.I.: Absorption Edge of Impure Gallium Arsenide. Phys. Rev. 140 A (1965) 2059-2065.

2.13 Pearson, A.D.; Northover, W.R.; Dewald, J.F.; Peck, Jr, W.F.: Chemical, Physical, and Electrical Properties of Some Unusual Inorganic Glasses. In: Koenig, J.H.: Advances in Glass Technology. VI. Int. Congr. on Glass, Washington. New York: Plenum Press 1962, Bd. 1, 357-365.

2.14 Ovshinsky, S.R.: Reversible Electrical Switching Phenomena in Disordered Structures. Phys. Rev. Lett. 21 (1968) 1450-1453.

2.15 Shanks, R.: Ovonic Threshold Switching Characteristics. J. Non-Cryst. Solids 2 (1970) 504-514.

2.16 Cohen, M.M.; Fritzsche, H.; Ovshinsky, S.R.: Simple Band Model for Amorphous Semiconducting Alloys. Phys. Rev. Lett. 22 (1969) 1065-1068.

2.17 Heywang, W.; Haberland, D.R.: Zur Frage des Schalteffektes in amorphen Halbleitern. Solid-State Electron. 13 (1970) 1077-1079.

2.18 Fritzsche, H.: Optical and Electrical Energy Gaps in Amorphous Semiconductors. J. Non-Cryst. Solids 6 (1971) 49-71.

2.19 Van Roosbroeck, W.: Electronic Basis of Switching in Amorphous Semiconductor Alloys. Phys. Rev. Lett. 28 (1972) 1120-1123.

2.20 Haberland, D.R.; Kehrer, H.-P.: Mikroskopische Untersuchungen an Festkörperschaltern aus halbleitendem Glas. Solid-State Electron. 13 (1970) 451-455.

2.21 Le Comber, P.G.; Spear, W. in Brodsky, M.H. (ed.): Amorphous Semiconductors, Springer 1981, 251.

2.22 K. Kempter: Large-Area Electronics Based on Amorphous Silicon, Festkörperprobleme 27 Friedr. Vieweg & Sohn 1987, pp. 279-305.

2.23 Plättner, R.D.: Amorphe Dünnschicht-Solarzellen in Räuber, A. u. Jäger, F. Photovoltaik 2. Aufl. C,F. Müller 1990, pp. 46-61.

2.24 Mott, N.F. und Davis, E.A.: Electronic Processes in Non-Crystalline Materials, Claredon Press 1979, S. 323.

2.25 Dingle, R.: Applications of Multiquantum Wells, Selective Doping, and Superlattices; Semiconductors and Semimetals Bd. 24 (1987) Academic Press.

2.26 Langer, J.M. et al.: Phys. Rev. B. 38, 7723-7730 (1988).

2.27 W.T. Tsang: Quantum Confinement Heterostructure in Semiconductor Lasers, Kap. 7 S. 450 aus [2.25].

2.27a Reithmaier, J.-P.; Cerva, H.; Lösch, R.: Investigation of
the critical layer thickness in elastically strained InGaAs/GaAlAs
quantum wells by photoluminescence and transmission electron
microscopy. Appl. Phys. Lett. 54 (1989) 48-50.

2.28 Lander, J.J.: Low Energy Electron Diffraction and Surface
Structural Chemistry. In: Reiss, H.: Progress in Solid State
Chemistry. Oxford: Pergamon Press 1965, Bd.2, 26-90.

2.29 Fuchs, E.; Rehme, H. und Oppolzer, H.: Particle Beam
Methods for Microanalysis. Verlag Chemie, Weinheim 1990.

2.30 Götzberger, A.; Schulz, M.: Fundamentals of MOS Technology.
In: Queisser, H.J.: Festkörperprobleme XIII, Oxford: Pergamon; Braunschweig: Vieweg 1973, 309-336.

2.31 Mettler, K.; Pawlik, D.: Effect of Dislocations on the Degra-
dation of Silicon Doped GaAs Luminescent Diodes. Siemens
Forsch.-u. Entwickl.-Ber. 1 (1972) 274-278.

2.32 Heywang, W.: Resistivity Anomaly in Doped Barium Titanate.
J. Am. Ceram. Soc. 47 (1964) 484-490.

3.1 Stöckmann, F.: Zur Abhängigkeit lichtelektrischer Ströme von
der elektrischen Feldstärke. Z. Phys. 147 (1957) 544-566. Zur
Sättigung von Photoströmen in starken elektrischen Feldern. J.
Phys. Chem. Solids 22 (1961) 135-140.

3.2 Queisser, H.J.; Casey Jr., H.C.; van Roosbroeck, W.: Carrier
Transport and Potential Distribution for a Semiconductor p-n-Junc-
tion in the Relaxation Regime. Phys. Rev. Lett. 26 (1971) 551-554.

3.3 Queisser, H.J.: Semiconductors in the Relaxation Regime. In: Solid State Devices. 2nd ESSDERC. Conf. Series No. 15. London,
Bristol: The Institute of Physics, 1972, 145-168.

3.4 Heywang, W.; Zerbst, M.: Zur Bestimmung von Volumen- und
Oberflächenrekombination in Halbleitern. Nachrichtentechn. Fach-
ber., Beih. zur Nachrichtentechn. Z. 5 (1956) 27-29.

3.5 Valdes, L.B.: Measurement of Minority Carrier Lifetime in Germanium. Proc. IRE. 40 (1952) 1420-1423.

3.6 Einstein, A.: Zur Quantentheorie der Strahlung. Phys. Z. 18
(1917) 121-128.

3.7 Pilkuhn, M.H.: Semiconductor Optoelectronics. In: Solid State
Devices. Proc. 3rd ESSDERC. Conf. Series No. 19. London,
Bristol: The Institute of Physics, 1973, 1-29.

3.8 Winstel, G.; Mettler, K.: Zur Trägerrekombination in einem
GaAs-Injektionslaser. In: Recombinaison Radiative dans les Se-
miconducteurs. Paris: Dunod 1964, 183-193.

3.9 Sommerfeld, A.; Bethe, H.: Elektronentheorie der Metalle.
Berlin, Heidelberg, New York: Springer 1967, 204-216.

3.10 Zerbst, M.; Heywang, W.: Zur Temperaturabhängigkeit der Trä-
     gerlebensdauer in hochreinem Silizium. In: Schön, M.; Welker,
     H.: Halbleiter und Phosphore. Braunschweig: Vieweg 1958, 392-
     398.

3.11 Zerbst, M.; Heywang, W.: Experimentelle Untersuchung von
     Haftstellen in Silizium. Z. Naturforsch. 14a (1959) 645-649.

3.12 Conradt, R.: Auger-Rekombination in Halbleitern. In: Madelung,
     O.: Festkörperprobleme XII. Oxford: Pergamon; Braunschweig:
     Vieweg 1972, 449-464.

4.1 Landau, L.D.; Lifschitz, E.M.: Lehrbuch der theoretischen Phy-
     sik, Band V, 2. Aufl. Berlin: Akademie-Verlag 1970.

4.2 Seeger, K.: Semiconductor Physics. Wien, New York: Springer
     1973.

4.3 Conwell, E.M.: High Field Transport in Semiconductors. Solid
     State Phys. Suppl. 9, New York, London: Academic Press (1967).

4.4 Kranzer, D.; Hillbrand, H.; Pötzl, H.; Zimmerl, O.: Untersu-
     chungen an III-V-Verbindungshalbleitern. Acta Phys. Austriaca
     35 (1972) 110-139.

4.5 Asche, M.; Sarbei, O.G.: Electric Conductivity of Hot Carriers
     in Si and Ge. Phys. Status Solidi 33 (1969) 9-57.

4.6 Fawcett, W.; Boardman, A.D.; Swain, S.: Monte Carlo Deter-
     mination of Electron Transport Properties in Gallium Arsenide.
     J. Phys. Chem. Solids 31 (1970) 1963-1990.

4.7 Rees, H.D.: Calculation of Distribution Functions by Exploiting
     the Stability of the Steady State. J. Phys. Chem. Solids 30 (1969)
     643-655.

4.8 Kittel, C.: Introduction to solid state physics. 3. Aufl. New
     York: Wiley 1967.

4.9 Ludwig, W.: Festkörperphysik, Band I. Frankfurt/M.: Akdade-
     mische Verlagsges. 1970, 145.

4.10 Baumann, K.: Two-phonon processes in III-V compounds. Acta
     Phys. Austriaca 37 (1973) 350-360.

4.11 Birman, J.L.; Lax, M.; Loudon, R.: Intervalley-Scattering Se-
     lection Rules in III-V-Semiconductors. Phys. Rev. 145 (1966)
     620-622.

4.12 Bir, G.L.; Pikus, G.E.: Theory of the Deformation Potential
     for Semiconductors with a Complex Band Structure. Sov. Phys.
     Solid State 2 (1961) 2039-2051.

4.13 Lawaetz, P.: Low-Field Mobility and Galvanomagnetic Proper-
     ties of Holes in Ge with Phonon Scattering. Phys. Rev. 174
     (1968) 867-880.

4.14 Kranzer, D.: Mobility of Holes in Zinc-Blende III-V and II-VI
Compounds. Phys. Status Solidi 26 (1974) 11-52.

4.15 Kane, E.O.: Bandstructure of InSb. J. Phys. Chem. Solids 1
(1957) 249-261.

4.16 Zawadzki, W.: Electron Scattering and Transport Phenomena
in Small-Gap Semiconductors. In: Miasek, M.: Proc. XI. Int.
Conf. Phys. Semicond. Amsterdam, London, New York: Else-
vier; Warsaw: Polish Scientific Publ. 1972, 87-108.

4.17 Asche, M.; Borzeszkowski, J.v.: On the Temperature Depen-
dence of Hole Mobility in Silicon. Phys. Status Solidi 37 (1970)
433-438.

4.18 Kranzer, D.: Polar Mobility of Electrons and Holes. Phys. Status Solidi 50 (1972) K109-K112.

4.19 Madelung, O.: Festkörpertheorie II: Wechselwirkungen. Berlin,
Heidelberg, New York: Springer 1972, 10.

4.20 Baltz, v.R.; Birkholz, U.: Polaronen. Festkörperprobleme 12
(1972) 233-341.

4.21 Wolfe, C.M.; Stillman, G.E.; Lindley, W.T.: Electron Mobility
in High-Purity GaAs. J. Appl. Phys. 41 (1970) 3088-3091.

4.22 Kranzer, D.; Eberharter, G.: Ionized Impurity Density and Mobility in n-GaAs. Phys. Status Solidi 8 (1971) K89-K92.

4.23 Wolfe, C.M.; Stillman, G.E.; Dimmrock, J.O.: Ionized Impurity Density in n-type GaAs. J. Appl. Phys. 41 (1970) 504-507.

4.24 Queisser, H.J.: Semiconductors in the Relaxation Regime. In:
Solid State Devices Proc. 2nd. ESSDERC. Conf. Series No.15
London, Bristol: The Institute of Physics 1972, 145-168.

4.25 Zerbst, M.; Heywang, W.: Zur Driftgeschwindigkeit der Ladungsträger in hochreinem Silizium. Z. Naturforsch. 11a (1956)
608-609.

4.26 Weiss, H.: Magnetoresistance. Semiconductors and Semimetals.
New York, London: Academic Press 1966, 315-376.

4.27 Kranzer, D.: Beweglichkeit, Hochfrequenzleitfähigkeit und gestörte Phononenverteilung in III-V-Verbindungen. Dissertation
TH Wien 1972, Abb.2.6.

4.28 Margenau, H.; Murphy, G.M.: Die Mathematik für Physik und
Chemie. Bd. 1, Abschn.4.20: Tensoren. Frankfurt, Zürich:
H. Deutsch 1965.

4.29 Smith, R.A.: Semiconductors. Cambridge: University Press
1961.

4.30 Madelung, O.: Physics of III-V Compounds. New York: Wiley
1964, 112-113.

4.31 Welker, H.: Zur Theorie der galvanomagnetischen Effekte bei gemischter Leitung. Z. Naturforsch. 6a (1951) 184-191.

4.32 Beer, A.C.: Galvanomagnetic Effects in Semiconductors. Solid State Phys. Suppl. 4, (1963) 168.

4.33 Lax, B.; Mavroides, J.G.: Cyclotron Resonance. Solid State Phys. 11 (1960) 261-400.

4.34 Landau, L.D.; Lifschitz, E.M.: Lehrbuch der theoretischen Physik, Bd. 3: Quantenmechanik, Abschn. XV, § 111. 4. Aufl. Berlin: Akademie-Verlag 1971.

4.35 Lax, B.: Cyclotron Resonance and Magneto-Optical Effects in Semiconductors. Proc. Int. School of Physics Enrico Fermi 22 (1963) 240-340.

4.36 Apel, J.R.; Poehler, T.O.; Westgate, C.R.; Joseph, R.I.: Study of the Shape of Cyclotron-Resonance Lines in Indium Antimonide Using a Far-Infrared Laser. Phys. Rev. B 4 (1971) 436-451.

4.37 Lax, B.; Button, K.J.: Quantum Magnetooptics at High Fields. In: Haidemenakis: Physics of Solids in Intense Magnetic Fields. New York: Plenum Press 1969, 145-183.

4.38 Palik, E.D.; Wright, G.B.: Free-Carrier Magnetooptical Effects. Semiconductors and Semimetals 3 (1967) 421-458.

4.38a v. Klitzing, K.; Dorda, G.; Pepper, M.: New Method for High-Accuracy Determination of the Fine-Structure Constant Based on Quantized Hall Resistance, Phys. Rev. Lett. 45 (1980) 494-497.

4.38b v. Klitzing, K.; Ebert, G.: The Quantum Hall Effect, Physica 117B et 118B (1983) 682-687.

4.38c Tsui, D.C.: Quantum Hall Effect: Fractional Quantization.

4.39 Meyer, N.I.; Jörgensen, M.H.: Acoustoelectric Effects in Piezoelectric Semiconductors with Main Emphasis on CdS and ZnO. Festkörperprobleme 10 (1970) 21-124.

4.40 Kuzmany, H.: Acoustoelectric Interaction in Semiconductors. Phys. Status Solidi 25 (1974) 9-67.

4.41 Vlaardingerbroek, M.T.; Boers, P.M.; Acket, G.A.: High Frequency Conductivity and Energy Relaxation of Hot Electrons in GaAs. Philips Res. Rep. 24 (1969) 379-391.

4.42 Bonek, E.: Millimeter-Wave Investigation of Electronic Conduction in Semiconducting III-V Compounds. J. Appl. Phys. 43 (1972) 5101-5109.

4.43 Hilsum, C.: Simple Graphical Method for Calculating the Efficiency of Bulk Negative-Resistance Microwave Oscillators. Electronics Lett. 6 (1970) 448-449.

4.44 Hilsum, C.; Rees, H.D.: Three-Level Oscillator: A New Form of Transferred-Electron Device. Electron. Lett. 6 (1970) 277-278.

4.45 Rees, H.D.: Time Response of the High-Field Electron Distribution Function in GaAs. IBM J. Res. Dev. 13 (1969) 537-542.

4.46 Rees, H.D.: Computer Simulation of Semiconductor Devices. J. Phys. C 6 (1973) 262-273.

4.46a Jacoboni, C. and Reggiani, L.: Monte-Carlo Method in Transport. Rev. Mod. Phys. 55 (1983) 684.

4.47 Jones, D.; Rees, H.D.: A Reappraisal of Instabilities Due to the Transferred Electron Effect. J. Phys. C 6 (1973) 1781-1793.

4.48 McGroddy, J.C.; Nathan, M.I.; Smith, J.E.: Negative Conductivity Phenomena in Germanium. IBM J. Res. Dev. 13 (1969) 543-561.

4.49 Schmidt-Tiedemann, K.J.: Experimentelle Untersuchungen zum Problem der heißen Elektronen in Halbleitern. Festkörperprobleme 1 (1962) 122-174.

4.50 Fawcett, W.; Paige, E.G.S.: Negative Differential Mobility of Electrons in Germanium: A Monte Carlo Calculation of the Distribution Function, Drift Velocity and Carrier Population in the $\langle 111 \rangle$ and $\langle 100 \rangle$ Minima. J. Phys. C 4 (1971) 1801-1821.

4.51 Pinson, W.E.; Bray, R.: Experimental Determination of the Energy Distribution Functions and Analysis of the Energy Loss Mechanisms of Hot Carriers in p-Type Germanium. Phys. Rev. 136 (1964) A1449-A1466.

4.52 Budd, H.F.: Hot Carriers and the Path Variable Method. In: Proc. VIII. Int. Conf. Phys. Semicond., Kyoto 1966. Phys. Soc. Japan 21, Suppl. (1966) 420-423.

4.53 Kurosawa, T.: Monte Carlo Calculation of Hot Electron Problems. Proc. VIII. Int. Conf. Phys. Semicond., Kyoto 1966, Phys. Soc. Japan 21, Suppl. (1966) 424-426.

4.54 Canali, C.; Jacoboni, C.; Nava, F.; Ottaviani, G.; Alberigi Quaranta, A.: Electron Drift Velocity in Silicon. Phys. Rev. B 12 (1975) 2265.

4.55 Ottaviani, G.; Reggiani, L.; Canali, C.; Nava, F.; Alberigi Quaranta, A.: Hole Drift Velocity in Silicon. Phys. Rev. B 12 (1975) 3318.

4.56 Shockley, W.: Problems Related to p-n Junctions in Silicon. Solid-State Electron. 2 (1961) 35-67.

4.57 Wolff, P.A.: Theory of Electron Multiplication in Silicon and Germanium. Phys. Rev. 95 (1954) 1415-1420.

4.58 Baraff, G.A.: Distribution Functions and Ionization Rates for Hot Electrons in Semiconductors. Phys. Rev. 128 (1962) 2507-2517.

4.59 Lee, C.A.; Logan, R.A.; Batdorf, R.L.; Kleimack, J.J.; Wiegmann, W.: Ionization Rates of Holes and Electrons in Silicon. Phys. Rev. 134 (1964) A761-A773.

4.60 Stillman, G.E.; Wolfe, C.M.; Rossi, J.A.; Foyt, A.G.: Unequal Electron and Hole Impact Ionization Coefficients in GaAs. Appl. Phys. Lett. 24 (1974) 471-474.

4.61 Dumke, W.P.: Theory of Avalanche Breakdown in InSb and InAs. Phys. Rev. 167 (1968) 783-789.

4.62 Kleen, W.; Müller, R.: Laser. Berlin, Heidelberg, New York: Springer 1969.

4.63 Tang, J.Y.; Shichijo, H.; Hess, K. and Iafrate, G.J.: Band-structure dependent impact ionization in silicon and gallium arsenide, Journal de Physique, Colloque C7, supplément au n°10, Tome 42 (1981), 63-69.

4.64 Snowdon, C.M.: Introduction to Semiconductor Device Modelling, World Scientific Publishing Co. 1986, S. 118, Fig. 6.1.

Sachverzeichnis